农作物种质资源鉴定与保存技术创新研究

吴建忠　等◎编著

中国农业科学技术出版社

图书在版编目（CIP）数据

农作物种质资源鉴定与保存技术创新研究 / 吴建忠等编著. -- 北京：中国农业科学技术出版社，2024.12. -- ISBN 978-7-5116-7243-8

Ⅰ．S329.2

中国国家版本馆 CIP 数据核字第 20244Z6Y24 号

责任编辑	李　娜　朱　绯
责任校对	马广洋
责任印制	姜义伟　王思文

出 版 者	中国农业科学技术出版社
	北京市中关村南大街 12 号　　邮编：100081
电　　话	（010）62111246（编辑室）　（010）82109702（发行部）
	（010）82109709（读者服务部）
网　　址	https://castp.caas.cn
经 销 者	各地新华书店
印 刷 者	北京捷迅佳彩印刷有限公司
开　　本	170 mm×240 mm　1/16
印　　张	17.75
字　　数	305 千字
版　　次	2024 年 12 月第 1 版　2024 年 12 月第 1 次印刷
定　　价	98.00 元

◁◁◁ 版权所有·侵权必究 ▷▷▷

《农作物种质资源鉴定与保存技术创新研究》编委会

主 编 著： 吴建忠

副 编 著： 韩微波　赵　茜

参编人员： 王子玉　邸桂俐　尚　晨　李佶恺　张海玲

　　　　　　张丽艳　王　晨　黄　菲　高　超　田春霞

　　　　　　杨国伟　林　红　马延华　范金生　高佳缘

　　　　　　杨　学　张丰屹　侯　萌　郭震华　刘东军

　　　　　　王秀君　柴孟龙　黄　翠　白　爽　王　淇

　　　　　　彭晓亮

FOREWORD 前言

农作物种质资源是人类生存和发展的宝贵财富,是农业科技原始创新、作物育种及其生物技术产业的物质基础,是保障国家粮食安全和生态安全的战略性资源。农作物种质资源的鉴定与安全保存是其有效利用的前提。

首先,收集种质资源的最终目的除进行一些理论上的研究外,主要是将其作为选育新品种的原始材料。为此,必须对已有的资源开展鉴定,了解每一份资源的特征特性,研究其主要农艺性状的遗传特点。这种研究工作的范围十分广泛,不仅要在田间进行,还要在室内进行测试分析,在人工模拟条件下进行各种抗性的鉴定。因此,种质资源的研究工作不仅需要多学科的知识,还需要专职人员与育种家共同协作。本书通过对农作物种质资源精准鉴定评价的深入研究,可以更好地了解不同作物的遗传特性,为选择适应性更强、产量更高的品种提供科学依据。同时,鉴定评价还有助于优化农作物的生产管理和利用方式,提高农产品的品质和市场竞争力。

其次,农作物种质资源的保护与利用是农业可持续发展的关键。通过建立种质资源收集与保存技术规程、制定相关法律法规、建立全球种质资源共享机制等措施,我们可以保护好农作物种质资源。而通过种质资源的筛选和育种、分子标记辅助技术的应用以及种质资源的共享与交流等方法,我们可以更好地利用这些资源,提高农作物的产量和质量,增加农民的收益,为粮食安全和农业发展做出贡献。只有做好农作物种质资源的保护与利用,我们才能应对日益严峻的食品安全挑战,推动农业的可持续发展。

本书主要包括八个章节。第一章为绪论,综合论述了农作物种质资源研究及相关的农作物种质资源鉴定评价的方法,包括传统评价方法、分子标记技术和综合评价方法等,随后进行了评价案例分析。第二章是农作物种质资源保存的总体概况,从保存的重要性、保存方式、保存现状与趋势、安全保存四个方面展开具体说明。第三章探讨了农作物种质资源保存技术规程,从农作物种质资源库保存技术规程、农作物种质资源圃保存技术规程、农作物种质资源试管苗库保存技术规程、农作物种质资源超低温保存技术规程、农作物野生近缘植

FOREWORD

物原生境保护技术规程这五个方面进行具体的阐释。第四章重点关注种质资源的保存与利用，讨论种质资源的保存趋势及大豆、水稻、小麦、玉米、油料农作物及多年生蔬菜等的种质资源的保存与利用方式等问题。第五章为农作物种质资源分子标记辅助选择，第一节论述了分子标记的概念及应用发展，第二节以水稻为分析对象进行重要性状的分子标记与基因定位的研究，第三节探讨了DNA分子标记的种类及其基本原理，第四节以水稻为分析对象探究了分子标记辅助选择及其在育种中的应用，第五至八节又以小麦为分析对象进一步介绍分子标记辅助选择育种的技术路线、主要产量性状的分子标记及其应用、主要品质性状的分子标记及其应用、主要生理性状的分子标记及其应用。第九节介绍了DNA分子标记在遗传育种中的其他应用。第六章为农作物种质资源创新技术，对农作物有性杂交种质创新技术、农作物分子育种创新技术、农作物细胞工程创新技术、农作物基因工程创新技术展开了具体分析。第七章为农作物种质资源保存技术发展趋势，从遥感技术的应用、自动化技术的应用、分子生物技术的应用、环保技术的应用以及传统知识保护方面进行阐明。第八章是农作物种质资源可持续创新利用的制度建设，具体介绍了四个方面，分别是农作物种质资源可持续创新利用的内涵及其资源经济学意义、农作物种质资源可持续创新利用的基本制度建设、农作物种质资源可持续创新利用评价、农作物种质资源"三元"文库体系的建立。

希望本书能够为相关领域的研究者和实践者提供有益的参考，推动农作物种质资源鉴定与保存技术的发展，促进农业可持续创新利用和粮食安全保障。本书在编写过程中，参考了很多学者及专家们的论著，在此表示衷心的感谢！由于作者水平有限，书中疏漏和不妥之处，恳请广大读者批评指正。

作　者

2024年1月

CONTENTS 目录

第一章　绪论 ··· 1
　　第一节　农作物种质资源研究综述 ·· 2
　　第二节　农作物种质资源鉴定评价方法 ·· 7
　　第三节　农作物种质资源鉴定评价案例分析 ··· 19

第二章　农作物种质资源保存的总体概况 ·· 29
　　第一节　农作物种质资源保存的重要性 ·· 30
　　第二节　农作物种质资源保存方式 ·· 41
　　第三节　农作物种质资源保存现状与趋势 ·· 52
　　第四节　农作物种质资源安全保存 ·· 55

第三章　农作物种质资源保存技术规程 ··· 61
　　第一节　农作物种质资源库保存技术规程 ·· 62
　　第二节　农作物种质资源圃保存技术规程 ·· 76
　　第三节　农作物种质资源试管苗库保存技术规程 ··· 88
　　第四节　农作物种质资源超低温保存技术规程 ··· 98
　　第五节　农作物野生近缘植物原生境保护技术规程 ··· 116

第四章　农作物种质资源的保存与利用 ··· 125
　　第一节　农作物种质资源保存趋势 ·· 126
　　第二节　大豆种质资源的保存与利用 ··· 129
　　第三节　水稻种质资源（北方）的保存与利用 ·· 135
　　第四节　小麦种质资源的保存与利用 ··· 136
　　第五节　玉米种质资源的保存与利用 ··· 141
　　第六节　油料农作物种质资源的保存与利用 ··· 142

第五章　农作物种质资源分子标记辅助选择 ··· 145
　　第一节　分子标记的概念及应用发展 ··· 146
　　第二节　重要性状的分子标记与基因定位 ··· 148
　　第三节　DNA 分子标记的种类及其基本原理 ·· 151
　　第四节　分子标记辅助选择及其在育种中的应用 ·· 161

CONTENTS

　　第五节　分子标记辅助选择育种的技术路线……………………………… **166**
　　第六节　主要产量性状的分子标记及其应用……………………………… **174**
　　第七节　主要品质性状的分子标记及其应用……………………………… **185**
　　第八节　主要生理性状的分子标记及其应用……………………………… **196**
　　第九节　DNA分子标记在遗传育种中的其他应用………………………… **204**

第六章　农作物种质资源创新利用技术………………………………………… 211
　　第一节　农作物有性杂交种质创新技术…………………………………… **212**
　　第二节　农作物分子育种创新技术………………………………………… **224**
　　第三节　农作物细胞工程创新技术………………………………………… **233**
　　第四节　农作物基因工程创新技术………………………………………… **242**

第七章　农作物种质资源保存技术发展趋势…………………………………… 245
　　第一节　遥感技术的应用…………………………………………………… **246**
　　第二节　自动化技术的应用………………………………………………… **250**
　　第三节　分子生物技术的应用……………………………………………… **253**
　　第四节　环保技术的应用…………………………………………………… **255**
　　第五节　传统知识保护……………………………………………………… **257**

第八章　农作物种质资源可持续创新利用的制度建设………………………… 259
　　第一节　农作物种质资源可持续创新利用的内涵及其资源经济学意义…… **260**
　　第二节　农作物种质资源可持续创新利用的基本制度建设……………… **263**
　　第三节　农作物种质资源可持续创新利用评价…………………………… **266**
　　第四节　农作物种质资源"三元"文库体系的建立………………………… **269**

参考文献………………………………………………………………………………… 273

第一章 绪 论

随着社会和科技的发展,农作物种质资源的鉴定评价越来越受到重视。精准的鉴定评价可以为农业生产提供合适的品种选择和种质保护,对于促进农作物改良和提高农产品品质具有重要意义。本章通过对农作物种质资源精准鉴定评价的方法、案例和保护利用等方面研究进行系统的论述,旨在为农作物种质资源鉴定评价研究者和实践者提供参考和指导。希望能够推动种质资源鉴定评价技术的发展,为农业生产做出更大的贡献。

第一节 农作物种质资源研究综述

一、作物种质资源的特性特征

(一)作物种质资源的基本特性

作物种质资源的基本特性包括遗传多样性(Genetic Diversity)、遗传特异性(Genetic Specificity)、遗传完整性(Genetic Integrity)和遗传累积性(Genetic Accumulativeness),其中遗传多样性是核心与基础。遗传多样性和遗传特异性分别从总体和个体角度来描述遗传变异的总体情况和特殊情况,个体的遗传特异性构成整体的遗传多样性,这是调查与评价的主要对象;遗传完整性是种质资源收集和保护的根本,要求不能丢失遗传多样性;遗传累积性是种质创新的根本,要求实现原有遗传特异性的最优组合后创造新的特异性。

遗传多样性。广义的遗传多样性指地球上生物所携带的各种遗传信息的总和,而狭义的遗传多样性主要是指生物种内遗传变异。遗传多样性可用遗传变异程度的高低来衡量,遗传变异是生物体内遗传物质发生变化而造成的一种可以遗传给后代的变异。因此,遗传多样性可从全基因组、基因组区段、基因等不同水平来进行评估。从野生近缘植物到地方品种再到现代品种,遗传多样性呈降低趋势。一般来说,野生近缘植物和地方品种的多样性很高,特别是对玉米和珍珠粟等异花授粉作物来说地方品种的多样性非常高,水稻、小麦和大麦等自花授粉作物、马铃薯和香蕉等营养繁殖作物的单个品种之间变异相对较小但品种数量极多。但需要注意的是,野生近缘植物的遗传多样性也有可能降低,其原因在于生境发生改变;由于广泛种植现代品种,很多地区的地方品种在生产上逐步消失,生产中应用品种的遗传多样性大幅度降低;现代品种遗传一致性往往有增加趋势,特别是如果重大品种的衍生品种过多,遗传多样性会大幅度降低。遗传多样性是作物种质资源保护与利用的基石，开展遗传多样性研究贯穿种质资源收集、保护、鉴定与创新全链条，其研究重点对象是全域范围内种质资源、库圃保存的种质资源，以及能代表库存资源的核心种质等。

遗传特异性。不同种质资源之间，甚至同一份种质资源（如地方品种）不同个体之间，它们在遗传组成或基因组构成上均可能存在差异。遗传特异性是指不同种质资源针对不同目的基因具有特有的等位变异或等位变异组合，并进而影响到外在的性状表型。然而，任何一种表型均是基因与基因之间、基因与环境之间互作的结果，在评估遗传特异性的同时，有必要阐明基因与基因、基因与环境的互作特点，从而深刻理解从基因型到表型的内在关系。遗传特异性与遗传多样性既有联系又有区别，二者有内涵上的显著差别，前者强调个体，后者强调总体。种质资源收集保护的实质是对有遗传特异性的不同种质资源进行有效保护；鉴定评价的实质是鉴别种质资源的遗传特异性，筛选出在特定环境下单一或者多个目标性状突出的优异种质；种质创新的实质是转移特异资源中的突出性状到主栽品种中，并得到进一步改良和利用。

遗传完整性。遗传完整性指种质资源收集或保护对象携带的所有遗传信息。一般来说，作物的野生近缘植物和地方品种具有遗传异质性特征，即野生近缘植物居群间和居群内，或地方品种的个体间，存在遗传变异，在遗传上处于杂合状态，因而在种质资源收集过程中科学采样至关重要，必须保证所获得样品的遗传多样性能代表保护对象的遗传多样性，即保持其遗传完整性。在种质资源异生境保护中，不管保护时间有多长、繁殖更新怎么做，要求受到保护的种质资源在遗传上没有变化，至少基因组突变在合理的范围里，没有发生显著的遗传漂变。对于原生境保护的种质资源来说，野生近缘植物或地方品种与环境的共进化是必然的，也会出现一定程度的基因组突变，但不能因人为或自然灾害出现显著的遗传完整性下降（如部分居群丢失）。因此，为确保遗传完整性，在种质资源收集前，需开展种质资源广泛调查，研究科学的采样技术方法；在种质资源保护中，需开展有效保护技术研究，建立高效的监测检测与预警技术，研发科学的繁殖更新技术方法，从而实现种质资源的有效而安全的保护。

遗传累积性。在植物基因组中，一般有5万～6万个基因，在遗传改良（包括种质创新和育种两个阶段，前者也称作前育种）时，对这些基因的不同等位基因进行广泛重组和聚合，即遗传累积性。针对控制重要性状的绝大多数基因，都能找到或获得满足人类不同需求的所谓的"有利的"等位基因。种质创新的实质就是使有利等位基因发生不同程度的聚合，在保持优良性状的同时，通过消除遗传累赘来克服不良性状，如果要转移来自野生近缘种的外源基因，必须首先攻克杂交不亲和与后代不育两大难题。对同一性状来说，不同有利等位基因的聚合产生累积效应，对不同性状来说，不同等位基因的聚合产生综合效应。强化重要性状基因资源挖掘，针对关键基因发掘和创造优异等位基因或单倍型，最终实现等位基因最优组合的智能设计，创制出新型基因资源和优异种质，是高效利用种质资源的重要途径。

（二）作物种质资源的外延特征

作物种质资源安全保护是手段，有效利用是目的。与种质资源利用有关的有五个外延特征：种质资源可共进化，这是种质资源原生境保护和农田保存的基础，也是不定期调查收集的理论指引；种质资源可更新，这是种质资源实物共享利用的基础；种质资源大数据可增值，这是强化种质资源信息共享利用的基础；由于种质资源可价值化、可法制化，因此可对种质资源进行价值评估，依法管理。

可共进化。种质资源原生境保护是指作物野生近缘种在原栖息地不受外界人为干扰状态下的保护方式，种质资源农田保存是指作物地方品种在原产地农田中由农民自繁自育进行保护的方式。在这两种方式下作物种质资源均受到自然选择，农田保存方式下还受到人工选择，作物中由于选择而产生的自然突变会不断积累，种质资源与环境呈现共进化现象。种质资源的可共进化强调的是变，即在保护过程中遗传多样性有提高或降低，会出现携带适应自然环境或人文环境的表型，这是原生境保护、农田保存和不定期调查收集的理论基础。

可更新性。种质资源异生境保护主要是保存种子、植株、试管苗、组织或器官（如块根、块茎、鳞茎、茎尖、休眠芽、花粉、种胚等），这些种质可通过有性繁殖、营养繁殖或组织培养等方式产生后代的新个体，从而扩大个体数量，满足后续种质分发的需求。种质资源的可更新性强调的是不变，即在更新过程中遗传多样性不能提高和降低，确保种质资源的遗传完整性，这是种质资源共享利用的前提。

可增值性。在种质资源收集、保护、鉴定、研究和创新过程中，会产生创新种质与海量信息。种质资源的可增值性指种质资源通过种质创新和海量信息形成的大数据具有强大的增值功能。但要指出的是，种质资源大数据本身不能产生价值，只有对大数据进行科学有效的专业化分析和深度挖掘，揭示各个变量之间可能的关联，解读大数据分析的结论，制定出解决问题的方案，才能彰显数据价值。

可价值化。可价值化是指可采用经济学方法对作物种质资源进行价值评估。通过构建作物种质资源价值模型，对作物种质资源的使用价值和非使用价值进行系统评估，突出其对社会经济和人文科技发展的重要作用；通过建立和完善作物

种质资源产权制度，加强对作物种质资源基本权、知识产权和财产权的认知、实施和管理，以维护国家利益和作物种质资源安全；通过价值化的市场运作，合理配置各种优异资源，最大限度地发挥作物种质资源的效用，提高种质资源利用效率，促进种业创新发展，保障国家粮食安全。

可法制化。1992 年《生物多样性公约》、2001 年《粮食和农业植物遗传资源国际条约》，以及 2022 年 3 月 1 日实施的《中华人民共和国种子法》规定，国家对种质资源享有主权。明确了种质资源中携带有什么样的基因/等位基因或找到其标记，在此基础上创制出新的基因资源，均可获得专利或植物新品种权等知识产权。由此可见，种质资源管理实现法制化，对促进种质资源的有效保护和合理利用具有重要意义。

二、农作物种质资源研究背景

农作物种质资源是农业发展和粮食安全的重要基础，是生命科学研究的源头、创新材料的基础，也是改良农作物的基因来源。在过去的几十年中，随着人口的增长和生态环境的变化，农作物遭受到了许多挑战，包括病虫害的威胁、气候变化的影响以及市场需求的变化等。为了应对这些挑战，科学家和农业从业者需要精确鉴定和评价农作物种质资源的特性和潜力，以选择适应环境、高产优质的品种，并保护好这些宝贵的遗传资源。

农作物种质资源的保存和利用对于选育高产、优质、抗逆、抗病的新品种具有重要意义，直接关系农业的可持续发展。没有种质资源，就没有农业产业的发展。此外，现代育种的物质基础来源于种质资源，稀有的特异种质决定着育种的成败。特异性种质资源决定了新育种目标，同样作物不同的生产需要、新的野生植物驯化及其改良利用，都要依赖所掌握的种质。因此，农作物种质资源研究对于保障全球粮食安全和绿色发展、推动农业科技原始创新与现代种业发展等方面都具有重要意义。

三、农作物种质资源研究目的与意义

农作物种质资源精准鉴定评价的目的在于对种质资源进行收集、保存、评价和利用，以促进农作物育种和生产的可持续发展，为种业创新发展提供科学依据和指导，帮助农业从业者做出明智的决策。通过准确评估农作物的性状、抗性、品质和适应性等特征，可以选育更具竞争力的新品种，提高农业生产效益和农产品质量。同时，精确鉴定评价也有助于保护和管理农作物的遗传资源，避免资源的滥用和损失，为可持续农业发展提供坚实基础。

通过对农作物种质资源精准鉴定评价的深入研究，我们可以更好地了解不同作物的遗传特性，为选择适应性更强、产量更高的品种提供科学依据。同时，鉴定评价还有助于优化农作物的生产管理和利用方式，提高农产品的品质和市场竞争力。希望本论著能够为相关领域的研究者和实践者提供有益的参考，推动农作物种质资源鉴定评价技术的发展，促进农业可持续发展和食品安全保障。具体来说，农作物种质资源研究的目的和意义主要体现在以下几个方面：

保障粮食安全：随着全球人口的不断增长，对粮食的需求也不断增加。为了满足人们的粮食需求，需要不断提高农作物的产量和品质。而农作物种质资源是改良作物的重要基础，通过研究和利用种质资源，可以培育出抗逆性强、适应性广、产量高、品质好的新品种，提高农作物的产量和品质，满足人们对粮食的需求，为保障粮食安全提供有力支撑。

促进农业可持续发展：农业的可持续发展是当前面临的重要问题。随着人类对自然资源的过度开发和利用，生态环境日益恶化，农业生产也面临着诸多挑战。农作物种质资源作为农业生产的源头，通过研究和利用种质资源，可以培育出适应不同生态环境的作物新品种，提高农作物的抗逆性和适应性，使作物能够在各种复杂的生态环境中生长和繁衍，从而促进农业的可持续发展。

推动农业科技创新：农作物种质资源是农业科技创新的重要基础。通过对种质资源的研究和利用，可以发现新的基因资源，揭示作物生长发育的规律和机制，为农业科技创新提供有力的支撑。同时，农作物种质资源也是现代育种的重要物质基础，通过育种技术的创新和应用，可以培育出具有市场竞争力的新品种，推动农业产业的升级和发展。

应对全球气候变化：全球气候变化是当前面临的重要挑战之一。气候变化对农业生产的影响非常大，如极端气候、病虫害等。农作物种质资源作为农业生产的基础，通过研究和利用种质资源，可以培育出适应气候变化的作物新品种，提高农作物的抗逆性和适应性，从而应对气候变化对农业生产的影响。

保护生物多样性：农作物种质资源是生物多样性保护的重要组成部分。不同地区的种质资源具有独特的遗传特征和生态适应性，是生态系统稳定和生态平衡的重要保障。通过农作物种质资源的保护和研究，可以促进生物多样性的保护和可持续发展。

总的来说，农作物种质资源研究具有重要意义。随着全球人口的增长、生态环境的变化、气候变化的加剧以及农业科技创新的不断发展，农作物种质资源的研究和利用将更加重要和迫切。农作物种质资源研究的目的在于促进农作物育种和生产的可持续发展，保障粮食安全，促进农业可持续发展，推动农业科技创新和应对全球气候变化。同时，通过保护和利用农作物种质资源，也可以实现生物多样性的保护和可持续发展。未来需要进一步加强农作物种质资源的研究和保护工作，为保障粮食安全、促进农业可持续发展、推动农业科技创新和应对全球气候变化等方面提供有力支撑。

第二节 农作物种质资源鉴定评价方法

一、传统鉴定评价方法

传统的农作物种质资源鉴定评价方法主要依靠人工观察和测量的方式来获取相关特性信息。这些方法具有操作简便、成本低廉的特点，但对于某些难以观察或测量的性状，存在主观性和误差较大的问题。常见的传统评价方法包括品质评价、抗病性评价、适应性评价等。在品质评价中，可以通过感官评价和化学分析来评估农作物的口感、香味、色泽等品质特征。而在抗病性评价中，可以利用病原体接种和病害发生观察等方法，评估农作物对病原体的抗性程度。适应性评价则可以通过不同环境条件下的试验种植，考察农作物在不同区域和季节的适应性和生长表现。

（一）农艺性状评价

农艺性状是指作物在生长发育过程中表现出来的与农业生产直接相关的特性，如生长习性、抗逆性、株型、生育期、产量、品质等。

种质资源的农艺性状评价，是种质资源评价工作的一部分，旨在深入理解和评估植物种质资源的生长习性、产量、质量、耐逆性等特性。这个过程中融合了生物学、遗传学、农艺学等多科学领域的理论和技术，旨在挖掘种质资源的潜力，支持现代作物育种工作。

农艺性状的评价对于种质资源的利用和保护具有重要意义。一方面，可以挖掘和利用优良种质资源中的优良性状，对于提高作物的产量和品质，增强作物的抗病虫害能力，改善作物的耐逆性等具有重要作用。另一方面，对种质资源的农艺性状进行深入研究，可以揭示作物的遗传和进化规律，有助于保护作物遗传多样性。

种质资源的农艺性状评价是一个系统性的、多学科交叉的工作，需要多方面的专业知识和技术支撑。它的重要性也不可忽视，无论是对作物生产还是对生物多样性的保护，都有着不可或缺的作用。农艺性状的评价通常包括田间观察、实验室测定和统计分析等步骤。田间观察主要是通过对种质资源在自然环境中的表现进行观察和记录，如生成期、株型、抗病虫害能力等。实验室测定主要是利用现代生物学技术手段，对种质资源的生理生化指标进行测定，如产量、品质等。统计分析则是将田间观察和实验室测定获得的数据进行统计分析，以准确评价种质资源的农艺性状，如图1-1所示。

图1-1　田间农艺性状评价

种质资源是生物多样性的重要组成部分，对农业生产和科学研究有着至关重要的作用。在农艺性状评价中，科研人员需要探索并评估各种种质资源的农艺性状，以此来筛选和利用高质量的种质资源。

首先，对种质资源的农艺性状进行评价可以帮助人们了解各种作物的生长习性、耐逆性和产量等表现。比如，对水稻的早熟性、抗病性和产量进行评价，可以挑选出具有高抗性和高产量的优良品种。同时，通过对多年生作物的生长习性和耐逆性的评价，可以找出适应特定环境和生长条件的优良种质资源。

其次，评价农艺性状在育种工作中也起到了关键作用。育种人员可以根据农艺性状的评价结果，选出具有特定优良性状的种质资源，进行有目标的杂交育种。这对于快速提高作物品质和产量，适应不同的生产环境，具有重要意义。

农艺性状的评价方法通常有田间观测、室内测定和生物化学分析等。田间观测主要是通过对种质资源在田间的生长情况进行观测，评价其生长习性和耐逆性等表现。室内测定和生物化学分析则通过对种质资源的生理生化指标进行测定，评价其内在特性。

对种质资源农艺性状的评价，对于我们发现和利用优良的种质资源，提高农业生产效率，保护农业生物多样性等方面，有着极其重要的意义。

（二）形态学特征评价

种质资源的形态学评价是对植物或动物种质资源进行外部形态特征的观察和描述，以评估其遗传多样性和潜在的利用价值。形态学评价通常包括对种质资源的外部形态特征、器官结构、生长发育状况等方面的观察和测量，如图 1-2 和图 1-3 所示。

图 1-2　大豆结荚形态特征评价

图 1-3　大豆种子形态学特征评价

种质资源的形态学评价主要包括以下几个方面。

①外观品质鉴定：对植物种质资源的外部形态特征进行观察和描述，如植株的高度、叶片的形状和颜色等。

②质地和风味鉴定：对植物种质资源的质地和风味进行评估，如果实的口感、香气和味道等。

③生物学特性鉴定：对植物种质资源在生长发育过程中对环境因素的适应能力进行评估，如对温度、光照和水分等环境因素的要求和忍耐程度。

④表型性状鉴定：对作物种质资源的表型性状进行评估，包括植株的形态特征、生育期、产量、品质和抗性等性状。

⑤遗传多样性评价：通过分子标记技术对种质资源的遗传多样性进行评估，如基因型鉴定和分析。

形态学评价是种质资源研究和利用的重要环节，可以帮助科学家了解种质资源的遗传多样性、适应性和潜在利用价值，为作物育种和遗传资源保护提供科学依据。

（三）生理生化指标评价

种质资源的生理生化指标评价是对种质资源进行全面评估及挖掘其潜力的重要方式。生理生化指标反映了物种的生长状态，如光合作用效率、氮素吸收运输能力、耐逆性等。这些指标直接或间接影响到物种的生存与发育，也是其适应环境变化的重要基础。

1. 生理指标评价

生理指标主要反映了物种的生存和生长能力，包括光合作用、呼吸作用、水分吸收与利用、矿质元素吸收与利用等。对这些生理指标进行评价，可以从深层次了解种质资源的潜力和特性。例如，评价光合作用能力能帮助我们了解物种是否具有高光效率，是否可以在光照条件较差的环境中生存。评价水分吸收与利用能力，可以帮助我们了解物种是否可以在干旱、盐碱等恶劣环境下存活。

2. 生化指标评价

生化指标主要包括种质资源中的各类生化成分含量和代谢活性，如蛋白质、糖类、脂类、酶类以及各类生物活性物质等。这些指标直接反映了物种的营养价值、抗病虫能力和环境适应性等。例如，评价蛋白质含量和氨基酸组成，能够精准掌握作物的营养价值，为育种和产业化提供依据。植物体内的酶活性则可以反映出其对抗疾病、虫害以及逆境的能力。生化指标评价还可以帮助我们发现植物体内存在的抗氧化剂、抗肿瘤因子等生物活性物质，为新药研发和食品开发提供参考。

3. 评价方法

生理生化指标评价主要采用化验分析和分子生物学技术等。化验分析主要包括酶活性测定、色谱分析、质谱分析等，能够准确测定植物体内的各类生物活性物质和代谢产物。分子生物学技术，如 DNA 条形码、转录组学和蛋白质组学等，能够从分子层次对种质资源进行全面评价。

种质资源的生理生化指标评价是种质资源评价的重要组成部分，能够从深入层面了解种质资源的特性和潜力。对于种质资源的保护、育种以及利用等工作都具有较高的参考价值。同时，随着科技的发展，人们可以运用更为精准和全面的技术手段进行评价，以期发掘出更多具有优良特性的种质资源，为全球农业的发展贡献力量。

二、分子标记鉴定评价方法

随着分子生物学和遗传学的发展，分子标记技术被广泛应用于农作物种质资源的鉴定评价。分子标记技术可以直接检测和分析农作物基因组中的 DNA 序列、基因型和基因表达等信息，提供更准确和客观的评价结果。

常见的分子标记技术包括多态性分子标记（如 SSR、SNP 等）和基因表达分析（如 RT-PCR、RNA-Seq 等）。通过对农作物基因组进行分析，可以确定其遗传多样性、亲缘关系和变异情况，并根据这些信息进行鉴定评价。分子标记技术还可以用于筛选特定基因或基因组区域与目标性状相关的分子标记，以辅助选择和育种工作。

（一）DNA 标记技术

DNA 标记技术是近几十年生物技术的重要发展之一，其在农作物种质资源的鉴定评价中扮演了重要的角色。DNA 标记技术可以提供详尽的遗传信息，帮助我们深入理解作物的基因型、性状以及基因型与表型间复杂的联系。

DNA 标记技术是一种基于 DNA 分子层面的遗传标记技术，它已经成为当今生物学研究和应用中的重要工具。这项技术主要利用 DNA 序列的多样性和稳定性，为物种的鉴定、亲缘关系分析，以及遗传图谱构建等提供了一种有效的方法。

DNA 标记技术可以分为两类：PCR 基础的标记技术和非 PCR 基础的标记技术。PCR 基础的标记技术包括随机扩增多态性 DNA（RAPD）、限制性片段长度多态性（RFLP）、扩增片段长度多态性（AFLP）和序列特异性引物 PCR（SSP-PCR）等。非 PCR 基础的标记技术包括插入序列长度多态性（ISLP）、微卫星长度多态性（SSLP）等。

DNA 标记技术的主要应用主要包括：物种鉴定、亲缘关系分析、育种选择和疾病诊断等。在物种鉴定中，DNA 标记技术可以通过比较不同物种之间的 DNA 序列差异，准确地鉴定物种。在亲缘关系分析中，DNA 标记技术可以通过比较不同个体之间的 DNA 序列差异，研究它们之间的亲缘关系。在育种选择中，DNA 标记技术可以通过鉴定与有利农艺性状相关的 DNA 序列，帮助育种者选择优良的种质资源。在疾病诊断中，DNA 标记也可以用于确定病原体种类和病原体与宿主的关系。

值得注意的是，虽然 DNA 标记技术具有高度的敏感性和特异性，但是其在应用过程中也存在一些限制，如 PCR 扩增偏好、基因组大小对标记效率的影响等。因此，在使用 DNA 标记技术时，需要结合实际情况选择合适的标记方法并进行适当的优化。另外，随着生物信息学和高通量测序技术的发展，DNA 标记技术也在不断地发展和完善，为我们提供了更为精准和全面的研究手段。

总之，DNA 标记技术凭借其独特的优势，为生物学研究和应用提供了强大的支持，对于推动生物科学的发展起到了积极的推动作用。

以下我们详细讨论几种 DNA 标记技术在农作物种质资源鉴定评价中的应用。

①单核苷酸多态性（SNPs）。SNP 是最丰富的遗传变异源，它们在全基因组范围内均匀分布。通过高通量测序技术，可在一次实验中获得大量 SNP 信息。在农作物种质资源鉴定评价中，SNP 被广泛用于进行种间和种内遗传多样性的研究，基因定位，以及抗病性和优质性状的关联分析。

②简单重复序列（SSRs）。SSR 是一种高度多态性的遗传标记，它在许多作物的鉴定评价中都得到了应用。SSR 标记可以用来描述种质资源的遗传多样性，研究种群结构和基因流，确定亲缘关系，以及通过 SSR 标记与重要农艺性状的关联分析进行作物育种。

③插入—缺失多态性（InDels）。InDels 是另一种常见的遗传变异类型，其长度一般为 1～100bp。InDels 可以作为有效的遗传标记进行农作物种质资源鉴定评价，特别是在染色体结构变异和遗传图谱构建中。

④分子标记辅助选择（MAS）。在作物育种过程中，通过 MAS，可以在 DNA 层面上筛选出具有优良性状的个体，大大加速了育种进程。例如，通过对作物病害抗性基因的标记，可以筛选出抗病品种，进行抗病育种。

总的来说，DNA 标记技术为作物种质资源的鉴定评价提供了全新的可能。在未来，随着测序技术的进一步发展和价格的降低，高通量、高密度的 DNA 标记数据将在农作物种质资源鉴定评价中发挥更重要的作用，对于揭示作物遗传多样性、研究遗传进化、加强作物保护和利用，以及培育新的作物品种都具有巨大的价值。

（二）SNP 分型技术

单核苷酸多态性（Single Nucleotide Polymorphism，SNP）是指基因组中单个核苷酸位点发生的变异，是一种由单个碱基变异引起的遗传变异类型，是人类和其他生物的遗传变异中最常见的一种形式。SNP 主要出现在基因的非编码区，但也有少部分出现在编码区，可能影响蛋白质的结构和功能。由于其数量众多、分布广泛，所以 SNP 已经成为生物信息学研究中最常用的遗传标记。

SNP 分型是一种识别和检测 SNP 的技术，主要方法有以下几种。

①直接测序法。这是一种最直接、最准确的方法，通过对 DNA 样品进行测序，直接读取其核苷酸序列，从而确定 SNP 的存在。

②聚合酶链式反应-限制性片段长度多态性分析（PCR-RFLP）。这种方法对特定的 DNA 区域进行扩增，然后使用能够识别 SNP 点并在此处切割的酶进行酶切，最后通过电泳来检测和区分不同的 SNP。

③探针杂交法。金标准的 *Taqman* 探针法是通过设计特定的探针，对应不同的 SNP 位点，然后通过荧光信号的检测，来确定 SNP 的种类。

④高通量测序。随着科技的进步，现在越来越多的研究开始使用高通量测序技术进行 SNP 的分型，在短时间内可以获得大量 SNP 信息。

SNP 分型的应用非常广泛。在医学领域，SNP 可以用来研究复杂疾病的遗传机制，并用于个体化药物治疗方案的设计。在植物研究和育种中，SNP 是非常重要的遗传标记，可以通过关联分析识别与重要农艺性状相关的基因。在人类学和动物学研究中，SNP 也被用来研究物种的进化和种群的分化。

总的来说，SNP 分型技术是现代遗传学研究的重要方法，对于理解生物的基因组结构、疾病机制以及种群的遗传多样性等方面都有着重要的意义。随着科学技术的发展，我们有理由相信 SNP 分型技术的应用会更加广泛和深入。

近年来，借助于高通量测序技术、基因芯片技术等，SNP 已经成为作物种质资源鉴定、评价和利用的重要分子标记，下面我们详细讨论 SNP 分型技术在农作物种质资源鉴定评价中的应用。

①遗传多样性和群体结构分析。易变化的 SNP 标记可以更精确地反映种质资源的遗传多样性和群体结构。通过计算 SNP 等位基因频率、多态性信息含量等参数，可以准确评估作物的遗传多样性。通过主成分分析、结构分析等方法，SNP 可以用于揭示作物群体的遗传结构和种群分化，为遗传资源的保护和合理利用提供参考。

②亲缘关系和进化分析。SNP 分型数据可以用于构建基于遗传距离的系统发育树，解析不同作物品种或者物种之间的亲缘关系，推断其遗传起源和进化历程。

③关联分析和基因定位。SNP 标记在全基因组关联分析（Genome-Wide Association Study，GWAS）中扮演了重要的角色。搭配表型数据，GWAS 可以挖掘出与农艺性状相关的 SNP，推测潜在的候选基因，为作物性状改良提供基因资源。

④分子标记辅助育种。确定与优良性状关联的 SNP 标记后，可通过分子标记辅助选择（Marker-Assisted Selection，MAS）将优良性状引入到所需要的品种中去，大大提高育种的效率和准确性。

⑤辨识品种真伪。SNP 标记由于其高的分辨率和稳定性，可用于品种权保护。通过对作物品种的 SNP 分型，可以建立作物的 DNA 指纹图谱库，方便和准确地鉴定和辨别作物品种。

⑥组织培养植株的遗传稳定性检测。组织培养过程中可能产生一些遗传变异，这对作物的质量和产量有影响。SNP 标记可以用于检测这些遗传变异，确保组织培养植株的遗传稳定性。

总的来说，SNP 分型技术在农作物种质资源鉴定评价中的应用已经从基因型的水平拓展到表型和农艺性状的级别，为作物种质资源的精准鉴定和评价、遗传改良提供重要的技术支持。随着测序技术的进步和数据分析工具的发展，我们期待在未来能看到更多 SNP 分型技术在农作物种质资源鉴定评价中的应用。

（三）基因组学方法

基因组学是研究基因组，也就是一个生物的全部基因的领域。基因组学方法涵盖了从 DNA 测序，基因和基因组结构及功能注释，同源性比对，基因表达分析，变异检测，到群体遗传学等一系列技术和方法。

1. DNA 测序

基因组研究的基础是拥有精确的基因组序列。最初的 Sanger 测序方法为首次测定人类基因组奠定了基础。近年来，随着新一代高通量测序技术（Next-generation sequencing，NGS）和第三代单分子长读段测序技术的发展，DNA 测序在速度，效率和成本上都有了显著提高。

2. 基因和基因组结构及功能注释

DNA 测序后，我们需要定位基因的位置，预测其编码的蛋白质。这通常通过基因预测软件完成，如 Genscan, Augustus 等。随后，通过比对已知的基因数据库，来注释基因功能，例如使用 KEGG、GO、Swiss-Prot 等。

3. 同源性比对

通过比较不同物种的基因组，可以找到保守的基因区或功能元件，研究遗传的演化过程。NCBI-BLAST、Clustal、MAFFT 是常见的序列比对工具。

4. 基因表达分析

通过 RNA 测序（RNA-Seq），我们可以了解每个基因在不同环境、疾病状态或发育阶段的表达水平，以探索基因的功能和调控网络。

5. 变异检测

使用 DNA 测序数据，我们可以发现生物个体或物种中存在的遗传变异，如 SNP、插入/缺失（InDels）、拷贝数变异（CNVs）等。这些变异对理解遗传疾病，物种适应和生物进化等有重要意义。

6. 群体遗传学

通过对群体样本的测序，我们可以研究物种的遗传结构、群体分化、自然选择等过程，如基因型-表型关联分析（GWAS）、基因组选择分析（selective sweeps）。

随着测序技术的不断发展和数据处理能力的提高，基因组学方法正在不断演进和完善。这使我们能更深入地研究基因组的结构和功能规律，理解生物的生存和进化过程，为疾病的预防和治疗，以及新品种的培育和改良等提供助力。

基因组学方法在种质资源鉴定评价中的应用已经取得了重要的进展。基因组学是研究基因组的结构、功能和变异的学科，利用高通量测序技术等工具可以对作物的整个基因组进行全面的分析。下面我们将重点介绍基因组学方法在种质资源鉴定评价中的几个方面应用。

①基因组测序与组装。通过高通量测序技术，可以对作物的基因组进行全面测序。这为获取作物的完整基因组信息提供了基础数据。然后，利用生物信息学方法对测序数据进行分析和组装，获得较高质量的基因组序列。基因组测序和组装可以帮助我们了解作物的基因组结构、基因数量和分布等重要信息，揭示作物遗传多样性和进化历程。

②遗传变异分析。基因组学方法可以帮助鉴定和评估种质资源中的遗传多样性和变异。通过比较不同个体之间的基因组序列差异，可以发现单核苷酸多态性（SNP）和插入/缺失等变异。这些变异可以用于评估作物品种的遗传多样性、群体结构和亲缘关系。此外，还可以通过全基因组关联分析（GWAS），将基因型数据与表型数据相结合，找到与重要农艺性状相关的基因。

③基因组选择和标记辅助育种。基因组学方法为作物的选择育种提供了新途径。通过全基因组选育（Genomic Selection，GS）可以利用大规模的基因型和表

型数据，建立预测模型，实现对复杂性状的有效选择。此外，利用标记辅助选择（MAS）可以根据基因组中已知的功能基因或多态性位点，对具有目标性状的个体进行选择和育种。

④基因组与功能基因研究。基因组学方法可以揭示作物基因组中的功能基因和调控网络。通过基因组注释和同源基因分析，可以鉴定和预测基因的功能和调控机制。这有助于理解作物的生长发育过程、适应环境的分子机制和抗逆性等方面的基因功能。

⑤基因组资源库的建立。基因组学方法促进了大规模的作物基因组数据的积累和共享。这些数据可以构建作物基因组资源库，为种质资源鉴定和评价提供重要数据支持。研究人员和育种者可以通过数据库查询、数据挖掘等方法，获取有关作物基因组的信息，辅助种质资源的选择和利用。

总的来说，基因组学方法在种质资源鉴定评价中的应用已经取得了显著进展。通过解析作物的基因组信息和功能基因，可以更好地理解作物的遗传多样性、亲缘关系和农艺性状，为作物育种和种质资源的合理利用提供技术支持。随着技术的不断进步和数据的积累，基因组学方法将继续对种质资源鉴定评价领域产生深远的影响。

三、综合鉴定评价方法

综合鉴定评价方法是指通过多个指标、多种途径对种质资源进行系统、全面的评价。这种方法可以避免单一指标或单一方法在评价中的片面性和局限性，提高评价的客观性、准确性和可信度。为了综合利用多个评价指标和方法，提高鉴定评价的准确性和可靠性，近年来涌现出各种综合评价方法。这些方法通常基于数理统计和模型建立，将不同评价指标和数据进行加权、综合分析和综合判断，得出综合评价结果。

常见的综合评价方法包括主成分分析法、层次分析法、灰色关联分析法等。在种质资源鉴定评价中，可以利用这些方法对农作物不同特性进行综合评价和排序，从而选出具有综合优势的品种或种质资源。综合评价方法可以提高评价结果的客观性和科学性，为农业从业者提供更可靠的决策依据。

（一）多指标综合评价模型

多指标综合评价模型是对多个评价指标进行综合分析和评价，从而对评价对象进行全面、客观的评定的一种方法。它广泛应用于决策分析、经济评估、环境评估、社会发展评估等多个领域。

创建多指标综合评价模型的流程主要包括以下几个步骤。

①建立评价指标体系。评价指标体系是评价模型的基础，需要全面、客观的反映评价对象的特性。通常，评价指标体系包括一系列的量化或者非量化指标，比如财务状况、市场表现、技术水平、环境影响等。

②权重分配。不同的指标对评价结果的影响不同，因此需要对指标进行权重分配。常用的权重分配方式有专家打分法、判断矩阵法、数据包络分析法（DEA）等。

③数据标准化。由于不同指标的量纲和计量单位可能不同，因此需要将指标数据进行标准化，使得数据可以相互比较。常见的标准化方法有 0-1 标准化、Z-Score 标准化等。

④综合评价。根据分配的权重和标准化后的数据，使用加权求和法、TOPSIS 法、灰色关联分析法等方法进行综合评价。

⑤结果解释和优化。对评价结果进行解释，并结合实际情况进行模型的优化和调整。

在实际应用中，多指标综合评价模型需要根据实际需要进行设计和调整。在构建模型时，应该注意选择合适的评价指标，合理分配权重，正确处理数据，并选择合适的评价方法。

总的来说，多指标综合评价模型是一种灵活、可定制的评价工具，能够对复杂问题进行全面、客观的评价，为决策提供依据。

（二）机器学习方法在鉴定评价中的应用

机器学习在鉴定评价中的应用已经相当广泛且深入，无论是在金融、医疗、教育还是其他领域，机器学习都有着重要的作用。接下来，我们来看一些具体的应用实例。

①信用评分。在金融领域，银行和金融机构需要评估贷款人的信用风险，传统的方法通常需要人工分析大量的信息，这样的过程既耗时又容易出错。而机器学习算法可以通过自动学习和分析贷款人的信用历史、收入状况、职业等多维度信息，预测其违约的可能性，从而快速、准确地进行信用评分。

②医疗诊断。在医疗领域，机器学习被广泛用于疾病的预测和诊断。例如，通过对大量的医疗影像数据进行学习，机器学习模型可以实现对肺结节、乳腺癌等疾病的自动识别，显著提高了诊断的准确性和效率。

③教育评估。在教育领域，通过对学生的学习数据进行分析，机器学习可以帮助教师更好地理解学生的学习情况，预测学生的学业成绩，从而对学生进行个

性化的教学。

④情感分析。机器学习可以通过学习和理解用户在社交媒体上的文本信息，判断用户对于特定产品或服务的态度和情感。这对于品牌管理和市场营销等方面具有重要的指导价值。

⑤客户细分。商业领域经常使用机器学习进行客户细分，即通过分析客户的消费行为、喜好、人口统计等信息，把客户群体分成不同的细分市场，从而进行精准的定向营销。

⑥生态环境评价。机器学习可以用于环境监测数据的分析，预测环境变化趋势，评估人类活动对环境的影响，为环境保护提供决策支持。

⑦能源消耗预测。在能源领域，机器学习可以通过分析历史的能源消耗数据和相关因素（如气温、人口、经济发展等），预测未来的能源消耗，为能源规划和管理提供依据。

⑧网络安全。在网络安全领域，机器学习可以用于分析网络上的行为模式，自动检测和防止各种网络攻击，如垃圾邮件、恶意软件、网络欺诈等。

在这些应用中，选择合适的机器学习算法以及相应的特征工程是十分关键的。常见的监督学习算法如逻辑回归、支持向量机、决策树和随机森林，以及神经网络等都在各个领域得到了广泛的应用。同时，随着深度学习的发展，如卷积神经网络（CNN）在图像识别，递归神经网络（RNN）和长短期记忆网络（LSTM）在序列数据处理上的应用也越来越多。

总之，机器学习在鉴定评价中的应用为我们提供了一种新的、高效的解决方案，它改变了传统的工作方式，提高了工作效率，也为未来的发展提供了无限的可能。

在种质资源鉴定评价中，综合鉴定评价方法得到了广泛的应用，并取得了一些重要进展。

首先是农艺性状和生物学特性评价。农艺性状和生物学特性是种质资源鉴定评价的关键指标。利用多种指标和方法对农艺性状和生物学特性进行综合鉴定评价，可以获得更全面、准确的评价结果。例如，可以通过田间调查、实验室分析和遗传学方法，综合评价作物的产量、品质、抗性、适应性等农艺性状和生物学特性。这些评价结果有助于了解种质资源的生长发育、适应性和利用潜力。

其次是分子标记评价。分子标记是指一些与表型性状相关的 DNA 序列变异。利用分子标记对种质资源进行评价，可以更准确地揭示种质资源的遗传多样性和亲缘关系。例如，可以利用遗传标记如 RAPD、SSR、SNP 等，通过分析种质资源的遗传变异，获得种质资源之间的遗传关系和进化历史。这些评价结果有助于

种质资源的筛选和合理利用。

再次是统计分析评价。利用统计分析方法对种质资源进行评价，可以获得更客观、准确的评价结果。例如，可以采用方差分析、主成分分析、聚类分析等方法，对多个指标进行综合评价。这些评价结果有助于确定种质资源的分类、群体结构和适应性等特征。

最后是数据库和信息系统评价。近年来，随着计算机技术的发展，建立种质资源信息系统和数据库，为种质资源鉴定评价提供了新的途径。将果树种质资源的基本信息、农艺性状、分子标记数据等整合到数据库中，可以实现快速、准确、有效的种质资源评价。例如，国家农作物种质资源信息平台（https://www.cgris.net/）就提供了粮食、纤维、油料、蔬菜、果树、糖、烟、茶、桑、牧草、绿肥、热作等180种作物、37万份种质资源的查询、浏览和下载等服务。

综合鉴定评价方法在种质资源鉴定评价中的应用已经取得了重要进展。利用多种指标和方法对种质资源进行系统、全面的评价，可以避免单一指标或方法在评价中的片面性和局限性，提高评价结果的客观性、准确性和可信度。随着技术的不断进步和数据的积累，综合鉴定评价方法将继续发挥重要作用，在果树种质资源的评价和利用中发挥更大的作用。

综上所述，农作物种质资源鉴定评价方法包括传统评价方法、分子标记技术和综合评价方法等。这些方法各具特点，在不同情况下可以灵活应用，相互结合以提高鉴定评价的准确性和全面性。在实际应用中，选择合适的评价方法需要综合考虑农作物的特性、评价目的和可行性等因素。

第三节　农作物种质资源鉴定评价案例分析

一、玉米种质资源鉴定评价

（一）玉米种质资源的鉴定评价目标

玉米种质资源的鉴定评价旨在确定和评估不同种质资源之间的差异和优势，以便选择合适的种质资源用于玉米育种和农业生产。鉴定评价目标通常包括以下几个方面：

农艺性状评价：包括生育期、植株形态、株高、穗位、叶片性状等，通过对这些农艺性状进行评估可以了解玉米种质资源的生长发育特点和适应性。

抗病性评价：包括抗虫害、抗病害等方面的评价，通过对不同种质资源的抗病性进行鉴定，可以筛选出具有抗病特性的优良种质资源。

产量和品质评价：包括籽粒产量、单株产量、籽粒品质等方面的评价，通过对这些指标的评估可以了解玉米种质资源的产量潜力和品质特征。

遗传多样性评价：通过分子标记技术等方法，评估玉米种质资源的遗传多样性和亲缘关系，为后续的杂交育种和种质资源保护提供科学依据。

（二）玉米种质资源鉴定评价方法

玉米种质资源鉴定评价方法可以综合运用传统评价方法、分子标记技术和综合评价方法等。

传统评价方法。利用人工观察和测量的方式，对玉米种质资源的生长发育、农艺性状、抗病害等进行评估。例如，通过对不同种质资源的生育期、植株形态、叶片颜色等方面进行观察和测量来评价其农艺性状，如图1-4所示。

图1-4 不同类型的玉米种质资源

分子标记技术。利用多态性分子标记（如SSR、SNP等）和基因表达分析（如RT-PCR、RNA-Seq等），对玉米种质资源的遗传多样性、亲缘关系和相关基因进行分析和评估。通过基因标记和遗传距离的计算，可以得到种质资源之间的遗传距离和亲缘关系。

综合评价方法。利用数理统计和模型建立，将不同评价指标和数据进行加权、综合分析和综合判断，得出玉米种质资源的综合评价结果。常用的综合评价方法包括主成分分析法、层次分析法、灰色关联分析法等。

（三）玉米种质资源鉴定评价的意义与挑战

玉米种质资源的鉴定评价在玉米育种和农业生产中具有重要意义。通过对不同种质资源的评估，可以选择适合不同环境和需求的优良品种，并为后续的杂交育种提供优质的亲本材料。此外，种质资源鉴定评价还有助于玉米品种改良、抗性育种和种质资源保护等方面的工作。

然而，玉米种质资源鉴定评价也面临一些挑战。首先，在评价过程中需要考虑多个指标和因素的综合性，确保评价结果的准确性和全面性。其次，玉米种质资源的遗传多样性较高，评价工作需要涵盖广泛的种质资源，增加了评价的难度和复杂性。另外，鉴定评价结果往往需要验证和推广，需要结合大范围的试验和实地观察来进行验证。

综上所述，玉米种质资源的鉴定评价是一项复杂而重要的工作。通过合理选择和运用评价方法，我们可以更好地了解和利用玉米种质资源的优势和特点，为玉米育种和农业生产提供有力支持。

二、水稻种质资源鉴定评价

（一）水稻种质资源鉴定评价目标

水稻种质资源鉴定评价的目标是确定不同种质资源之间的差异和优势，以便选择合适的材料用于基础性研究和育种实践。具体而言，其评价目标通常包括以下几个方面。

①农艺性状评价。包括生育期、植株形态、株高、分蘖数、叶片形态等农艺性状的评价，旨在了解水稻种质资源的生长发育特点和适应性。

②抗病性评价。包括抗虫害、抗病害等方面的评价，通过对不同种质资源的抗病性进行鉴定，可以筛选出具有抗病特性的优良种质资源。

③营养品质评价。包括粮食品质指标、营养成分等方面的评价，通过对这些指标的评估可以了解水稻种质资源的品质特点和食品加工利用价值。

④遗传多样性评价。通过分子标记技术等方法，评估水稻种质资源的遗传多样性和亲缘关系，为后续的杂交育种和种质资源保护提供科学依据。

（二）水稻种质资源鉴定评价方法

水稻种质资源鉴定评价方法可以综合运用传统评价方法、分子标记技术和综合评价方法等。

传统评价方法。利用人工观察和测量的方式，对水稻种质资源的生长发育、农艺性状、抗病害等进行评估。例如，通过对不同种质资源的生育期、植株形态、叶片颜色等方面进行观察和测量来评价其农艺性状，如图1-5所示。

图1-5　水稻种质资源田间种植

分子标记技术。利用多态性分子标记（如SSR、SNP等）和基因表达分析（如RT-PCR、RNA-Seq等），对水稻种质资源的遗传多样性、亲缘关系和相关基因进行分析和评估。通过基因标记和遗传距离的计算，可以得到种质资源之间的遗传距离和亲缘关系。

综合评价方法。利用数理统计（图1-6）和模型建立，将不同评价指标和数据进行加权、综合分析和综合判断，得出水稻种质资源的综合评价结果。常用的综合评价方法包括主成分分析法、层次分析法、灰色关联分析法等。

图1-6　水稻种质资源千粒重比较

（三）水稻种质资源鉴定评价的意义与挑战

水稻种质资源鉴定评价在水稻育种和农业生产中具有重要意义。通过对不同种质资源的评估，可以选择适合不同环境和需求的优良品种，并为后续的杂交育种提供优质的亲本材料。此外，种质资源鉴定评价还有助于水稻品种改良、抗性育种和种质资源保护等方面的工作。

然而，水稻种质资源鉴定评价也面临一些挑战。首先，在评价过程中需要考虑多个指标和因素的综合性，确保评价结果的准确性和全面性。其次，水稻种质资源的遗传多样性较高，评价工作需要涵盖广泛的种质资源，增加了评价的难度和复杂性。另外，鉴定评价结果往往需要验证和推广，需要结合大范围的试验和实地观察来进行验证。

综上所述，水稻种质资源的鉴定评价是一项复杂而重要的工作。通过合理选择和运用评价方法，我们可以更好地了解和利用水稻种质资源的优势和特点，为水稻育种和农业生产提供有力支持。

三、小麦种质资源鉴定评价

（一）小麦种质资源鉴定评价目标

小麦种质资源鉴定评价是为了确定不同小麦品种之间的差异和优势，以便提供合适的材料用于育种实践和基础性研究。具体而言，小麦种质资源鉴定评价的目标包括以下几个方面。

农艺性状评价。包括了小麦品种的生长期、植株高度、分蘖数、穗型、籽粒大小等农艺性状的评价，旨在了解小麦种质资源的生长发育特点和适应性。

抗逆性评价。包括了小麦品种的抗病、抗虫害、耐旱、耐盐碱等方面的评价，通过评价这些逆境抗性指标，可以筛选出具有抗逆特性的优良小麦种质资源。

营养品质评价。包括了小麦品种的蛋白质含量、淀粉含量、品质指标等方面的评价，通过对这些指标的评估可以了解小麦种质资源的品质特点和食品加工利用价值。

遗传多样性评价。通过分子标记技术等方法，评估小麦种质资源的遗传多样性和亲缘关系，为后续的杂交育种和种质资源保护提供科学依据。

（二）小麦种质资源鉴定评价方法

小麦种质资源鉴定评价可以综合运用传统评价方法、分子标记技术和综合评价方法等。

传统评价方法：利用人工观察和测量的方式，对小麦种质资源的生长发育、农艺性状、抗病害等进行评估。例如，通过对不同小麦品种的生长期、植株形态、叶片颜色等方面进行观察和测量来评价其农艺性状，如图 1-7 所示。

图 1-7 不同类型小麦种质资源

分子标记技术：利用多态性分子标记（如 SSR、SNP 等）和基因表达分析（如 RT-PCR、RNA-Seq 等），对小麦种质资源的遗传多样性、亲缘关系和相关基因进行分析和评估。通过分子标记和遗传距离的计算，可以得到种质资源之间的遗传距离和亲缘关系。

综合评价方法：利用数理统计和模型建立，将不同评价指标和数据进行加权、综合分析和综合判断，得出小麦种质资源的综合评价结果。常用的综合评价方法包括主成分分析法、层次分析法、灰色关联分析法等。

（三）小麦种质资源鉴定评价的意义

小麦种质资源鉴定评价的意义在于为育种和农业生产提供优良品种和逆境抗性材料，促进小麦品种改良和优化，增加小麦产量和品质。同时，小麦种质资源鉴定评价也需要解决一些挑战，如如何综合考虑不同评价指标和因素、如何扩大评价样本范围、如何验证和推广评价结果等问题，需要不断探索和研究。

四、蔬菜种质资源鉴定评价

（一）蔬菜种质资源鉴定评价的目标

蔬菜种质资源鉴定评价是为了确定不同品种之间的差异和优势，以便提供合适的材料用于育种实践和基础性研究。具体而言，蔬菜种质资源鉴定评价的目标包括以下几个方面。

农艺性状评价：包括了蔬菜品种的生长期、植株形态、叶形、花果特征等农艺性状的评价，旨在了解蔬菜种质资源的生长发育特点和适应性（图1-8和图1-9）。

图1-8　番茄种质资源农艺性状采集

图1-9　辣椒种质资源农艺性状采集

抗逆性评价：包括了蔬菜品种的抗病、抗虫害、抗逆境耐性等方面的评价，通过评价这些逆境抗性指标，可以筛选出具有抗逆特性的优良蔬菜种质资源。

营养品质评价：包括了蔬菜品种的营养成分（如维生素C、胡萝卜素、蛋白质、糖类等）含量、口感特征、色泽等方面的评价，通过对这些指标的评估可以了解蔬菜种质资源的品质特点和食品加工利用价值。

遗传多样性评价：通过分子标记技术等方法，评估蔬菜种质资源的遗传多样性和亲缘关系，为后续的杂交育种和种质资源保护提供科学依据。

（二）蔬菜种质资源鉴定评价的方法

蔬菜种质资源鉴定评价方法可以综合运用传统评价方法、分子标记技术和综合评价方法等。

传统评价方法：利用人工观察和测量的方式，对蔬菜种质资源的生长发育、农艺性状、抗病害等进行评估。例如，通过对不同蔬菜品种的叶形、花果特征等方面进行观察和测量来评价其农艺性状。

分子标记技术：利用多态性分子标记（如SSR、SNP等）和基因表达分析（如RT-PCR、RNA-Seq等），对蔬菜种质资源的遗传多样性、亲缘关系和相关基因进行分析和评估。通过分子标记和遗传距离的计算，可以得到种质资源之间的遗传距离和亲缘关系。

综合评价方法：利用数理统计和模型建立，将不同评价指标和数据进行加权、综合分析和综合判断，得出蔬菜种质资源的综合评价结果。常用的综合评价方法包括主成分分析法、层次分析法、灰色关联分析法等。

（三）蔬菜种质资源鉴定评价的意义

蔬菜种质资源鉴定评价的意义在于为育种和农业生产提供优良品种和逆境抗性材料，促进蔬菜品种改良和优化，增加蔬菜产量和品质。同时，蔬菜种质资源鉴定评价也需要解决一些挑战，如如何综合考虑不同评价指标和因素、如何扩大评价样本范围、如何验证和推广评价结果等问题，需要不断探索和研究。

五、果树种质资源鉴定评价

（一）果树种质资源鉴定评价的目标

果树种质资源鉴定评价是为了确定不同果树品种之间的差异和优势，以便提供合适的材料用于果树育种实践和基础性研究。具体而言，果树种质资源鉴定评价的目标包括以下几个方面。

农艺性状评价。包括了果树品种的生长习性、树形特征、花果特征等农艺性状的评价，旨在了解果树种质资源的生长发育特点、繁殖方式以及适应性（图1-10）。

图 1-10　甜瓜种质资源

抗逆性评价。包括了果树品种的抗病、抗虫害、抗逆境耐性等方面的评价，通过评价这些逆境抗性指标，可以筛选出具有抗逆特性的优良果树种质资源。

产量与品质评价。包括了果树品种的产量、果实大小、果实外观、口感、品质特点等方面的评价，通过对这些指标的评估，可以了解果树种质资源的经济价值和市场竞争力。

遗传多样性评价。通过分子标记技术等方法，评估果树种质资源的遗传多样性和亲缘关系，为后续的杂交育种和种质资源保护提供科学依据。

（二）果树种质资源鉴定评价的方法

果树种质资源鉴定评价方法可以综合运用传统评价方法、分子标记技术和综合评价方法等。

传统评价方法。利用人工观察和测量的方式，对果树种质资源的生长发育、花果特征、产量和品质等进行评估。例如，通过对果树树冠形态、果实大小和颜色等方面进行观察和测量来评价其农艺性状和品质特点。

分子标记技术。利用多态性分子标记（如 SSR、SNP 等）和基因表达分析（如 RT-PCR、RNA-Seq 等），对果树种质资源的遗传多样性、亲缘关系和相关基因进行分析和评估。通过分子标记和遗传距离的计算，可以得到种质资源之间的遗传距离和亲缘关系。

综合评价方法。利用数理统计和模型建立，将不同评价指标和数据进行加权、综合分析和综合判断，得出果树种质资源的综合评价结果。常用的综合评价方法包括主成分分析法、层次分析法、灰色关联分析法等。

（三）果树种质资源鉴定评价的意义

果树种质资源鉴定评价的意义在于为果树育种和农业生产提供优良品种和逆境抗性材料，促进果树品种改良和优化，增加果实产量和品质。同时，果树种质资源鉴定评价也需要解决一些挑战，如如何综合考虑不同评价指标和因素、如何扩大评价样本范围、如何验证和推广评价结果等问题，需要不断探索和研究。

第二章
农作物种质资源保存的总体概况

农作物种质资源是指作为农业生产和发展的基础，在某个特定时期或某个地区中采集，保存下来并加以利用的农作物遗传材料。种质资源对农业生产具有巨大的意义，因为它们包含着适应不同生态环境的基因，可以制定更可持续的农业发展策略。种质资源对人类的生活也有很大的影响。本章主要阐述作物种质资源保存的重要性、保存方式、保存现状与趋势，种质安全保存的含义、研究范畴与研究进展。

第一节　农作物种质资源保存的重要性

作物即栽培植物，是由野生植物经过人类不断的选择、驯化、利用、演化而来的具有经济和社会价值的，且被人类种植栽培并收获利用的植物。本书所述作物主要包括粮食作物、经济作物、园艺作物、牧草、绿肥作物等栽培植物。

一、作物种质资源的含义与属性

（一）作物种质资源的含义

作物种质资源又称作物遗传资源，因种质资源也是基因的载体，故也称基因资源。20世纪60年代，我国作物种质资源学科的开拓者和奠基者之一董玉琛院士提出了"品种资源"的概念，因为携带种质的载体一般为品种，即现在所称的种质资源。对作物种质资源的理解可追溯到现代作物种质资源活动的先驱者——苏联的植物遗传学家和育种家瓦维洛夫，他早在1926年就提出栽培植物的改良应吸取广泛的遗传变异，因而毕生致力于从世界各地搜集栽培植物品种和野生近缘植物种质材料，期望为苏联作物育种提供"基因源（gene pool）"。而这些"基因源"便是早期"作物种质资源"的含义，它包含两层意思：一是这些种质材料是有实际或潜在价值的，是育种者所必需的亲本材料；二是这些种质材料不仅可供当时育种者使用，而且有预见性地为未来育种者储备。因此，作物种质资源是指任何具有实际或潜在价值的、含有遗传功能单位的栽培植物遗传材料，包括地球上所有栽培植物的有性和无性繁殖遗传多样性资源，通常可分为地方品种、育成品种及品系、特殊遗传材料和野生材料。

①地方品种。亦称农家种，多指在多样性地区具有专一用途的品种类型，即这类资源具有适于特殊生态环境种植的特性，或者可提供特殊的食物或满足某种宗教需求。固有的多样性是这些地方品种的独有特性，而且大多数地方品种往往

是混合异质群体。

②育成品种及品系。由科学家选育并在现代集约农业中栽培的优良品种，通过植物育种发展而成的复合种和综合种也属这一类。

③品系。经育种家多年选育，形成的形态学和生物学特征一致，具备了利用价值和稳定的遗传特性，但尚未形成品种和在生产上推广的群体。

④特殊遗传材料。包括突变体、基因标记材料、诱变的多倍体材料、非整倍体材料等。

⑤野生材料。野生近缘种和杂草种，以及在多样性原生起源中心和次生起源中心发现的近缘属植物野生种。

作物种质资源是世界上植物种质资源收集保存和研究的主体，美国农业部下属的国家植物种质体系（National Plant Germplasm System，NPGS）收集保存的种质资源虽然称为植物种质资源，但大部分是作物类的种质资源。印度国家植物遗传资源局（National Bureau of Plant Genetic Resources，NBP GR）收集保存的植物种质资源也是以作物种质资源为主。联合国粮食及农业组织（Food and Agriculture Organization of the United Nations，FAO）则将收集保存的植物种质资源称为粮食与农业植物遗传资源。因此无论是 FAO，还是美国、印度等国家，尽管使用名称不尽相同，但其收集保存的主体都是作物类的种质资源。世界上有 25 万～30 万种植物，其中 1 万～5 万种可以食用，约有 5 000 种可以作为人类的食物。我国有 9 631 个粮食和农业植物物种，栽培作物有 528 类（不包括林木和药用植物），包含 1 339 个栽培种和 1 930 个野生近缘种，分属于 138 科 557 属 3 269 种。

（二）作物种质资源的基本属性

①多样性。主要体现在物种多样性、遗传（基因）多样性两个方面。物种多样性是指一个地区内栽培作物及其野生近缘物种多样性。遗传多样性是指种内的基因变化，包括种内不同种群之间或同一种群不同个体之间的遗传变异，也称基因多样性。具体表现在：分子水平上，核酸、蛋白质、多糖等生物大分子的多样性；细胞水平上，染色体结构的多样性及细胞结构和功能的多样性；个体水平上，生理代谢差异、形态发育的差异，以及行为习性的差异等。多样性形成的原因主要是"共同进化"，如基因突变、基因重组、自然选择、地理隔离等因素，导致不同物种之间、生物与环境之间，在相互影响中不断进化和发展。通过漫长的共同进化过程，地球上不仅出现了千姿百态的物种和遗传资源，而且形成了多种多样的生态环境。多样性是种质资源最主要的特征特性，是种质资源发掘利用的基础。

②延续性。表面上指时间的延续和维持物种的延续；本质上则是基因信息的延续、DNA 序列排列顺序的延续；延续性对客观条件的要求非常苛刻，由于生态环境的不断变化及人类活动的负面影响，基因信息已经不知不觉出现了中断或改变，即变异或异化。

③不可再生性。种质资源的形成相当复杂，需要经过长时间的演变、进化过程，同时它的形成受到地理环境、气候条件、生态系统和人类活动的制约，物种或特有种质资源一旦被破坏，灭绝后就不可再生了。不可再生性是与种质资源的稀缺性相对应的，即一旦消失将永不再现。

④可复制性。包括遗传材料本身的可复制性和遗传信息的可复制性，而后者显得更加重要。遗传信息既是遗传材料的重要组成部分，也可以脱离遗传材料单独存在，这是种质资源可繁殖扩增的遗传基础。一旦遗传信息被分离出来并能以某种显而易见的方式存在时，其便可以离开原材料本身进行无限复制，这一点是种质资源的重要特点，也是其价值来源的重要组成部分。种质资源的可复制性则是与其延续性和遗传信息的可复制性相对应的。

⑤地域性。在不同地域上，由于气候、土壤、海拔等的差异，植物种质资源类型出现了较大差异，从而显示出地域性，即有的种质资源只为一个地域所特有。瓦维洛夫通过大量野外考察实践，认为植物物种在地球上的分布是不平衡的，有的地区具有大量的变种，而有的地区只有少数变种；所有物种都由不同的遗传类型组成，它们的起源是与一定的环境和地区相联系的，起源中心的主要特征是遗传类型有很大的多样性而且比较集中、具有地区特有的变种性状、拥有亲缘关系较近的野生类型或栽培类型。地域性是作物种质资源发掘利用的重要依据，同时地域性也限制了许多地方优异种质的自然扩散与广泛种植利用。

⑥群体性。具有遗传潜力的基因存在于每一种植物（作物）的种群中，任何个体都不能代表该种的群体基因库。当种群及个体的数量减少到一定程度时，一种植物的遗传基因便会有丧失的危险，从而导致物种的解体。物种的解体意味着遗传资源的解体。也就是说，无论是物种，还是一份种质，尤其是地方品种异质种质，都须由一定数量个体组成一个群体，才能呈现其固有的遗传特异性或特异的农艺性状。

二、作物种质资源保存的意义

美国科学家 Harlan 和 Martini 于 20 世纪 30 年代就提出了栽培植物遗传多样性受到威胁的论点。但直到第二次世界大战之后，栽培植物遗传多样性丧失问题才受到重视，其原因包括：一是小麦、水稻等作物高产新品种的加速出现并进入

传统农业种植地区，替代了原有栽培品种，导致生产上种植品种基因源遗传一致性增强；二是人们重新进入原先记载的多样性中心，尝试寻找可用于特定育种目的的种质材料，以及研究栽培植物物种的起源和演化，以探讨这些植物的生态适应性和差异性，但很遗憾地发现原记载的许多种质材料已采集不到了。此外，20世纪50年代前后，植物遗传资源自然生境被迅速破坏的情况逐渐显现出来，这种情况被称为种质资源遗传侵蚀。而且种质资源的遗传侵蚀一年比一年严重，速度明显加快，持续恶性发展，并可能对人类生存和农业生产产生重大的影响。因此人们迫切需要进行种质资源收集保存，防止其丧失或消失。另外，目前保存设施中贮存的种质资源，通过分发和基因发掘等途径，已产生了巨大的社会和经济效益，这也反映出了种质资源收集保存的重要性。

（一）避免作物种质资源多样性丧失

1. 避免老旧品种的消失

由于育种家的努力，具有高产、抗病、抗虫、抗旱或节肥特性的新品种不断涌现，农民乐于种植这些新品种以替代低产或性状欠佳的旧品种，这是一种极自然的趋势。因为先进的、高级的现代农业必然需要高产的和整齐一致的品种，这种倾向似乎难以避免。新品种或杂交种的选育和推广，使很多古老品种特别是许多地方品种逐渐被淘汰，从而使通过长期自然选择和人工选择而形成的某些重要种质资源有消失的危险。而且一个品种一旦在生产上被淘汰，得不到有效保护，就会永远消失。因此，植物种质资源的遗传多样性就被由它创造出来的许多栽培品种所破坏，广阔的遗传基础被狭窄的代替，导致许多古老、特有品种的消失。

随着20世纪20年代现代育种技术的出现，作物遗传多样性逐渐丰富的进程明显缓慢下来，在某些情况下甚至呈停滞不前的趋势，特别是在植物已被驯化并出现多样化的地区。农民采用现代品种和单一化栽培措施，这导致种植品种的遗传基础高度一致性。为了供养迅速增长的人口，传统农民（早期育种家）对稳产性的重视不亚于高产性。在农业耕作历史上的绝大部分时期盛行种植许多地方品种，并在非机械化作业的小块土地上进行混作，这种多头下赌注的策略一般可以取得稳定但较低的产量。现代育种家则集中力量培育对肥料敏感和抗病虫害的高产品种，但他们也逐渐转向选育适应不同环境条件的品种。例如，美国种植的食用菜豆、陆地棉、豌豆、马铃薯、水稻和甘薯等作物，其中少数几个品种就占据了该作物一半以上的种植面积。有学者估计，现在中国生物物种正以每天一个物种的速度走向濒危甚至灭绝，而农作物栽培品种正以每年 15% 的速度递减，对中国农业产生的负效应难以估量。在相当长的历史时期内，生产上种植应用的品种数量总体呈现明显的下降趋势，并且少数品种占据了相当大的栽培面积。例如，20 世纪 40 年代中国种植的水稻品种有 46000 多个，到 21 世纪初种植的不到 1000 个，其中面积在 1 万 hm^2 以上的只有 300 个左右，而且半数以上是杂交稻；20 世纪 40 年代中国种植的小麦品种有 13000 多个，其中 80% 以上是地方品种，而 20 世纪末种植的品种只有 500～600 个，其中 90% 以上是选育品种。又如，山东省 1963 年种植的花生推广品种有 470 个左右，至 1981 年约有 30 个，到 2000 年以后仅有 10 个左右。为此，收集保存被新品种替代的老旧品种是非常必要的。

2. 避免因环境恶化的危害而导致资源的消失

由于大规模开垦荒地、过度放牧、采伐森林、农用土地减少、土质变差、沙漠化和盐渍化日益严重，森林面积逐渐减少，热带雨林正在逐渐消失，加之工业环境污染、全球气候变暖，被誉为人类"生命之伞"的大气臭氧层破坏逐年加剧，臭氧层变薄，出现空洞。这些变劣的生态环境，使植物种质资源和农业受到威胁。据报道，臭氧层年均变薄 0.4%，臭氧层变薄造成的危害极大，主要是紫外线的 B 波段对地面的辐射增加了，它会造成农作物植株变矮、叶片变厚、籽粒千粒重变小、生物学产量降低，植物的组织和细胞也会受到损害。生态环境的改变，使得许多有用的植物资源，包括一些作物的野生近缘种，日趋减少，有的甚至濒临灭绝。为此，对于生态环境正在遭受破坏的遗传多样性富集地区，需及时调查收集野外种质资源，对其进行有效保存或保护。

在中国，由于草地严重退化、沙化及盐碱化，一些优良牧草种群日渐濒危甚至灭绝。中国是柑橘的起源中心，调查发现原有的柑橘资源优势正在消失。中国新疆的李、杏、石榴、苹果等树种及其野生资源极其丰富，但破坏现象也很严重，许多资源已经难以找到。中国西部特有的桑树如"川桑""滇桑"，如果不及时抢救保护，也会面临灭绝的危险。

3. 避免因城市、交通及水库等建设而导致资源的消失

随着现代工业、交通运输业及水利设施等的蓬勃发展，势必要扩大城镇，修筑道路、机场等，开采各种矿藏，建设大型水库，大量占用农田、草原、山野，从而产生了各种类型的环境污染，这不仅破坏了植被，而且造成生境改变，这些情况的发生发展同样使植物种质资源多样性日趋减小。为此，需在进行相关建设前，对该建设地区的种质资源进行抢救性收集保存。

例如，墨西哥和危地马拉的城市发展侵占了玉米近缘植物类蜀黍（Euchlaena mexicana）的原始生长地。埃及阿斯旺水坝的建成，使一些传统地方品种被淹没。

山东是野生大豆的主要分布区，20世纪80年代以前，野生大豆在山东省17个地市均有大面积分布，在公路边、河岸、湖岸、水塘、林下及林间空地、农田边、沿海盐碱地、荒山、草原、草丛、山顶、山谷、山坡、干枯河道、湿地，几乎有草本植物生长的地方都能见到。自20世纪80年代以来，由于经济、交通和城市快速发展等诸多因素，山东沿海地区生态环境和农业生产结构发生了重大变化，野生大豆资源急剧减少，仅在黄河三角洲有较大面积分布，其余地方零星分布。

4. 避免因病虫危害、选择性种植而导致资源的消失

新疆伊犁地区的野生苹果资源分布面积大、种类组成丰富，是世界野生苹果种质资源的重要组成部分，也是现代栽培苹果的原始祖先，其丰富的遗传多样性是苹果育种的重要基础材料，极为珍贵。但由于过度放牧和开荒，伊犁地区的野生苹果林生境遭到严重破坏，特别是1993年苹果小吉丁虫传入伊犁地区，1999年开始严重危害野生苹果林，危害程度达到80%以上，使野生苹果林濒临灭绝。通过拯救技术，将受苹果小吉丁虫严重危害的野生苹果抢救性收集保存到国家作物种质梨苹果圃（兴城）和国家作物种质野生苹果圃（伊犁），避免了珍贵的野生苹果资源永久消失。目前已抢救性收集保存新疆野生苹果资源300余份，这些珍贵资源为未来野生苹果林的重建奠定了可靠的物质基础。

因种植喜好而导致作物灭绝的实例也很多。例如，南美洲的印第安人曾种植过一种称为"它维"的作物，这种与小麦相似的作物仅在该地区种植，虽然其高产且所含的蛋白质也大大高于小麦，但欧洲殖民者到当地以后，强迫当地人改种小麦，使"它维"这一特色作物灭绝了。

（二）可拓宽育种亲本的遗传基础，避免遗传一致性的危险

许多国家种植的地方特有作物和品种正在被外来作物和新品种替代而消失，使得种植品种的多样性减少和一致性增强。近亲结婚会加大后代患遗传疾病的风险，使人口质量下降，植物也是一样。随着少数遗传上有关联的优良品种的大面积推广，种植品种变得单一、狭窄，病虫害一旦发生，就可能大面积暴发，造成灾难，进而危及人类的生存。最著名的例子是19世纪40年代马铃薯晚疫病的流行成为"爱尔兰大饥荒"的生物致因。这场"大饥荒"导致爱尔兰人口因死亡或移居减少1/4。

柑橘溃疡病菌（Xanthomonas campestris pv.Citri）的一个新菌系威胁着美国佛罗里达州的柑橘、葡萄、柠檬和酸橙幼树的生长。佛罗里达州只种植了为数不多的柑橘品种，这些品种都高度感染了溃疡病，该病原菌很容易侵染全州，以及邻

近的得克萨斯州和加利福尼亚州。1984年夏末，位于佛罗里达州中心的主要苗圃开始出现这种致病菌，同年10月该病菌便毁灭了300万棵柑橘苗，约占该州柑橘苗圃种苗的1/5。

据FAO报告，在美国19世纪的作物栽培品种中，95%的甘蓝、91%的大田玉米、94%的豌豆和81%的番茄到1995年已经不复存在了。埃塞俄比亚的大麦生物多样性严重减少，而且硬粒大麦已经完全消失了。马来西亚、菲律宾和泰国当地的水稻、玉米与果树的许多品种正在被单一栽培种所取代。安第斯山脉附近的特有作物及作物野生近缘种遭受严重破坏。智利的马铃薯、燕麦、大麦、小扁豆、西瓜、番茄和小麦遭受了同样的情况。欧洲一些传统栽培品种的多样性也逐渐受到影响。

在我国，目前种植的玉米、小麦、水稻等作物品种的遗传基础日趋狭窄，据王述民等报道，我国大面积推广种植的杂交稻，其不育系大多为野败型，恢复系则以IR系为主。占全国栽培面积60%左右的玉米杂交种仅来自6个骨干自交系（"Mo17""黄早四""E28""自330""掖478"和"丹340"），若按自交系应用面积在10万hm²以上统计，也只涉及18个自交系。50%以上的小麦品种带有"南大2419""阿勃""阿夫""欧柔"4个品种的血缘。黄淮海地区221个大豆育成品种中，61.9%的品种（137个）来自"齐黄1号"等4个系谱。在1376个陆地棉品种中，1113个品种的亲本主要来源于美国和苏联的11个品种。

种植品种的遗传基础日趋狭窄，存在着遗传脆弱性和突发毁灭性病害的隐患。王述民等报道，20世纪60年代中期至70年代中期，我国选育推广的第1代和第2代玉米杂交种如"维尔156""丹玉1号"等感染大斑病、小斑病，导致了大斑病和小斑病的流行；70年代中后期至80年代初期，第3代杂交种中，以"525"为亲本的杂交种高度感染矮花叶病，导致矮花叶病迅速流行；80年代中后期的第4代杂交种，以"中单2号""丹玉13""烟单14"为代表，其大面积推广致使青枯病和穗腐病愈加严重；90年代的第5代杂交种中，部分品种感染灰斑病、弯孢菌叶斑病。小麦育成品种"碧蚂一号"在20世纪50—60年代被大面积推广，导致了主要由条锈菌1号生理小种引起的条锈病大流行；60年代中期"阿勃"及其系列小麦品种的种植，促成了条锈菌18号和19号生理小种的流行；70年代小麦品种"泰山一号"在华北和西北地区的推广，促使条锈菌24号和25号生理小种成为当时的优势生理小种，再次造成了较大区域小麦产量损失；"洛夫林"系列品种在80年代大范围种植，不但使条锈菌28号和29号生理小种流行加剧，而且使小麦的白粉病抗性丧失；90年代中期，"繁62"绵阳系列抗条锈病小

麦的推广，诱发了条锈菌 30 号和 31 号生理小种的流行。

因此育种亲本遗传的高度一致性，存在巨大的安全隐患，而通过收集保存种质资源，可有效拓宽育种亲本的遗传基础，以避免育种亲本遗传一致性的危险。

（三）库圃保存资源已发挥显著的作用

有数据显示，全球已建立农业与粮食作物种质库 1750 多座，妥善保存种质资源 740 万余份，涉及上万个物种。美国国家植物种质体系（NPGS）是世界上最大的作物种质资源收集保存系统，仅小麦、大麦、玉米、大豆、水稻、食用豆类、棉花、马铃薯、高粱、南瓜 10 类作物就对外提供分发了 300317 份种质样品，其中 236762 份样品分发给美国国内用户，63555 份样品分发给国外用户。在这些资源中，有 25705 份样品被应用于育种项目，占总分发份数的 8.56%。私有公司把种质样品用于育种计划的百分比最高，达 14%，因其要求有资金回报，所以更侧重于栽培种的改良，在申请和选择种质材料时，其目的性很强并且很仔细。我国已建立了国家作物种质库圃保存体系，已抢救性地收集分散在全国各地的珍稀、濒危、古老农家品种，以及野生近缘种、国外引进品种，合计 50 万余份，居世界第二位，为我国农业的可持续发展奠定了雄厚的物质基础。入库保存资源均经过农艺性状鉴定评价、整理编目和繁种更新，以及生活力等质量检测，其保存寿命可达 50 年以上，实现了资源的妥善保存。同时种质圃和原生境保护点的建立，使一大批原产于我国但处于濒危状态的野生近缘植物得到了保护，如农作物种质资源、野生大豆、小麦野生近缘种、野生果树等，这些种质资源含有高产、优质、抗逆等优异基因，是作物育种的重要基因来源。1998 年以来，已有云南省农业科学院、山西省农业科学院、山东省农业科学院、江苏省盐城市盐都区农业科学研究所、湖南省水稻研究所、湖南省原子能农业应用研究所、中国农业科学院烟草研究所、中国农业科学院作物科学研究所等上百家原繁种单位，以及 10 个国家作物种质中期库和全国各省市农作物种质中期库等单位，从国家长期库取出外界已绝种的 20 万余份种质，作为繁殖更新原种、育种亲本材料及国家重大科技项目原始创新材料等。特别一提的是，依托于黑龙江省农业科学院的"国家寒地作物及大豆种质资源中期库（哈尔滨）"，种质资源保存能力达到 30 万份，种质资源保存数量 7.04 万份，拥有国内外寒带资源数量位居全国第一。目前，以"国家寒地作物及大豆种质资源中期库"为核心，初步建立起"种质库+种质圃+原生境保护点+DNA 库"的完善保存体系，确立了种业创新的"芯中芯""源中源"地位，打造国内一流种质资源库初见成效。随着保存时间的延长，种质库保存资源已发挥越来越重要的作用。

1. 拯救或促进农业生产的发展

在非洲卢旺达，由于长期国内战乱和天灾，农民无法进行正常农业生产。战乱结束后，农民原先种植的地方品种都已丧失，因而从其他国家引进优良高产品种进行种植。但很遗憾，引进品种无法适应当地的气候及生产条件，产量大大下降。因此，卢旺达只好从世界其他国家种质库寻找本国的原始栽培品种，菜豆、高粱、谷子和玉米等作物品种被返回给农民种植，从而拯救了本国种植业和农业经济。从该例子可以看出，在不同种质库保存同一份材料是非常重要的。

在我国也有许多案例表明，国家种质库圃保存的特色资源在支持产业发展方面的作用日益显著。例如，国家作物种质枣葡萄圃（太谷）自 2000 年以来为新疆提供了"骏枣""壶瓶枣""新郑灰枣""七月鲜"等新品种，支撑了新疆枣产业的迅速发展。目前，新疆红枣初级产品价值超过千亿元，约占全国红枣初级产品总价值的 1/4，已成全球最大的优质红枣生产栽培区域。国家果树种质寒地果树圃（公主岭）从所收集保存的苹果优异资源中，选育了我国第一个具有自主知识产权的苹果品种"金红苹果"，该品种已成为我国寒冷地区的主栽苹果品种，至 2016 年全国栽培面积 200 万亩[①]，产量 40 亿 kg，产值 80 亿元。国家作物种质核桃板栗圃（泰安）利用板栗优异资源，育成优质大果型板栗"岱岳早丰""鲁岳早丰"等新品种，2014 年在山东省枣庄市推广 2 万亩，并建立板栗深加工企业，创经济效益 1 亿多元，产品出口到日本、韩国，每年出口创汇 1000 多万元；国家作物种质柑橘圃（重庆）引进"默科特""塔罗科"血橙新系，培育了"不知火""春见"等大量晚熟柑橘品种，为重庆三峡库区晚熟柑橘的发展提供了重要的品种支撑；绿肥行业科技体系以国家长期库提供的 600 份绿肥资源为基础，挖掘了稻区生产中濒临消失的种质资源，并以此为技术手段，以冬闲田削减、化肥减施、耕地质量提升、稻米清洁生产为主要目标，组织南方 8 省份开展了大规模联合试验示范，建立了适应现代农业需要的绿肥 – 水稻高产高效清洁生产的技术体系。

2. 育种亲本材料的源泉

植物种质资源是在不同生态条件下经过上千年的自然演变形成的，蕴藏着各种潜在可利用基因，是育种亲本材料的重要来源。例如，国际水稻研究所（International Rice Research Institute，IRRI）培育的 IR 系列品种，其原始亲本材料有 1 份是从 IRRI 种质库保存材料中筛选出来的水稻野生近缘种——一年生尼瓦

---

① 1 亩 ≈ 666.7m²。

拉农作物种质资源，该份材料可抗草丛矮缩病，利用该种质材料解决了20世纪70年代以来东南亚各国水稻品种广受草丛矮缩病危害的问题。20世纪90年代初期，赤霉病每年给美国小麦生产造成高达20亿美元的经济损失，后来美国利用中国的小麦地方品种"望水白"和育成品种"苏麦3号"，解决了小麦的赤霉病问题。美国孟山都公司在中国申请了大豆高产基因专利保护，其基因来自中国的野生大豆。据统计，在20世纪70年代，种质材料对美国农业生产所做的贡献每年约为10亿美元。

在我国，目前，育种、科研、教学和生产单位利用国家作物种质库圃保存体系提供的优异种质资源，培育出粮食作物、纤维作物、油料作物、糖料作物、茶桑作物、烟草、蔬菜、果树等新品种1480多个，产生了极大的社会效益和经济效益。例如，吉林省农业科学院利用国家作物种质库圃保存体系提供的优质、耐冷水稻种质"秋田小町"和"北陆128"，育成"长白10号"和"吉粳78"，累计增产1.46亿kg，取得经济效益2.1亿元；江苏紫荆花纺织科技股份有限公司利用国家作物种质库圃保存体系提供的高产、优质、抗倒伏黄麻优异种质"中黄麻1号"等，在新疆、内蒙古、甘肃、江苏等省（自治区）建立了万亩优质纺织原料基地，为恢复我国黄麻优质原料国产化奠定了一定的基础，累计增收2000多万元；中国农业科学院作物科学研究所率领全国小麦种质资源研究团队，利用收集保存的资源，筛选、创制优异种质17份，并由有关育种单位利用培育新品种38个，累计种植面积1.64亿亩，该成果获得2014年度国家科学技术进步奖二等奖；中国农业科学院郑州果树研究所利用国家作物种质葡萄桃圃（郑州）优异种质，培育了优质、广适的桃新品种19个，2012年种植面积216.7万亩，占全国桃种植面积的20%，该成果获得2013年度国家科学技术进步奖二等奖；山西省农业科学院果树研究所利用国家作物种质枣葡萄圃（太谷）优异种质资源，培育了"冷白玉"等系列枣新品种，推广示范面积10多万亩，创经济效益7亿元，该成果荣获2011年度国家科学技术进步奖二等奖；武汉市农业科学院选育的水生蔬菜新品种"鄂水芹1号""鄂莲6号""鄂莲7号""鄂芋1号"等品种，已经推广至湖北、湖南、河南和黑龙江等20多个省市，累计推广水生蔬菜面积1000万亩以上，产生了良好的社会效益和经济效益。

3. 基础科学理论研究的重要材料

作物种质资源是进行作物科学乃至植物起源、演化、分类、生态、遗传与生理等研究的基本材料。瓦维洛夫之所以能够提出栽培植物起源中心学说，正是基于他对从世界60多个国家搜集到的15万份遗传资源材料的分析。随着科学技术的迅猛发展，作为研究材料的作物种质资源越来越显示出重要性并受到高度重视。

我国国家库保存资源对我国作物科学基础理论研究起着重要的支撑作用。例如，支撑"农作物核心种质构建、重要新基因发掘与有效利用研究"和"主要农作物骨干亲本遗传构成和利用效应的基础研究"等973计划重大项目的立项研究。国家水稻种质中期库（杭州）保存有7.5万份资源，在表型鉴定和生态分类的基础上，筛选出1083个栽培稻资源和446份普通农作物种质资源作为研究样本，其表型性状和生态类型具有广泛的代表性和多样性，通过基因组学和生物信息学手段，用于揭示水稻起源的科学理论研究。此外，库圃收集保存的资源本身就是展示作物的花、果实、种子等器官的多样性以及进行生物多样性保护教学与宣传的基本素材，因此种质资源库圃也是重要的科普教育基地。

4. 培育未来新兴品种和对资源再认识的物质宝库

近年来，我们常听到全球气候变暖，很多研究也表明，气候变化会对全球农业生产产生很大影响，不少现有品种极可能不再适应变化的气候条件，最终结果是农作物减产或一些品种的消亡。在此背景下，有专家提出，虽然人类不太可能阻止未来二三十年内出现的气候变化，但是在一定程度上可以减小气候变化对人类社会和经济的冲击，方法之一就是培育"更具气候适应力的农作物"，而这需要从现有的种质资源着手。据IRRI的报告，用100多个水稻品种进行试验，结果发现在臭氧层变薄后不同品种受到影响的程度不同。现有水稻品种资源有10多万份，如果可以选出对臭氧层变薄不敏感的品种用作育种亲本，就可以应对这一不利影响。

世界农业未来面临的许多问题是无法预知或不可预测的。例如，未来我们不知道会出现什么新病虫害，也不知道会面临哪些新的土壤和大气问题；未来会出现新的生理小种或病虫，危害原先具有抗病虫特性的栽培品种或地方品种；虽然核战争发生概率很低，但现在也不清楚哪些作物品种能在核战争地区生长，这些作物需要具有哪些生理和形态特性来适应。另外，温室效应可能导致大气变化，如二氧化碳（CO_2）含量越来越高，以及大气中可能出现新的气体成分。为此，需要培育新的品种来应对新的环境条件。由于未来环境在很大程度上是未知的，科学家也不知道未来需要哪些基因。因此，必须收集和保存作物种质资源，以供未来之基因发掘与使用。

此外，随着科学的迅猛发展，人类对种质资源的认知也在不断地发展和更新之中。例如，以前黄麻的主要产品是纤维，用于织造麻袋和麻布用作包装贮存和运输工农业产品，有透气、无毒、不易回潮和便于堆放的优点，因而是主要的纤维作物。但近年来，已从保存的古老、特异黄麻种质资源中筛选或培育出食用、药用的黄麻品种，其食用保健和经济价值都非常高；同时也筛选出了环保型专用黄麻，作为研发重金属污水吸附剂的原料。因此，收集并长久妥善保存种质资源是一件功在当代、利在千秋的伟大事业。

第二节　农作物种质资源保存方式

保存（preservation）概念是指通过一定的技术措施，使种质资源繁殖体的生命力得到延长和遗传完整性得到维持的过程。保存的广义概念常称为保护（conservation），是指人类通过对种质资源的管理和利用，使其能给当代人最大的持久利益，同时保持它的潜力以满足后代人的需要和愿望。种质资源保护工作范畴包括收集、鉴定评价、整理编目、繁殖、入库（圃）保存，以及分发利用等。种质资源保存工作范畴则侧重于种质资源在保存设施（包括种质库、试管苗库、超低温库、种质圃）中，为延长其生命力和保证其遗传完整性或遗传稳定性而进行一系列处理的过程，重点涉及资源的接纳登记、入库（圃）前处理、保存、监测、繁殖更新和供种分发等。

目前收集的作物种质资源都是具有代表性基因型的栽培品种、遗传材料或野生材料，且种质载体是包括种子、植株、块根、块茎、鳞茎、试管苗、茎尖、休眠芽、花粉、种胚、组织培养物等植物器官。保护设施从最早的低温种质库拓展到低温种质库、种质圃、试管苗库、超低温库、原生境保护点、DNA库等。确定各种作物采取或选择何种保存方式，与种质资源的繁殖特性、载体形式、人类活动等密切相关。

一、主要保存方式

作物种质资源保存方式包括非原生境（*ex situ*）和原生境（*in situ*）两种方式（图2-1）。人们很早就认识到，没有一个单一的保存技术或方法能够全方位地保存目标物种基因源的遗传多样性，在农作物种质资源保存实践中，非原生境保存和原生境保护都是很重要的，且二者应被视为互补的。

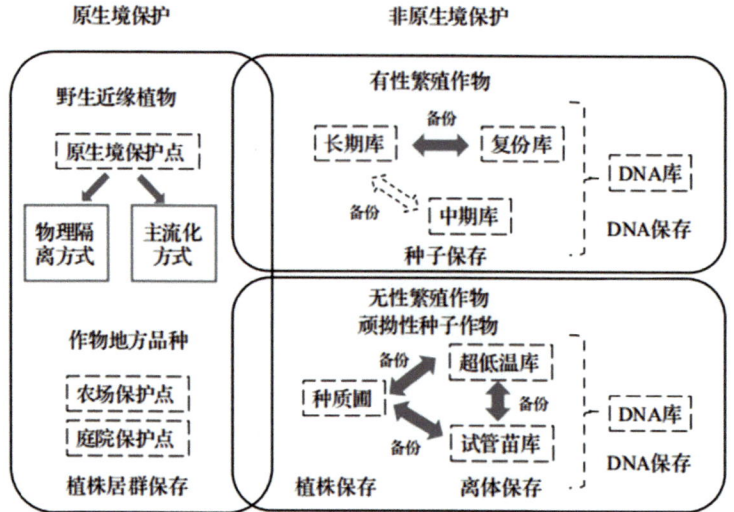

图 2-1 作物种质资源保存

（一）非原生境保存

1. 种子保存

种子用纸袋、布袋、金属盒包装，置于制冷除湿设备的库房中贮存（图 2-2b，2-2d）。自然库贮存一般利用地洞或废弃的矿洞，或建在干燥冷凉地区，如我国青海和西藏的自然种质库（图 2-2d）。干燥器和自然库贮存一般能使耐贮藏作物种子寿命延长到 8～10 年。许多研究机构也将种子存放在空调房间中，在此条件下种子可贮藏 3～5 年。上述传统保存方法种子保存寿命短，即需频繁进行繁殖更新，使得异花授粉作物种质在更新时易受异源花粉污染并发生遗传漂变。19 世纪 50 年代以来，制冷和除湿设备的应用，为正常性种子创造了低温低湿的贮存条件（图 2-3），从而使种子的保存寿命得到了大大延长，在 -18℃ 贮藏冷库中，多数作物种子寿命可延长至 20 年以上。目前，低温种质库是种质资源最佳保存途径，并已建立了相应种子入库保存处理规程与标准。此外，超干贮存方法在 19 世纪 90 年代曾是研究热点之一。超干贮存的研究目的是通过将种子含水量干燥至 2%～5%，并在室温下贮存，以期使能达到中期保存年限，即种子保存寿命 10 年左右。目前，保存实践表明，超干贮存对于油脂类种子是可行的，但对于淀粉类、蛋白质类超干种子，其保存寿命并不是随含水量持续下降而一直延长的。许多贮存都称为超干贮存，但其实不是真正意义上的超干贮存，而是适宜含水量贮存，即在室温贮存条件下，各种作物有一个适宜含水量水平使其保存寿命达到最长，而这个含水量不一定是2%～5%水平，也有可能大于5%，因作物而异。根据我们的实验结果，在青海西宁和黑龙江哈尔滨等北方地区，大豆等作物的适宜含水量种子在室温贮藏条件下可达到中期保存效果。此外，美国遗传资源保存国家实验室（National Laboratory for Genetic Resources Preservation，NL GRP）利用液氮罐超低温保存种子资源，称为种子超低温保存，主要保存小粒作物种子。

图 2-2　传统种子保存方式
（a. 坛罐贮存；b. 木柜自然库贮存；c. 干燥器贮存；d. 自然种质库贮存）

图 2-3　现代化的低温低湿种质库（我国国家作物种质库）
（a. 国家作物种质库外景；b. 国家作物种质库内景）

2. 植株保存

植株保存（plant preservation）的主要对象是无法或难以通过种子保存的作物种质资源，如无性繁殖作物、顽拗性种子植物，以及部分多年生野生近缘植物等，这些作物常以植株、块根、鳞茎等方式维持自身的生存（图 2-4）。植物自身的生存时间是有限的，有的长有的短，都要经过生长、衰老阶段，以致最终的死亡。在它们生长发育到一定阶段的时候或在衰老死亡之前,通过营养繁殖或种子繁殖,从而产生新的个体来延续后代。针对这类作物的生长与繁殖特性,需专门建设田间保存设施来保存这类作物的种质资源。人们把这类专门以保护作物种质资源多样性为目的,且以植株、块根、块茎为保存载体的野外田间保存设施称为种质资源圃(简称种质圃或资源圃)又称田间种质库(图2-5)。这种田间保存设施需建在作物生长发育最适宜的生态地区,并建设和配备一整套适合该类作物种质资源收集引进、隔离种植、鉴定评价、监测更新、安全防护的条件设施和技术管理措施,从而有利于保存资源的持久存活和遗传稳定,并便于利用。此外,植物园也是植物遗传多样性保存方式之一,但主要关注物种水平的多样性,而种质圃除了保存作物物种水平的多样性,还更加关注物种种内遗传多样性的全面保存。

图 2-4 种质圃保存的作物种质资源
(a. 甘薯种质资源;b. 葡萄种质资源)

图 2-5 田间种质资源圃

3. 组织培养物/休眠芽保存

组织培养物/休眠芽保存（tissue culture/dormant bud preservation）的主要对象也是无法或难以通过种子保存的作物种质资源。由于植株保存是在野外保存，资源仍会不可避免地遭受人为或自然灾害的危害，因此人们期望能对这些作物进行室内保存，然而在室内或温室来保存块根、块茎或整株植株，其技术要求很高或保存成本很大。人们根据细胞全能性的原理，试图将组织、细胞等组织培养物以及试管苗、休眠芽作为种质材料的保存载体，在室内进行种质资源的离体保存（in vitro preservation）（图2-6），这也便于利用试管苗快速繁殖并提供种质材料。离体种质保存已成为薯类等无性繁殖作物种质资源保护方式。鉴于资源保存在野外环境，易受火灾、洪水、地震、泥石流、低温冻害等自然灾害危害，以及病虫害的侵袭，资源易得而复失，以及由于资源保存数量大，需耗费大量土地、人力和物力来种植，或者需较大空间来贮藏越冬繁殖体，且其块根、块茎等繁殖体上所携带的病原物难以去除，易传播检疫性的病虫害。成功的离体保存方法需克服两个技术难题：一是种质材料在组织培养过程中体细胞突变引起的遗传不稳定性；二是组织培养存储时间长度是有限的。目前，马铃薯、甘薯等薯类作物的组织培养技术已很成熟，并能以试管苗方式进行种质资源中期保存。由于试管苗保存需不断进行继代培养，因此人们期望通过离体的超低温（-196℃）保存方法（图2-7），使组织培养物的存储时间能够大大延长，即发展组织培养物等离体保存材料的长期保存方法。至2015年底，国际马铃薯中心（International Potato Center，CIP）超低温长期保存马铃薯种质资源1320份，至2017年底保存2242份，计划每年新增份数不少于450份。对于苹果、桑树等果树资源，休眠芽枝条的超低温保存已成为美国、日本和德国等国家无性繁殖作物种质资源长期备份保存的重要方式。

图2-6 试管苗库
（a. 我国国家库试管苗库内景；b. 我国国家库试管苗库保存的甘薯等种质资源）

图 2-7 超低温库

（a. 用于超低温保存的茎尖；b. 用于超低温保存的休眠芽；c. 用于超低温保存的花粉；
d. 液氮罐；e. 储液塔，用于贮存液氮，给液氮罐补给液氮）

4. 花粉保存

花粉保存（pollen preservation）只能在种质资源保存中起补充作用，主要是因为花粉缺乏细胞质基因，不能保持整体遗传性，也容易传播病毒。但由于花粉很容易收集，仅需一个相对较小的保存空间，且花粉保存在育种上对解决品种花期不遇和异地杂交困难等问题起到重要作用，尤其是对于果树。因此，花粉保存一直受到重视，并作为许多作物种质资源保存的重要补充方式。目前，花粉保存主要采用超低温保存方法（图 5-5d）。

5. DNA 保存

DNA 保存（DNA storage）主要是用于保存在植物遗传工程和转基因研究中构建的各种各样的 DNA 文库，其携带着种质的基因组全部信息。目前还不能实现由 DNA 再生出整个植株，因此以 DNA 保存方式保存的特有、珍稀、濒危、野生种质资源材料，主要用于科学研究，尤其是国际科学合作交流。目前主要采用超低温冰箱或自动化低温冰柜等保存 DNA 提取物。

（二）原生境保存

原生境保存习惯称为原生境保护，也称原地（原位）保护，即在植物原来的生态环境中建立保护区或保护地，维持其进化潜力，保护物种与环境互作的进化过程，使其完成自我繁衍以达到保护的目的。相对于非原生境保存，原生境保护

是一种动态保存方式，它既保护了遗传材料又保护了能够带来多样性的进化，即从环境生态系统、物种及居群水平上进行保护。育种实践的长期可持续性，依赖于能够在自然生境中保持和发展的连续的遗传变异。有人甚至认为，从发展潜力方面来讲，相比于简单、经济的非原生境保存，原生境保存能够保护更多的种质资源，尽管原生境保护野生资源不能直接、方便地提供种质材料给用户利用。与非原生境保存相比，原生境保护的资源处于进化之中，能产生新的变异。原生境保护的难点表现在：一是该方式保存材料较难直接利用，即科学家不容易鉴定或获得所保护的遗传材料，而他们又希望在育种工作中利用这些材料的某些特殊性状；二是考虑到如农田保护的动态保护所涉及的因素可能危害地方品种的安全性，原生境保护很少能像非原生境保存那样允许科学家很方便地控制利用这些种质；三是战争、自然灾害等不可预测的因素，遗传侵蚀现象仍然可能发生；四是社会和经济的变化既可能保护生物多样性，也可能危害生物多样性。原生境保护研究面临的最大挑战之一是评估经济发展如何影响地方政府和农民对生物多样性的保护，从而将研究结果应用于保护项目的执行过程中去。

原生境保护主要有两种模式：一种是主流化（mainstreaming）方法，另一种为物理隔离（physical isolation）方法。主流化保护方法主要需依赖于保护地农牧民的积极主动参与，达到保护作物野生种或野生近缘种的目的，但该方法保护效果很大程度上取决于保护地农牧民的参与保护意识。主流化保护方法一般在社会经济较发达、环保意识较强的国家和地区较为流行。物理隔离方法则是采取围墙或围栏等物理隔离措施在作物野生近缘种富集地建立保护区或保护点，阻止人畜进入保护地或不允许在保护地周围进行有损生境条件改变的相关活动，从而起到对作物野生近缘种资源的保护目的。物理隔离法包括保护区、农家和庭院保护等方式，保护区一般用于作物野生种和野生近缘种保存，而农家和庭院一般用于保存古老的地方品种。原生境保护的主要保存载体是植株。对于一个原生境保护区需在三个方面进行动态监测和研究，才能确保原生境保存的成功：一是保护区中目标保护物种代表样本遗传变异的定期测定；二是物种构成的定期调查；三是对总体生态条件、生境改变及其耕作系统的定期监测。

1. 保护区

保护区（protected area）的主要保存对象是作物野生种及野生近缘种。即在某一作物野生种或者野生近缘种丰富的原生长地区建立相应的保护措施，以在物种水平、生态水平上对其进行原生境保存。

2. 农家保护

农家保护（on-farm preservation）是农民在原有农业生态系统中对已具有多样

性的作物种群持续进行种植与管理。主要保存对象是传统作物栽培品种或地方品种，其目的在于维持农作物的进化过程，以便继续形成种植作物或品种的多样性。

3. 庭院保护

庭院保护（home garden preservation）的保护方式与农家保护相似，但其受保护范围较小、种类相对较少的限制，主要保存无性繁殖植物，如果树、药用植物及其他无性繁殖作物等。在国外的乡村地区，庭院保护也是植物遗传多样性的重要保存方式，因为庭院往往种植着各种各样且独具特色的植物，一般而言这些植物材料往往是珍稀和特有的。

二、保存方式的确定

在进行种质资源保存时，首先面临着确定各类作物种质资源保存方式的问题。目前种质资源保存主要包括原生境保存和非原生境保存两种方式。原生境保存主要采用原生境保护区方式，即在植物原来的生态环境中建立保护区或保护地，就地使重要作物野生种及野生近缘植物进行自我繁殖以达到保护的目的。非原生境保存主要是通过建设低温种质库、种质圃、试管苗库、超低温库等设施来妥善保存各类作物种质资源。各类作物种质资源采取何种保存方式，主要根据作物或物种的繁殖特性、生长习性，以及种子贮藏习性等生物学特性来确定。各类作物种质资源保存方式见图 2-8。

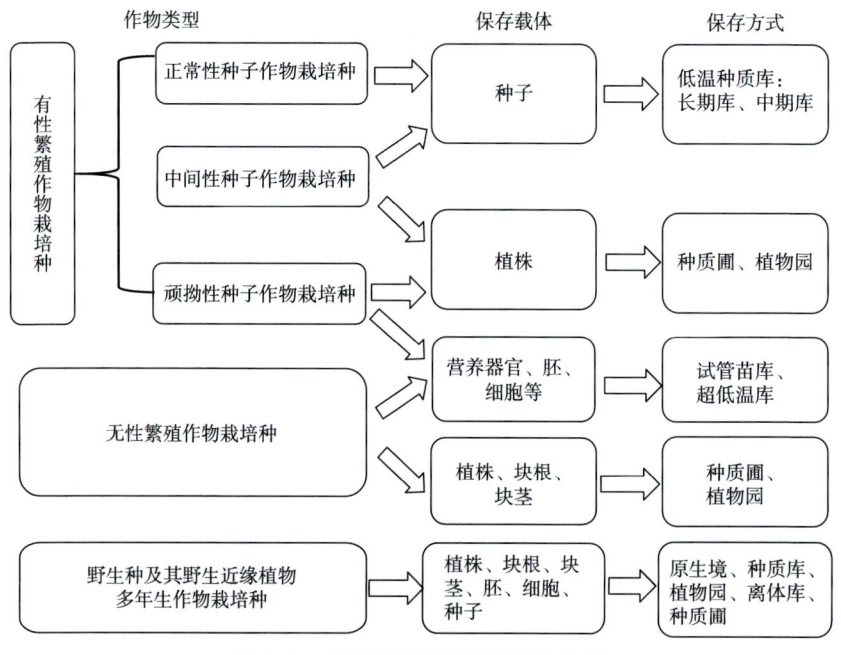

图 2-8　各类作物种质资源保存方式

1. 有性繁殖作物

该类作物通过有性生殖过程生产的雌雄配子结合而形成的种子繁殖后代。即通过种子来繁衍后代，可维持其亲本种质的遗传完整性。各类作物种质资源的保存方式取决于该类作物生产的种子贮藏习性和植物生长习性等。

正常性种子（orthodox seed）作物，该类作物生产正常性种子。种子贮藏习性表现为耐低温和耐脱水，可以利用种子作为种质载体，在低温种质库中实现该类作物种质资源的中、长期保存。水稻、小麦、玉米、大豆、棉花、油菜等大多数农作物都属于此类作物，保存方式主要采用干燥种子的低温贮藏。

顽拗性种子（recalcitrant seed）作物，该类作物种子不耐脱水和低温，一般种子保存寿命仅数周至数月。在目前条件下无法利用种子作为种质载体进行资源保存。因此资源保存主要采用种质圃植株保存。随着离体保存技术的发展，试管苗和超低温保存也将是这类资源保存的重要辅助手段。许多热带、亚热带作物种子属于该类型，如椰子、芒果、橡胶树、红毛丹等。

有些作物或者野生近缘种是多年生的，很难采收到种子，或者种子异质性程度很高，因此也主要采用种质圃、原生境保护点的植株保存方式，而将种子保存作为辅助途径。例如，农作物种质资源、小麦野生近缘植物除通过种质圃保存外，还建立了原生境保存点，此外，也可采集种子放在低温库保存。

2. 无性繁殖作物

该类作物不经过雌雄配子的结合，主要通过营养繁殖和无融合生殖方式来繁衍后代。

许多无性繁殖植物的营养体部分都具有再生繁殖的能力，如植株的根、茎、芽、叶等营养器官及其变态器官如块根、球茎、鳞茎、匍匐茎、地下茎等，可利用其再生能力，采取分根、扦插、压条、嫁接等方法繁殖后代。利用营养体繁殖后代的作物主要有甘薯、马铃薯、木薯、蕉芋、甘蔗、苎麻等。大部分果树和花卉也采用营养体繁殖后代。由营养体繁殖的后代称为营养系或无性系（clone），它来自母株的营养体，即由母体的体细胞分裂繁衍而来，没有经过两性受精过程，所以无性系的个体都能保持其母体的性状而不发生（或极少发生）性状分离或变异现象，即子代能维持其亲本种质的遗传稳定性。因此，无论是首次收集引入到种质圃，还是在保存过程中进行繁殖更新，通过营养体繁殖都能维持种质的原有种性，从而实现无性繁殖作物种质资源在种质圃中的长期保存。

另外，由于种质圃是一种田间保存方法，其种质资源仍会不断遭受水灾、火灾、冻害及病虫害等自然灾害的威胁，有时还会遭到毁灭性的破坏。例如，我国的国家作物种质苎麻圃曾遭受洪水的破坏，柿、水生蔬菜、山葡萄、龙眼等种质圃曾遭受严重冻害，部分资源被冻死。通过组织培养获得试管苗，在试管苗库、超低温库进行离体保存，可增强资源保存的安全性。较为成功的例子是马铃薯和甘薯作物，在国内外都建立了该作物的试管苗库。对组织培养物或营养体进行超低温保存，在美国、日本等国家已进入实践应用阶段。超低温保存将是实现无性繁殖作物种质资源长期保存的理想手段。但无论是试管苗还是超低温保存，都是一种备份保存方式，是实现资源安全保存的重要补充方式。

对于无性繁殖作物的野生近缘种质资源，首先在原生境建立保护区进行保存，有可能的话收集移入种质圃种植保存，同时开展相关离体保存，即进行试管苗或超低温保存。进行离体保存不仅起到备份保存作用，更重要的是通过对该作物建立组织快繁体系，可以快速、有效地促进其利用，也便于种质分发与交换。

三、保存的基本单元

国际上通常把可独立进行保存、研究和利用的最小种质样品单元，称为"accession"，它是指经过鉴定评价具有明显独特遗传特性且遗传结构稳定的一个品种、品系或是野生材料的一个"生态居群"，能实现自我繁育的基本单元。因此从这一意义上讲，不是任何一份种质材料都可称为"accession"。新收集种质材料经过鉴定评价，表明其与从前保存的种质材料具有明显不同的性状特征，才能称为"accession"，如美国NPGS被赋予PI号（plant introduction number）的种质材料，须是经过鉴定评价的并且证明是未收集过的，然后由农业部的植物引种办公室（PIO）赋予PI号，该号是种质的唯一识别号码，一旦给予某份种质，就不能将该PI号给另一份种质，即使该份种质已丢失。"accession"等同于编入我国各作物全国种质资源目录中"份"的概念，译为"登记种质"或"编目种质"可能较为贴切，但在没有特指的一般情况下，建议还是俗称为"份"。

对于地方品种和育成品种，一般以品种作为"份"来收集保存，即每份材料都具有独特性和可繁殖性。独特性是指在重要农艺性状（如形态、生理、化学等）上与其他品种具有明显区别的特性，可繁殖性是指在（有性或无性）繁殖时保持其独特的特性，即通过遗传把其独特性传递到下一代，因此其独特性应具有遗传稳定性。对于品系也特别强调具有遗传稳定性和一致性的群体，且具有突出优异性状的高代品系才能被收集保存。在保存实践中，对于地方品种，研究人员对保存的最小样品单位有不同看法，即采用纯系保存还是混合群体保存。例如，

在小麦、大豆、水稻等作物中，许多地方品种往往是混合群体，其田间表型一致或相近。但由于是混合群体，一份地方品种往往可分化出若干份不同纯系种质。纯系保存被认为有利于保持自花授粉作物的遗传完整性，各纯系内性状单一，便于鉴定评价和被育种家利用，且在繁殖更新时，较小的繁殖样本便可保持遗传完整性。但也有人认为纯系保存导致了种质遗传多样性的降低。所以，长期库应以原始收集群体（混合群体）保存为主，因为长期库以种质资源的战略保存为主，且保存空间有限；中期库则可以采用纯系保存，因为中期库保存以提供种质资源开发利用为主。

对于野生材料，一般以居群为基本单元进行采集并入库圃保存，可最大限度获得原生境野生资源的遗传组成。例如，美国 Geneva 种质圃（USDA-ARS Plant Genetic Resources Unit-Geneva）以居群为单元保存野生苹果植株；我国农作物种质资源也是以居群为单元进行收集保存的。由于土地紧张、维持成本高和利用周期长等因素，许多野生果树和多年生野生近缘植物，很难做到以居群为单元进行资源保存，往往从野生资源中筛选出稳定的无性系以纯系为单元进行保存。因此，采用何种基本单元进行保存，主要取决于物种特性和种质类型、种质圃的保存能力，以及是否便于鉴定利用和繁殖保存。

对于杂交品种，以及许多远缘杂交组合、高代品系和突变体等材料，目前国际上一般都不收集到长期库保存，但对于中期库和工作库，则可以进行适当收集保存，以待进一步鉴定筛选，即纯化成为稳定一致的群体，并确认或预估具有实际或潜在利用价值后，再编目并繁殖入长期库保存。

在国际上，种质资源也常常称为收集品，为此对下列名词术语进行专门介绍。

收集品（collection）：指以一定的形式保存在某一地方的所有种质材料。根据保存形式、材料种类和用途，收集品再分为若干类型。

种子收集品（seed collection）：指以种子的形式保存在种质库内的种质材料。

田间收集品（field collection）：指以活体植株形式保存在田间设施中的无性繁殖物种的种质收集材料。

离体收集品（in vitro collection）：指以组织培养物的形式保存的无性繁殖物种的种质材料，也称组培收集品。

基础收集品（base collection）：指保存在长期库和复份库的作物种质收集材料。基础收集品主要用于长期保存，不用于日常分发，只有当种子生活力低于繁殖更新标准时，才能取出进行繁殖更新。

活动（常用）收集品（active collection）：指保存在中期库或短期库的作物种质收集材料。活动（常用）收集品是用于繁殖、更新、分发、鉴定和评价的种质材料。活动（常用）收集品应保存有充足的数量，以便根据要求对外提供和分发。田间种质库也属于活动（常用）收集品的范畴。

工作收集品（working collection）：指育种家为了作物改良或研究人员为相关研究而保存的收集材料。

复份收集品（duplicate collection）：指在外地或外国保存的一套与长期库相同的材料。

核心收集品（core collection）：指采用一定的技术方法，从某一作物的总收集品中选出一组数量最少的材料，并能够最大限度地代表总收集品的地理分布范围、形态特征和基因多样性，从而促进种质的鉴定、评价和利用。

初级核心收集品（primary core collection）：在核心收集品的构建过程中，根据来源和遗传特性分析，从总收集材料中选择出12%～15%的材料，组成初级核心收集品。

微核心收集品（mini core collection）：初级核心收集品经过田间和分子标记检测，进一步去除遗传相似的材料，选择出仅占总数5%～6%的材料，组成微核心收集品。

第三节 农作物种质资源保存现状与趋势

我国农耕历史悠久、民族文化多元、自然生态多样，在长期自然选择和人工选择下，形成了多样性丰富的农作物种质资源。我国农作物种质资源研究工作始于20世纪50年代，确立了"广泛收集、妥善保存、深入研究、积极创新、充分利用"的基本原则。在几代种质资源工作者的接续努力下，系统研制了农作物种质资源性状描述规范和数据质量控制规范，安全保存理论技术体系研发实力也持续提升，农作物种质资源工作逐步实现高质量、标准化、规范化，长期保存的农作物种质资源数量持续增长。

到2021年底，种质库长期保存总量超过52万份，位居世界第二。具体可分为以下三方面。我国现代化保存设施建设始于20世纪70年代，1975年我国政府就开始在北京中国农业科学院院部筹划建设国家作物种质库（定位为国家粮食作物中期库），以承担全国作物种质资源的长期保存工作，1984年落成并于1985年投入使用；1986年又在中国农业科学院院部建设了当时最为现代化的国家作物种质资源长期库。国家种质圃建设始于20世纪80年初，并相继于1987—1989年建设完成，包括国家作物种质梨苹果圃（兴城）、国家作物种质寒地果树圃（公主岭）、国家作物种质李杏圃（熊岳）、国家作物种质葡萄桃圃（郑州）、国家作物种质核桃板栗圃（泰安）、国家作物种质桃草莓圃（北京）、国家作物种质桃草莓圃（南京）、国家作物种质柑橘圃（重庆）、国家作物种质柿圃（原在眉县，后移到杨凌）、国家作物种质枣葡萄圃（太谷）、国家作物种质砂梨圃（武昌）、国家作物种质荔枝香蕉圃（广州）、国家作物种质云南特有果树及砧木圃（昆明）、国家作物种质新疆特有果树及砧木圃（轮台）、国家作物种质龙眼枇杷圃（福州）。1992年在青海建成国家作物种质复份库，之后国家又投资建设10个作物中期库，马铃薯和甘薯试管苗库和其他作物种质圃。

（一）种质资源总量持续增加

我国是一个农业大国，农业历史悠久，通过农作物的长期演变孕育了非常丰富的物种资源，这些资源是十分重要的农业遗产，对品种推陈出新、从根本解决我国种源"卡脖子"技术问题有着至关重要的作用。我国分别于1956—1957年、1979—1983年先后2次对农作物种质资源进行了征集，一大批种质资源得到了有效保护。通过2015年以来以省、市、县三级为主的第三次全国农作物种质资源普查与收集行动的开展，取得了显著成效。截至目前各类作物种质资源收集量已达5.4万余份，且新收集资源占比96%以上，及时挽救了一大批珍贵、优异的资源，不断丰富了作物遗传多样性，为种质资源战略储备奠定了一定基础。据统计，我国作物种质资源长期保存的总量目前已超过53万份，居世界第二位。随着种质资源普查征集等相关工作的长期深入开展，我国作物种质资源保存数量必将稳步提升，同时，种质资源多样性也将日益丰富。有关报道显示，目前我国农作物种质资源、大豆、油菜、野生花生、茶、大蒜、红麻、茶树、山葡萄、桑、枣等作物种质资源保有量已居世界第一。

（二）保护体系初步构建

农作物种质资源保护主要采取资源圃和资源库两种方式保存。一般对有性繁殖类（如水稻、玉米、小麦、大豆）采取资源库保存方式；对无性繁殖类（如果树、多年生作物等）采取资源圃保存方式。至2021年底，我国已建成以国家长期库为核心，以国家中期库、种质圃、试营苗库和原生境保护点为支撑的国家级作物种质资源整体保护体系，包括：非原生境保存设施55个，含国家作物种质长期库 1 个（含试管苗库、超低温库）、国家作物种质复份库 1 个、国家作物种质中期库 10 个、国家作物种质圃 43 个（含马铃薯和甘薯试管苗库），作物野生近缘种原生境保护点 214 个。长期保存资源 527938 份，物种 2346 个，其中国家长期库保存资源 458434 份，43 个国家圃保存资源 69504 份，资源保存数量位居世界前列；种质圃保存资源主要包括苹果、梨、桃、香蕉等果树，甘薯、马铃薯、木薯等薯类，茭白、大蒜等蔬菜，橡胶、椰子等热带作物，野生稻、小麦近缘野生植物等多年生植物，以及香料、饮料、草本花卉等特异资源，作物有 50 余种（类），物种有 1469 个，其多样性非常丰富；原生境保护点保存物种 39 个，分布于 27 个省份。对于种子类种质资源，形成国家长期库、国家复份库和国家中期库保存种质互为备份机制，资源备份保存比例达 98% 以上；对于无性繁殖作物，形成国家种质圃的植株保存与试管苗库、超低温库离体种质保存互为备份机制，如甘薯和马铃薯种质既有种质圃块根、块茎保存，也有组织培养物的试管苗保存，并在国家作物种质库新库建立 20 万份容量的超低温库，拟对马铃薯、甘薯等无性繁殖作物种质资源进行离体长期备份保存。对于多年生野生近缘植物，形成种质圃、原生境保护点的植株保存与低温库种子保存备份机制，如野生稻，既建立原生境保护点，也在种质圃保存，同时收集种子在种质库进行保存的整体保护新阶段，形成集长期库、中期库、复份库、种质圃、试管苗库、超低温库等为一体的整体保护设施。目前新建的国家作物种质长期库容量达 150 万份，保存能力和水平均居世界第一，为今后 50 年全国农作物种质资源安全保存、鉴定挖掘和新品种培育等重大需求提供了基础保障。

随着国家作物种质库新库的建成，我国作物种质资源进入一个立体、互为安全备份、全方位体系，为全方位完整地保护作物基因源奠定基础。我国作物种质资源整体保护体系每年向社会分发提供资源 8.1 万份次，对我国作物育种和农业发展起到了重要支撑作用。

（三）开发利用成效明显

近年来，我国在农作物种质资源精准鉴定和深度挖掘基础上，应用远缘杂交、基因组学、基因工程等科技手段创制了一系列的新种质，使得大批突破性新品种脱颖而出，种质资源开发利用效果显著。据统计，"十三五"期间我国审定了水稻、玉米、小麦、棉花、大豆 5 种主要农作物品种 1.6 万多个，登记了马铃薯、甘薯、谷子、高粱等 29 种非主要农作物品种 2.1 万个。"十三五"以来，我国农作物自主选育品种面积超过 95%，粮食作物单产由 2016 年的 363.5kg/ 亩增加到

2020 年的 382.3kg/ 亩，增幅达 5.2%。良种覆盖率、对粮食增产的贡献率分别超过了 96% 和 45%。

另外，国家级农作物种质资源科学保护体系持续完善。随着经济社会发展，生产方式和生态环境发生变化，一些地方品种、野生种和野生近缘种迅速消失。为加强农作物种质资源保护，我国先后开展了三次全国性的农作物种质资源征集及调查收集工作和区域性的种质资源专项考察收集活动 30 余次。为使已收集的种质资源得到有效保存，我国逐步建立起原位和异位保护相结合，以长期库为核心，复份库与 10 座中期库、43 个种质圃和 214 个原生境保护点为支撑，种质资源信息网为纽带的国家级农作物种质资源保护体系。

第三次全国农作物种质资源普查与收集行动进展迅速。在全国的强力推动下，目前第三次全国农作物种质资源普查与收集行动已全面完成 2323 个农业县的面上普查，全国 679 个农作物种质资源富集县的系统调查将于 2022 年底全面完成，现已完成 10.1 万份资源的收集移交，占征集与收集资源总量的 90% 以上。每年通过评选和宣传十大优异资源，不仅让全民保护种质资源的观念深入人心，"庄红贡米""溜溜梅"等一批优异种质的直接开发利用还成为乡村产业振兴的重要抓手。

新库建成标志着我国资源保护能力进一步提升。2021 年，一座大容量、自动化、信息化、现代化的国家农作物种质资源库在中国农业科学院落成。新种质库保存能力极大提升，容量由原先的 40 万份提升至 150 万份，保存技术手段由单一的低温种子保存拓展至集低温种子保存、试管苗保存、超低温保存和 DNA 保存于一体的全方位体系化保存，确保有性繁殖和无性繁殖类农作物种质资源均可实现集中长期战略保存，预计可满足今后 50 年全国农作物育种、基础研究、产业化发展与国际竞争力提升等方面重大需求。

第四节　农作物种质资源安全保存

作物种质资源是农业科技原始创新、现代种业持续发展的物质基础，是保障国家粮食安全、生态安全和能源安全的战略性资源。世界各国及国际组织均十分重视种质资源的收集和保存。据联合国粮农组织统计，全球建成 1750 余个种质库（圃），收集保存种质资源 740 万余份，其中 90% 是以种子形式保存于种质库中，其余 10% 是以植株形式保存于种质圃，或以离体形式保存于试管苗库或超低温库中。美国收集保存资源59万份，印度42万份，国际农业磋商组织（CGIAR，Consultative Group on International Agricultural Research）下属的11个种质库保存总量近76万份。我国20世纪50年代起开展了两次全国性作物种质资源征集，抢救收集了40万份种质资源。但由于缺乏现代化低温库保存设施，约有10万份资源因保存不当而导致得而复失。我国于1986年在北京建成了国家作物种质库（以下简称国家库），其保存容量40万份、保存温度 $-18℃$、相对湿度低于50%。之后相继建成了青海复份库、10个国家中期库（温度为 $-4℃$ 或 $4℃$）和43个国家种质圃。截至2018年底，收集保存340种作物50万份，其中国家库43.5万份，种质圃6.5万份，保存作物种质资源总量居世界第二位。

一、作物种质资源安全保存理论

（一）提出了作物种质资源安全保存理论与内涵

系统总结了自国家库建库以来的种子入库保存、活力监测预警、繁殖更新等系列研究成果，于2000年首次提出了种质安全保存理论。经过近20年的深入研究，不断完善种质安全保存理论的主要内涵：一是具备物理空间或保存方式上的复份保存，以避免种质资源意外损失。如通过长期库与复份库备份保存种子类种质资源，采用离体方式复份保存种质圃的无性繁殖作物种质资源；二是基于生物学机制的安全保存，保存过程中维持种质高活力的生物学原理，即延长种质安全保存寿命的生物学机制及其影响因素，并建立维持种质高活力的保存技术和标准，关键技术环节是田间种植、收获、干燥包装等，标准主要是高初始发芽率、适宜含水量等；维持种质遗传完整性的生物学机制，并建立维持资源种质遗传完整的技术和标准，关键技术环节是繁殖更新、保存前处理等，标准主要是繁殖更新临界值等；库圃保存种质活力丧失的生物学机制，并建立种质活力监测预警技术和标准，其关键是库存种子活力丧失特性、关键节点、预警指标、安全保存寿命等。该理论的创建，对于作物种质资源安全保存具有重要指导意义。

（二）阐明了种质活力丧失关键节点的生物学机制

明确了种子活力关键节点发生代谢功能崩溃是种子活力转向骤降期的核心机制。当种子处于关键节点时，与种子活力密切相关的生理生化活动变化剧烈，主要体现在两方面：一方面发生氧化损伤和线粒体损伤。氧化损伤主要

是由于非酶促抗氧化剂（抗坏血酸和谷胱甘肽）水平降低，抗氧化而RCS攻击蛋白，导致参与逆境防御（MnSOD、HSP 70、APX等）、能量代谢（糖酵解、戊糖磷酸途径和TCA循环）相关的关键蛋白羰基化修饰水平上调，即发生蛋白氧化损伤，影响正常生理代谢活动。线粒体损伤主要体现为线粒体的结构和功能发生损伤。在平台期种子吸胀时，线粒体能够修复和发育成完整的结构，包括外膜、内膜、嵴和基质，为萌发生长提供能量；在活力关键节点阶段，线粒体数量明显减少，膜结构不完整，很难区分内膜和外膜，嵴数量较少；低于关键节点，则较难观察到线粒体，无法纯化出完整的线粒体。线粒体结构的损伤也显著影响了其呼吸活性、电子传递链活性等生理代谢，抑制了ATP和中间物质的生成。另一方面，诱导了线粒体损伤反馈机制，通过调控线粒体电子传递途径及其复合体组成，诱导交替氧化酶、非偶联蛋白和交替NADH脱氢酶的表达，以弥补细胞色素途径活性降低而抑制的电子和质子传递效率，以维持ATP合成，同时避免ROS过量积累和氧化损伤。当种子活力低于关键节点时，氧化损伤进一步加剧，反馈机能丧失，导致线粒体等细胞器结构瓦解，代谢功能崩溃，促使种子活力由平台期转向骤降期+。进一步研究表明，氧化损伤和线粒体损伤的产物可作为活力关键节点预警指标。氧化损伤产物，主要包括醇醛酮等挥发性物质组成成分、抗氧化酶的蛋白表达量（APX和CAT）、羰基小分子含量（4-HEN和丁烯醛）、关键蛋白羰基化修饰水平（MnSOD和HSP 70）；线粒体损伤指标主要包括线粒体膜系统结构、耗氧呼吸水平、电子传递途径关键蛋白表达量（Cytc和AOX）等。关键节点的生物学机制及其特征指标的揭示，为研发种子活力监测预警技术提供了重要理论依据。

（三）明确了库存种质安全保存寿命及其关键因素

基于低于活力关键节点繁殖更新导致种质遗传完整性丧失，提出了种质安全保存寿命，即从保存开始到种子活力降至关键节点的保存时间，因此种质安全保存寿命不同于种子寿命。在适宜含水量和密封包装条件下，水稻和小麦安全保存寿命：长期库20年以上，中期库约17年，北方（西宁、哈尔滨）常温条件下约12年。引入种质安全保存寿命概念是非常重要的，一方面强调了需考虑活力降低对种质遗传完整性的影响。另一方面各种作物在不同保存条件下的安全保存寿命，对于基层单位资源保存者和育种工作者进行种质保存，以及种质库管理者制定更加合理的监测计划，具有重要的参考价值。

对于种质库，因保存条件（温度和湿度）是恒定的，种质安全保存寿命主要受以下因素影响。

一是种子初始发芽率：对库存水稻、大豆、高粱等作物种子跟踪监测研究发现，与较低初始发芽率种子相比，发芽率高于 90% 种子的安全保存寿命相对更长。

二是种子含水量：存在一个适宜含水量范围，既可减缓高含水量条件下种子代谢造成的氧化损伤，亦可避免过度脱水造成的干燥损伤，从而使种子的安全保存寿命得到最大程度的延长。种子适宜含水量范围随着保存温度升高而变窄，例如水稻在低温库或温带地区室温保存条件下，适宜含水量范围为 4%～9%，而在三亚、南昌室温条件下适宜含水量为 5.0%～6.5%。适宜含水量也与种子贮藏物质类型有关，例如在低温保存条件下，淀粉类和蛋白类种子适宜含水量为 4%～9%，油脂类为 2%～8%，其中 5%～8% 含水量具有普适性。

三是包装方式：密封的包装方式可以避免含水量波动并抑制呼吸活性，从而显著延长种子安全保存寿命。

四是适宜繁殖地点和保存前环境条件：适宜繁殖地点对种子保存寿命有重要影响，例如监测了在国家库保存 27 年的 1998 份小麦种质发芽率，其中来自国外的 977 份种子发芽率从初始的 94.0% 降至 86.8%，下降了 7.2%；而来自国内的 1021 份种子，则从 96.4% 降至 94.1%，下降值仅为 2.3%。表明国外引进小麦种子尽管能在国内相近生态区进行繁殖，仍未能达到最佳的繁殖质量。此外，监测也发现有一批 74 份水稻种子，10 年后其发芽率均值从入库初始的 93.30% 降至 88.47%，下降值 4.83%，明显高于同一年份其他批次繁殖种子，其原因是该批种子在收获时遇到高温下雨天气，没有晾干处理。

种子安全保存寿命及其影响关键因素（种子初始发芽率、适宜含水量、包装方式、保存前环境条件、繁殖地点等）的揭示，对改进和完善库存种质资源入库处理、保存监测和繁殖更新技术提供了重要依据。

二、中国作物种质资源安全保存技术体系的创建与应用

（一）创建了中国作物种质资源安全保存技术体系

卢维雄等（2021）基于作物种质资源安全保存理论，创建了较为完善的、规范的作物种质资源安全保存技术体系（图 2-9），包括规程/技术合计 194 项，每项规程/技术规定了技术的处理程序、要求与标准，其中制定了库圃综合性保存和监测技术规程 4 项；研制了 43 种作物的离体保存技术 52 项，包括试管苗保存技术 35 项、超低温保存技术 17 项；研制了 124 种作物繁殖更新技术规程，包括库存作物 66 种、圃存作物 56 种、试管苗库作物 2 种；研制了库存种质活力监测与风险预警技术 8 项；制定了保存设施设计与建设技术 4 项，规定了种质库、种质圃、试

管苗库和超低温库的功能、技术指标、规范及要求；制定了保存描述规范1项，规定了保存数据的描述符、描述规范、分级标准；研制了室温中期保存技术1项，规定了不同气候区室温保存的技术标准。至2018年底，我国已建成55个国家级作物种质资源保存设施，包括长期库1个（即国家库）、复份库1个、中期库10个、种质圃43个，此外还建立有国家农业野生植物原生境保护点（区）199个，以及省级中期库30余座，实现了种质资源在不同保存方式或物理空间距离上的复份安全保存。该技术体系的创建，为我国作物种质资源安全保存提供了强有力的技术支撑。

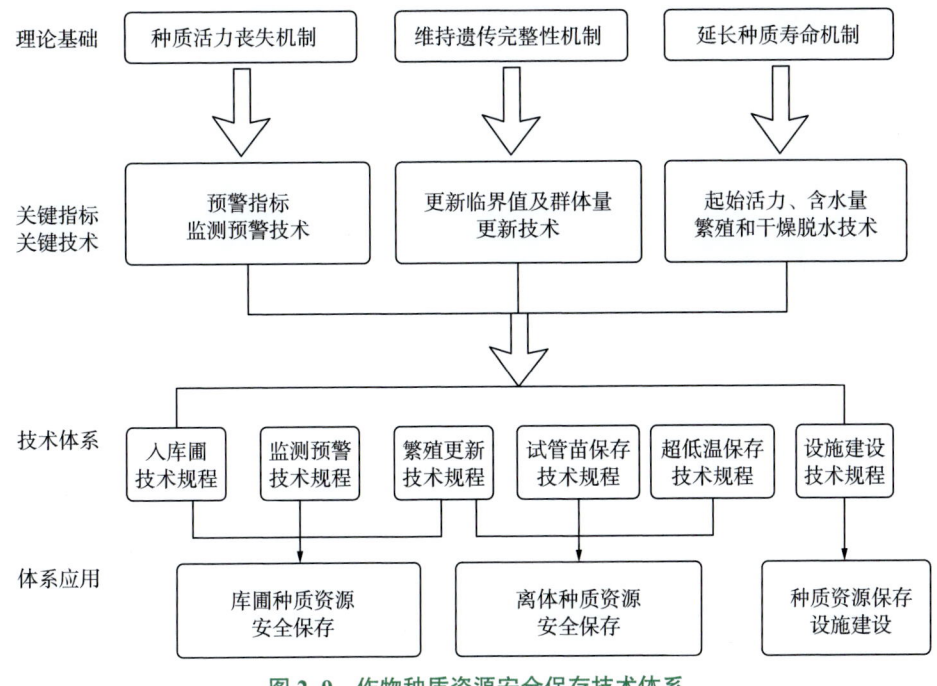

图 2-9　作物种质资源安全保存技术体系

（二）安全保存技术体系的应用和社会经济效益

卢新雄等（2019）认为中国作物种质资源安全保存技术体系，支撑了全国作物种质资源的安全保存和库圃建设：一是2000—2018年新增12.8万份资源入国家库圃保存，其中长期库新增9.5万份，总量达43.5万份；种质圃新增3.3万份，总量达6.5万份。同时完成了国家农作物新品种、审定品种和登记品种标准样品的入库保存5.3万份；二是通过监测预警，准确判断出"需要更新"的83批次9500余份；指导了43个种质圃、23个中期库（含13个省级库）资源的监测，确保国家种质资源的长期和中期安全保存；三是指导库圃保存种质繁殖更新，获得高起始活力的种子，既延长了种子保存寿命，也为资源共享分发提供了高质量的种子；四是研发的室温中期保存技术，可实现水稻、小麦和大豆等作物种子在我国北方地区常温下达到中期保存效果（10年以上），其节能效果显著、应用前景广阔；五是指导了新建和改扩建种质库圃，尤其为建设世界一流水平的、现代化的国家作物种质新库提供技术和标准，为到2030年我国作物种质资源战略储备总量达到80万份的目标提供设施保障。技术体系的应用为我国粮食安全、生态安全、种业市场的健康发展提供了雄厚的物质基础和重要保障。

第三章

农作物种质资源保存技术规程

农作物种质资源包含了丰富的遗传信息，对于农作物的品种改良和新品种培育具有重要意义。为了保护这些宝贵的遗传资源，有必要制定专门的技术规程进行规范管理。所以本章具体介绍了农作物种质资源库保存技术规程、农作物种质资源圃保存技术规程、农作物种质资源试管苗库保存技术规程、农作物种质资源超低温保存技术规程、农作物野生近缘植物原生境保护技术规程这五个方面。

第一节　农作物种质资源库保存技术规程

一、范围

本规程规定了农作物种质资源库保存、监测、供种分发的工作程序和技术要求。

本规程适用于正常型种子的长期和中期保存以及监测和分发。

二、规范性引用文件

下列文件中的条款通过本规程的引用而成为本规程的条款。凡是注日期的引用文件，其随后所有的修改单（不包括勘误的内容）或修订版均不适用于本规程，然而，鼓励根据本规程达成协议的各方研究是否可使用这些文件的最新版本。凡是不注日期的引用文件，其最新版本适用于本规程。

GB/T 3543.3 农作物种子检验规程——净度分析

GB/T 3543.4 农作物种子检验规程——发芽试验

GB/T 3543.6 农作物种子检验规程——水分测定

三、术语和定义

（一）正常型种子

种子可以干燥至低含水量而不会受到损伤，且耐低温贮藏。这类种子的贮藏寿命随着种子含水量的降低和贮藏温度的下降而延长。大多数农作物种子属于正常型种子（orthodox seed）。

（二）种子生活力

种子在适当条件下能发育成植株的一种能力，一般用发芽率和发芽势计量。

（三）种子干燥

采用不损害种子活力的脱水技术，把种子含水量降到适于贮藏水平的过程。

（四）监测

在种质库种子保存过程中，定期取出种子样品进行发芽率测定，检查种子生活力状况，同时测查贮存种子的数量，以确定种子是否应进行繁殖更新。

四、内容与工作程序

农作物种质资源库保存内容包括入库、监测、供种分发和资料信息处理四大部分，其中入库部分又包括接纳登记、查（去）重、清选、生活力检测、库编号编码、干燥、包装称重、入库保存等。工作程序见图3-1。

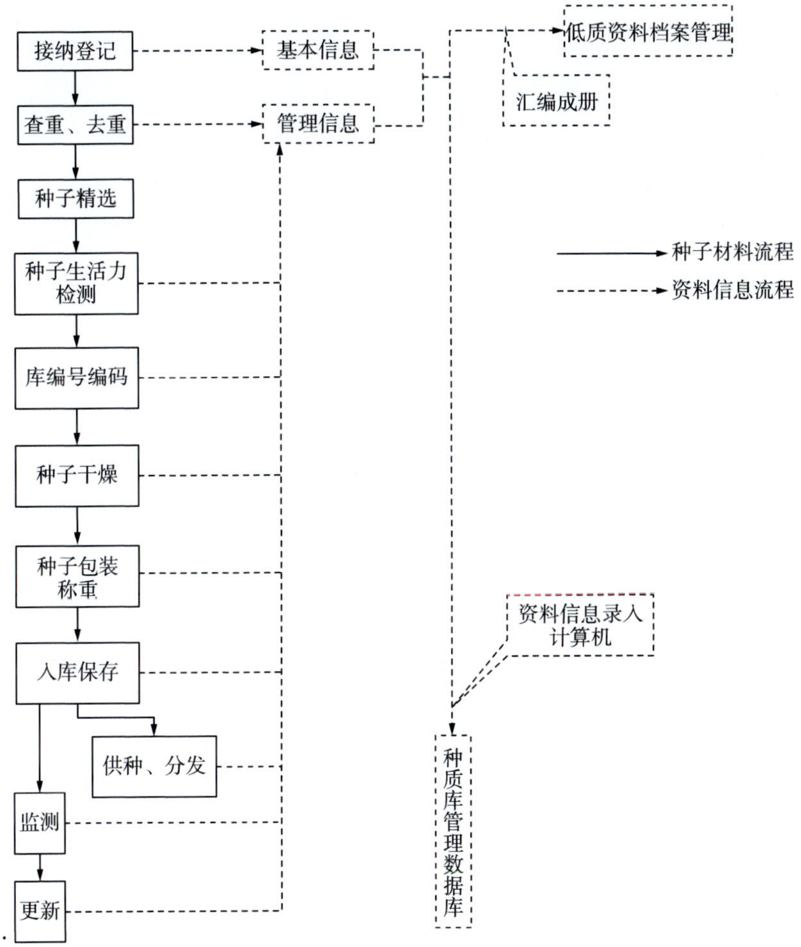

图3-1　种质库种子保存工作程序

五、入库

（一）接纳登记

接纳登记是种质库获得入库保存种子时，对其进行质量和数量的初步检查和基本信息的登记过程。对于送交长期库保存的种子，必须是已编入"全国作物种质资源目录"的种质资源。

质量和数量检查内容包括种子的纯度、净度、健康状况和数量等，其质量和数量应达到相关要求。对数量不够的种子应补足。对于杂质较多的种子应进行清选后再送交。对有害虫的种子，应立即进行熏蒸处理。对邮寄或托运来的种子，首先要检查、记录包裹有无破损、受潮。对包裹破损出现混杂的种子，应及时与送种单位联系并提出处理办法。对受潮的种子要及时烘干。

基本信息登记内容包括种质的全国统一编号、原保存单位编号、种质名称、学名、原产地、来源地、提供者，以及任何对贮存有帮助的有关生理学信息。

对符合入库要求的种子，给提供者开接纳收据，注明作物种类、接收份数、接收日期。对不符合入库标准的种子，应退回重新繁殖。对缺少基本信息的种子，应及时让提供者补充。对接纳后不能及时进行入库处理的种子，应暂时存放在临时库（15±2）℃中。

（二）查重、去重

查重内容包括两方面：一是检查新接收种子与种质库保存种子之间是否有重复；二是检查新接收的同一批种子之间是否有重复（也称自身查重）。

查重方法主要是将新接收种子"全国统一编号""原保存单位编号"和"种质名称"等数据项输入计算机，与库存种子管理数据库（含有每份库存种子的全国统一编号）核对是否有重复。对已保存的种质，不能再重复入库。

（三）种子清选

种子清选即剔除破碎种子、空粒、瘪粒、霉粒、受病虫侵害粒及其他混杂种子，以及灰尘等其他物质。对需清选的种子将根据种子品质状况，可采用机器清选或人工清洗。清选过程中应注意以下事项。

①用清选机清选种子时，应将种子含水量控制在安全含水量的范围内，以减少机械损伤。因种子水分过高或过低，都可能增加对种子的损伤。

②无论是进行人工清选还是采用清选机清选，都要注意防止混杂。每当清

选完一份种子之后，都必须将所用清选器具清理干净后方能进行下一份种子的清选。

③不浪费好种子，把样品损失降到最低。

④应将清选出的受病虫侵害、空秕粒及其他混杂的种子和杂质进行集中烧掉或填埋，防止病虫蔓延。

（四）种子生活力检测

1. 确定发芽试验条件

种子初始发芽力的检测应按国家标准 GB/T 3543.4 执行，若 GB/T 3543.4 无规定，则按"国际种子检验规程"执行。

对上述两个标准都没有规定的种子，则需研究获得适宜发芽方法后方可进行。

2. 准备试验条件与种子

根据种子发芽条件调节发芽箱的光照、温度、湿度；备好各种器具、试剂与药品，发芽床要进行洗涤和消毒。从所需发芽测试的种子中随机取数量相等的 3 份种子并分装于 3 个纸袋中，每个纸袋内需附上流水号标签。数取的每份种子数量将根据种子大小而定。中小粒种子（千粒重 <100g）每份数 100 粒；大粒种子（100g ≤千粒重≤ 500g）每份数 50 粒；特大粒种子（千粒重 >500g）每份数 25 粒。

3. 发芽试验

用医用酒精对每个发芽皿（盒）进行消毒后将种子所需的发芽床基质，如滤纸、蛭石或海绵等置于发芽皿中，并加入至所需水量。将每袋种子倒入每个发芽皿（盒）中并均匀地摆放在湿润的发芽床上，粒与粒之间应保持一定的距离，然后盖上盖放入已调节好的发芽箱中。

4. 发芽试验持续时间

每种作物种子的发芽试验持续时间按 GB/T 3543.4 或"国际种子检验规程"的规定执行。不要将试验前或试验期间用于破除休眠处理时间计算为发芽试验时间。

如果样品在规定试验时间内只有几粒种子发芽，则试验时间可以延长 7d，或延长规定时间的一半，并根据试验情况增加计数的次数。反之，如果在规定试验时间结束前，样品已达最高发芽率，则试验可提前结束。

发芽期间要经常检查温度、水分、光照和通气情况，并保持发芽床所需温湿度条件。如有发霉的种子应取出冲洗，严重发霉的应更换发芽床。

5. 发芽鉴定及发芽数量记录

鉴定种子是否发芽的判断标准是依据种子能否发育成正常幼苗，即每份种质材料的正常幼苗数为发芽数。鉴定幼苗时要在其主要构造已发育到一定时期时进行。正常幼苗鉴定标准按"国际种子检验规程"的规定执行。在初次计数或其他中期计数时，应将正常幼苗（已达到全部主要构造能正确鉴定的幼苗）取出去，并记录数量。对可疑或损伤、畸形或有其他缺陷的幼苗保留到末次计数时再判别。种子生活力检测表见表 3-1。

表 3-1　种子生活力检测表

作物名称：　　　　　　　　　检测员：　　　　　　　　　年　月　日　页

全国统一编号	发芽势（%）				发芽率（%）				发霉数（%）				备注
	重复1	重复2	重复3	平均	重复1	重复2	重复3	平均	重复1	重复2	重复3	平均	

6. 发芽结果的计算与表示

发芽结果是用正常幼苗数占供试种子数的百分率表示。百分率按四舍五入法计算到整数位。

7. 重新试验

遇有下列情况应重新进行试验。

①怀疑种子休眠时，发芽试验前可采用破除休眠方法进行处理。

②当发现试验条件、幼苗鉴定或计数有差错时。

③重复间误差大于表 3-2 中最大允许差距的规定值。

如果第二次结果与第一次结果一致（差值不超过表 3-3 的最大允许差距），则结束试验。如果第二次结果与第一次结果不一致（差值超过表 3-3 的最大允许差距），则应进行第三次试验，最终结果取试验结果比较一致的两次试验结果的平均数。

表 3-2　发芽试验重复间的最大容许差距（2.5% 显著水平的两尾测定）

平均发芽率（%）		最大容许差距
>50%	≤50%	
99	2	5
98	3	6
97	4	7
96	5	8
95	6	9
93～94	7～8	10
91～92	9～10	11
89～90	11～12	12
87～88	13～14	13
84～86	15～17	14
81～83	18～20	15
78～80	21～23	16
73～77	24～28	17
67～72	29～34	18
56～66	35～45	19
51～55	46～50	20

表 3-3　两次发芽试验的容许差距（2.5% 显著水平的两尾测定）

平均发芽率		最大容许差距
>50%	≤50%	
98～99	2～3	2
95～97	4～6	3
91～94	7～10	4
85～90	11～16	5
77～84	17～24	6
60～76	25～41	7
51～59	42～50	8

（五）库编号编码

根据入库初始发芽率标准，剔除发芽率低于最低限的种质后，对符合入库标准的种质进行编号，每份种质给一个永久库编号。种质库可根据保存作物种类和种质特点，制定库编号编码原则。国家长期库库编号编码原则如下。

①将作物划分成若干大类：Ⅰ代表农作物大类；Ⅱ代表蔬菜大类；Ⅲ代表绿肥、牧草大类。

②各大类作物又分成若干类："1"代表禾谷类作物；"2"代表豆类作物；"3"

代表纤维作物;"4"代表油料作物;"5"代表烟草作物;"6"代表糖料作物。

③具体作物编号:用"A"代表水稻,"B"代表小麦,故某一作物代码由3位字母和数字组成,例如"I1A"代表水稻;"I1B"代表小麦;"I1C"代表黑麦;"I2A"代表大豆。

④具体种质的库编号:每一份种质库编号由8位数码组成,例如"I1A00001"代表第一份水稻种质;"I1B00001"代表第一份小麦种质;"I1C00001"代表第一份黑麦种质。

⑤以此类推按这一原则编排出所有作物种质的类别及代码。

在国家长期库,对从未入过库的作物种质,根据以上库编号编码原则确定该作物的前3位代码,库编号编码从00001开始。对于已入过库的作物种质,则要从种质库管理数据库中查出该作物库存种质的最后一个库编号,并依次续编新种质的库编号。

六、种子干燥

(一)干燥条件的准备

开启干燥间和干燥箱设备,将温湿度调至该批种子所需的干燥条件。

(二)预估或测定种子的初始含水量

按种子含水量预估方法,预测出新接收种子的初始含水量。在实际测定种子初始含水量时对每种作物抽测1～2份。

(三)种子预干燥

当种子的初始含水量超过17%时需进行预干燥。先在低温低湿的干燥间(20～25℃,20%～30%RH)进行干燥,使淀粉型种子水分降至13%左右,高油分种子水分降至7%左右,然后再加热干燥。

对于干燥条件不清楚的物种,可采用低温低湿(20～25℃,20%～30%RH)干燥,最好能采用"双15(15℃,15%RH)"的干燥箱。干燥时间长短可用减重量法计算。其方法如下:首先测定种子的初始含水量和初始重量,并确定干燥后要达到的含水量,然后用下面的公式计算出达到最后含水量时的种子重量。

最后种子重量(g)= 开始种子重量

(四)干燥种子

种子干燥前,要逐份核查种质的库编号和种质份数,确保种质不缺不乱。核对完后,将种子装入透气的尼龙网袋中,然后放入干燥箱内。

装完箱后要将箱内所装种子的作物名称、库编号范围、温度、干燥起始时间、箱号记录在表3-4中。

干燥过程中至少每隔4h观察干燥箱和干燥间的温、湿度变化和设备的运行情况。

表3-4 种子干燥、包装、含水量记载表

年　　月　　日

作物名称	库编号范围	干燥箱号	干燥温度	干燥日期		干燥时间(h)	种子含水量抽测		测试、包装人
				开始	结束		库编号	含水量%	

(五)种子含水量测定

种子含水量是一个重要的指标,它表示种子中所含水分的质量与种子总质量的百分比。当种子干燥到预定时间时,将每个干燥箱内或干燥间内的种子,按作物抽测1~2份种子的含水量。含水量测定方法主要有实验测定法和感官测定法。若含水量达到贮藏要求时,将种子从干燥箱中取出并进行包装,否则继续进行干燥。

1. 实验测定法是一种比较精确的方法,具体操作步骤如下。

①将处理好的种子样品进行混匀,取出一定质量的试样,放在预先烘至恒重的容器中。

②在天平上准确称量试样的初始质量,然后将容器盖严,确保试样在容器内的分布均匀。

③将容器放入烘箱中,在特定的温度下进行烘干,直到试样的质量不再发生变化。

④取出容器,在天平上准确称量烘干后的试样质量。

⑤根据种子含水量的计算公式,即种子含水量=(烘前质量-烘后质量)/烘前质量×100%,计算出种子的含水量。

2. 感官测定法是一种简便易行的方法，主要依赖于人的感官经验。

①牙咬法是通过咬断种子，根据声音和感觉来判断种子的干燥程度。

②眼看法是通过观察种子的颜色和光泽来判断其含水量。

③耳听法是通过抓一把种子从高处落下，听其声音来判断种子的干燥程度。

④手摸法是通过触摸种子的光滑度和阻力来判断其含水量。

需要注意的是，不同种类的种子其安全水分含量标准也有所不同，例如玉米种子的含水量一般在14%～15%，大豆种子的含水量在12%～13%等。因此，在判断种子含水量时，还需要考虑种子的种类和品种。

另外，现在也有一些先进的仪器，如休辰卤素法水分测定仪，可以快速、准确地检测种子的含水量，使用起来非常简单，只需要一键自动测试即可得到稳定可靠的数值。

（六）种子包装称重

1. 包装前的准备

依据各种作物入库贮藏的种质数量，确定包装容器及每份种质包装的盒或袋数，并将盒或袋贴好标签。

2. 种子包装

当种子干燥至适于贮藏的含水量时就应立即进行包装。具体操作如下。

①按顺序将装有种子的尼龙网袋从干燥箱中取出。包装时要认真核对尼龙网袋上的库编号是否与种子盒或袋的标签上的库编号一致，确认无误后才能把种子倒入相应的种子盒或袋中。

②尼龙网袋内任何原始标签都要原封不动地装到种子盒或铝箔袋内，盒和袋内原始标签的保留可作为判断是否出现差错的重要原始证据。每个种子盒或袋内装的种子不能太满，盒盖要拧紧，铝箔袋要及时封口。

③一批种子包装完后要统一检查一遍，看种子是否装错，盒盖是否拧紧。

④包装操作应在低湿包装间内进行。包装间温度一般为20～25℃，相对湿度30%～40%。包装速度要快，以防干燥的种子吸收空气中的水分。

3. 称重

包装好的种子要用电子称称重，以克为单位。一批种子称重完成后，要统一检查核对一遍，以防漏称或记录错误。

七、入库保存

（一）入库定位

种子在入库定位之前，种质库应对低温库房里的种子架，按排、架、筐的顺序进行库位号编号，并依据各种作物估计占用的库位号，排列出各作物的库编号与库位号的入库定位图。

种子包装称重之后，应根据入库定位图将种子存放到低温种质库库房内预先指定的位置上。种子入库定位之后，记录此次入库存放的作物份数和时间，并把入库种子的库位号记入档案或输入管理数据库。入库定位后应有专人进行核对，保证不出差错。

（二）结果回执

种子入库定位保存后，管理人员应对每一供种者提供的每一批种质做一份入库结果报告，主要内容包括合格种子清单和不合格种子清单。合格种子清单数据项主要包括：种质库编号、全国统一编号、种质名称、发芽率、发芽势、保存量等。对合格的种子，要向供种单位开具种质入库保存证明。不合格的种子要告知不合格原因并退回给提供者。

（三）监测与更新

1. 监测前准备

根据监测间期的规定，利用种质库管理数据库打印输出需进行生活力监测的种质清单，内容包含种质名称、库编号、库位号。

将要监测的种质从冷库中取出后存放到缓冲间 2～3d 后再放到干燥间，在干燥间再行 3～5h 后方可打开种子盒或袋并数出需进行监测的种子，随后应尽快密封好并放回冷库。

2. 发芽率测定

（1）固定样品量测定法

采用 GB/T 3543.4—1995 或"国际种子检验规程"的发芽率检测方法进行。因该方法在监测试验中使用同样数量的种子，如 200 粒或 400 粒，浪费大量宝贵种质材料，所以，一般不推荐它作为种质库生活力监测方法。但此法具有要领清楚和操作简单的特点，一旦更新水平确定，依据试验结果很容易使人们作出决定。例如更新发芽率定为 85%，若试验结果种子发芽率高于 85%，则被监测种质继续保存，反之，则取出种子进行更新。

（2）改良的固定样品量测定法

该法的试验条件、操作步骤与固定样品量测定法相同，但每个样本的测定用种量从 200～400 粒减少至 50～100 粒。

（3）序列发芽测定法

序列发芽测定法与固定样品量发芽测定法有同样精确的优点，实质上这两种测定法的试验条件和步骤相同，只是序列发芽测定法监测用种量较少。因该法既能准确测定，又不浪费种子，被 IBPGR 推荐为种质库生活力监测方法。序列测定试验步骤如下。

①确定监测物种的参数水平，依据参数水平计算出序列分析的界限值，见表 3-5。

表 3-5　发芽试验结果序列分析的界限值

试验种子		种子发芽数		
20 粒为一组		继续保存	继续测定	更新
1	20	—	12～20	0～11
2	40	37～40	28～36	0～27
3	60	53～60	44～52	0～43
4	80	69～80	60～68	0～59
5	100	85～100	76～84	0～75
6	120	102～120	92～101	0～91
7	140	118～140	108～117	0～107
8	160	134～160	124～133	0～123
9	180	150～180	140～149	0～139
10	200	166～200	157～165	0～156
11	220	182～220	173～181	0～172
12	240	198～240	189～197	0～188
13	260	214～260	205～213	0～204
14	280	230～280	221～229	0～220
15	300	246～300	237～245	0～236

②根据作物种类，确定种子发芽测试用种量（40 粒或 20 粒）并数出试验种子。

③置床进行发芽试验，具体方法同固定样品量法。

④依据试验结果，按照计算出的序列分析界限值（表 3-5）作出决定：A- 继续保存；B- 继续测定；C- 更新。

⑤需继续进行发芽试验时，则再取种子进行发芽试验，直到得出继续保存或更新结论为止。

3. 监测结果

处理中更新标准值，则需安排种子进行繁殖更新。

4. 繁殖更新

依据种质监测结果，确定种子生活力和保存量低于种质更新临界值的种质清单。将需繁殖更新的种质信息输入数据库，建立繁种更新数据库（图 3-2）。

图 3-2　种质资源接收、检测、干燥、包装后入库

（四）提取与分发

1. 提取

指从国家长期库（包括复份库）提取种质进行生活力监测或提供繁殖更新使用。

（1）提取种质的条件

国家长期库（包括复份库）保存的种质资源属国家战略资源，动用库存种质进行供种或提取种质应符合下列条件：

①中期库保存的种质资源已绝种，需要从国家长期种质库取种繁殖。

②需定期进行生活力监测。

③库存种质资源活力降低或者数量减少到影响种质资源安全时。

④其他特别需要，如突发事件供种等。

（2）程序

符合第（1）条①条款和④条款需从长期库提取种质需要报农业部审批。申请者将农业部审批文件和提取种质清单交给国家种质库，国家种质库负责人核对签字后指派专人进冷库提取种质，申请者应在提取种质单上签字。审批文件、提取种质清单及申请书等存档备案。

符合第（1）条②条款和③条款需从长期库提取种质应当将提取记录存档备查。

供繁殖更新的每份种质材料取种数量视作物类别和种子生活力水平而定，一般取种（活种子）数量不超过 100 粒，特大粒种子（千粒重≥1000g）不超过 50 粒。提取种质供监测的数量按第 6 条的规定执行。

2. 种质分发

（1）原则

对国内外单位和个人提供分发种质时，应严格执行"农作物种质管理办法"等国家相关法律法规的有关规定。从国家种质库获取种质资源的单位和个人，有下列行为之一者，种质库有权不再向其提供种质。

①不按规定使用所获得的种质，给提供者造成不良影响的。

②不按规定，不及时反馈利用信息的。

③不按规定使用，造成泄密或种质资源流失的。

④恶意索取种质资源等。

（2）分发与对外提供种质数量

提供的每份种质数量应以保证该作物种质材料的遗传完整性为宜。

对于自花授粉作物或异花授粉作物自交系种子，种子分发量每次为 20～100 粒，主要依据种子千粒重和发芽率水平而定。

对于野生种、特殊遗传材料等种质，因保存量较少，材料又十分宝贵，每次分发种子量可适当减少。

对于异花授粉作物种质，每次分发量应依据种子发芽率水平，提供能确保田间成苗植株在 50 株以上的种子数量。

中期库一年内向同一单位或个人提供同一作物的种质份数，由各中期库根据、"农作物种质资源管理办法"等相关规定确定。

（3）分发程序

凡利用者获取资源的用途符合"农作物种质资源管理办法"规定的，均可通过网站查询种质供种分发目录，向所要索取种质的种质库提出利用申请，即填写和提交"种质资源利用申请书"。种质库在收到申请书后应及时向利用者提供种质（需扩繁的种质，供种周期由双方商定）。对于无法提供种质时需及时做出答复。

利用者从种质库获取的农作物种质只享有有限的、不排他的使用权。须履行以下的承诺：遵守国家有关种质资源管理法规，不得将获取的种质用于申请知识产权保护，也不允许向境内外任何单位或个人等第三者分发提供种质。为保障珍稀种质资源不流失，种质库应依据"农作物种质资源管理办法"，从严掌握珍稀种质资源的分发。

向境外提供种质，应严格按照"农作物种质资源管理办法"规定执行。对任何单位和个人索取种质向境外提供，都需持有农业部审批文件。

八、种质信息处理

1. 内容

包括种质信息、种质信息采集、计算机化管理和资料档案管理等。种质库工作的主流程是种子处理，此过程还伴随着种质信息处理。另外，种质信息是管理人员在种子处理过程中作出决定的依据。

2. 种质信息

（1）基本信息

基本信息包括：全国统一编号，原保存单位编号，种质名称，学名，提供者，原产地，来源地等。

（2）管理信息

每一份登记种质在入库处理过程中获得的一系列数据信息，以及供管理人员使用的有关数据信息。包括：入库初始信息、监测信息、更新信息、分发利用信息等。

3. 种质信息采集

在种质信息采集中，基本信息主要由提供者提供。管理信息则主要由种质库管理人员依据种子处理结果填写。可依据种质库种质数据采集表设计各种表格以采集数据。数据采集后应将种质数据及库位号输入计算机，建立"种质库种质管理数据库"。

4. 计算机化管理

利用计算机建立种质库种质管理数据库，数据项包括种质的基本信息和管理信息。国家种质库长期库种质数据管理数据库的数据项包括：库编号、全国统一编号、库位号、作物名称、原产地、提供者、繁殖年份、入库保存日期、发芽率、发芽势、保存量、贮藏含水量、种子粒形、种子粒色、种子饱满度、种子整齐度等。随着种子贮存时间的延长，种子贮藏过程中生活力监测、保存量监测和更新已成为种质库管理的重要组成部分，因而管理数据库也将增加监测和更新记录的数据项。

国家种质库除利用计算机建立种质管理数据库外，还利用计算机进行查重，打印号码和记载表。建立种子发芽原始记录数据库，提供咨询服务。

5. 纸质资料档案管理

纸质资料档案管理：即将数据采集的原始记载表，分作物按库编号或入库时间顺序装订成册，建立原始记录资料档案管理。这对种质库管理人员和技术人员都是很必要的，可为技术人员在以后种子入库处理中，提供有价值的参考数据，同时也为数据库的数据核对提供原始记录的依据。此外，许多处理过程的原始数据无法全部输入计算机。因此，建立资料档案管理是对计算机化管理的重要补充。

第二节　农作物种质资源圃保存技术规程

一、范围

本规程规定了种质圃种质资源保存与分发的工作程序和技术要求。本规程适用于无性繁殖作物、多年生作物的种质保存与分发。

二、规范性引用文件

下列文件中的条款通过本规程的引用而成为本规程的条款。凡是注日期的引用文件，其随后所有的修改单（不包括勘误的内容）或修订版均不适用于本规程，然而，鼓励根据本规程达成协议的各方研究是否可使用这些文件的最新版本。凡是不注日期的引用文件，其最新版本适用于本规程。

Codes for the Representation of Names of Countries

GB/T 2260 中华人民共和国行政区划代码

GB/T 12404 单位隶属关系代码

三、术语和定义

（一）圃基本单元区

种质圃中用于每份种质保存所需的最小单位面积，其大小由每份种质保存株数和行株距决定。

（二）圃种植小区

由若干或一定数量的圃基本单元区组成。

（三）圃位号

按一定的原则和顺序对圃基本单元区的编号。

（四）圃编号

种质圃对入保存圃种植保存种质的顺序编号。

（五）复壮

对种质圃中濒临死亡或衰老的植株进行特殊技术管理，以达到恢复其正常生命力的目的。

四、种质圃保存的对象

以活体植株方式保存无性繁殖及多年生作物的野生种、野生近缘种、地方品种（品系）和育成品种（品系）等。包括以下五类作物：

果树类：苹果、山楂、梨、桃、李、杏、樱桃、葡萄、核桃、猕猴桃、板栗、枣、柿、柑橘、荔枝、龙眼、枇杷、香蕉、菠萝、草莓等。

经济作物类：茶、桑、橡胶、椰子、油茶、咖啡、甘蔗等。

多年生草本类：农作物种质资源、小麦野生近缘植物、多年生牧草、野生棉花、野生花生、苎麻等。

水生蔬菜类：莲藕、茭白、芋、水芹、菱角、芡实、荸荠、慈菇、豆瓣菜、蒲菜、莼菜、蕹菜、睡莲、蒌蒿等。

薯类：马铃薯、甘薯、木薯等。

五、内容与工作程序

内容包括种质材料获得、隔离检疫、试种观察、编目与繁殖、入圃保存、管理与监测、更新复壮、扩繁、分发、信息资料处理等。工作流程见图3-3。

六、种质样本获得

获得途径：相关单位或个人送交保存的种质；从野外收集的种质；从国外引进的种质。

收集获得的种质能够直接再生的种质材料包括：种子、接穗（插条）、幼苗、块根、块茎、根茎、球茎、鳞茎、枝蔓、根蘖、吸芽等。

在接收种质的同时应获取必要的种质基本信息，包括种质名称，学名，原产地，地理信息，原保存单位编号，采集号或引种号，提供者，种质类型，种质材料的类型、数量和状态等。

种质圃种质保存工作程序详见图3-3。

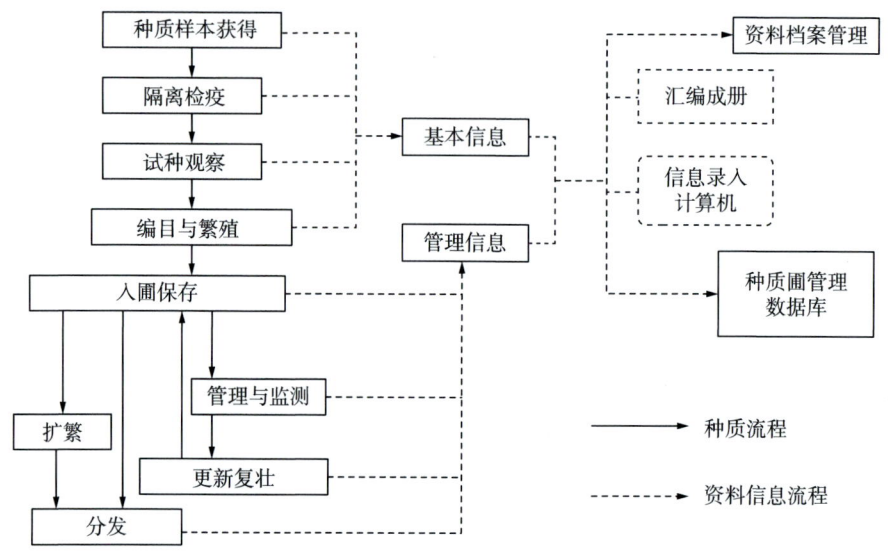

图3-3　种质圃种质保存工作程序

七、隔离检疫

种质在隔离种质圃进行的种植隔离检疫，其工作内容如下。

①按照《中华人民共和国进口植物检疫对象名单》和国内各种检疫对象名单进行严格检疫，发现有检疫对象要立即销毁。如是特殊种质时则要慎重处理。

②预处理：对于种子类型的种质材料，在田间种植之前，需对种子表面进行必要的消毒处理后方可播种育苗，种子表面消毒处理方法依作物类型而定。对于无性系种质，除检疫对象外，其他病虫害也要进行消毒，严格控制其传播。根据需要可选择石硫合剂、波尔多液等进行杀菌消毒，或者利用熏蒸的方法进行杀虫消毒。

③确认为新种质并经检疫合格的或从国内非疫区收集的种质可进入脱病毒苗圃培育出无病毒的种质，也可直接进入鉴定评价圃。隔离观察周期依据作物类型而定，一般为1~3年，对于果实类病虫害检疫周期延长至5年。

八、试种观察

通过种植对种质的生物学特性和植物学特征进行观察，进一步核实确认其身份，并进行相关特征特性的记载。在此基础上，剔除与保存圃内重复或没有保存价值的种质。

九、编目与繁殖

整理并汇总送交到负责该作物的《国家××种质资源目录》的编目单位，由该单位按相关编目规范要求编入《国家××种质资源目录》，并给予每一份种质一个"全国统一编号"。编目方法按照《农作物种质资源整理技术规程》中的编目方法进行。

在繁殖圃内对编入《国家××种质资源目录》的种质进行繁殖，以获得入圃保存的足够植株数量。繁殖方法参照《农作物种质资源整理技术规程》中的规定进行。

十、入圃保存

（一）种植安排

种质入种质圃保存前需预先做好圃位号的编制和资源种植分布的安排。

圃位号的编制：先确定拟准备入圃保存作物的每份种质所需最小种植面积，即各类资源圃基本单元区的单位面积。在此基础上按种质圃资源种植分布的总体安排，对保存圃进行圃位号编制，每个基本单元区给一个圃位号，并标注于保存圃平面图上。

资源种植分布的安排：对拟入圃保存的每份种质的种植位置进行安排。以植物学分类的科、属、种为基础，将资源分别安排在各种植小区。如果同一物种资源数量较多时，可根据相关特征特性进一步划分种植小区。例如，果树可按果皮或果肉的色泽、原产地或用途等有关特性进一步安排各类别的种植小区，每个小区按果实的成熟期顺序排列种植的位置。果树的砧木资源、野生及近缘果树可单设小区种植。每类小区应预留一些种植位置或空间给新增资源。最后绘制出保存圃资源种植安排分布图。

种质一旦编目，必须入保存圃内保存。由于人为、自然或其他因素造成种质丢失的，且无法进行弥补时，必须上报种质资源主管部门进行备案，并详细说明丢失原因。

(二) 保存株数与行株距

保存株数即是每份种质在种质圃保存过程中对存活株数的最低限要求，主要是根据作物种类及珍稀濒危程度等因素而定。一般每份种质保存数量不应低于3株，珍稀濒危种质资源可适当增加保存数量。

行株距的确定应考虑到植株成年期的株型大小以及保存过程中方便田间观察和机械管理作业等。果树种质圃的种植株行距可参照生产果园种植的密度。脱毒的种苗采用网室矮化砧木或盆栽的密植保存方法进行栽培。

各种作物每份种质的保存株数和行株距推荐标准见表3-6。

表3-6 不同作物种类每份种质的保存株数和行距、株距推荐标准

作物		行距（m）×株距（m）	每份种质保存的植株数量（株或丛）	备注
苹果		（4～6）×（2～4）		—
梨		（4～6）×（3～5）		—
桃、扁桃、李、杏		（5～6）×（2～5）		—
葡萄	—	篱架：（2～3）×（1.5～2）		—
	—	棚架：（5～8）×（1.5～5）	(1) 果树每份种质保存株数不少于3株	—
板栗	—	（6～7）×（4～6）	(2) 珍稀濒危种质资源保存的株数可适当增加	—
核桃	—	（6～8）×（5～6）		—
枣	—	（6～15）×（2～5）		—
柿	—	（5～8）×（3～5）		—
甜橙	—	（4～5）×（3～4）		—
宽皮柑橘	—	（3～5）×（3～4）		—
柚	—	（6～8）×（5～6）		—
金橘	—	（3～5）×（3～4）		—
小浆果类	—	（3～4）×（2～2.5）	3～5	
草莓		0.2×0.15	50	
山楂		（4～5）×（3～4）	3～5	
荔枝		8×8	3～5	
香蕉		（2.8～3.2）×（1.8～2.3）	3～5	
龙眼		（5～6）×（4～5）	3～5	
枇杷		（4～5）×（3～4）	3～5	
茶树	—	有性系发：（1.5～2.0）×（0.4～2.0）	10	小乔木大叶茶行株距均为2m
	—	无性系：（1.5～2.0）×（0.4～2.0）	5	

续表

作物		行距（m）×株距（m）	每份种质保存的植株数量（株或丛）	备注
桑树	—	低干桑 2.0×1 乔木桑 4.0×2.0	5～8	—
橡胶树	—	1×1；1×1.5	3～10	三角形种植
椰子	—	高种：9×8；8×7.5	3～5	—
	—	矮种：6.5×6.5；6×6	4～7	
咖啡	—	小粒种：3.0×1.2；2×1.5	10～12	
	—	中粒种：3×2.5；2×2	8～10	
	—	大粒种：5×4；4×4	5～8	
油茶	—	有性系：3.5×3.5；3×3	5～8	以三角形方式种植
	—	无性系：2.8×2.8；2.5×2.5	3～5	
苎麻	—	0.6×0.5	6～10	—
野生稻			20	
小麦野生近缘植物	—	每份种质的株数在0.7×0.6的保存池中均匀种植	25	
多年生牧草	—	每份种质的株数在5.0×4.0的保存池中均匀种植	灌木 5 草本 10	
野生棉花			10	
野生花生	—	每份种质的株数在4.0×2.2的保存池中均匀种植	20	
水生蔬菜	莲藕	—	4～5	10～15cm
	茭白	—	10	10～15cm
	芋		12～15	1～2cm 或土壤湿润
	水芹	—	50～100	5cm
	菱角		5～8	50～80cm
	芡实		5～6	50～100cm
	荸荠		20～25	3～5cm
	慈菇		10	5～10cm
	豆瓣菜		50～100	2～3cm
	蒲菜		30～50	50～80cm
	莼菜		5～10	50～80cm
	蕹菜		8～10	土壤湿润
	睡莲		5～6	50～80cm
	蒌蒿		30～50	土壤湿润

注：水生蔬菜备注一栏的数据为对水位深度的要求。

(三)种植与挂牌

种植是将具有一定苗龄的植株移到保存圃种植的过程。种植时要对每份种质进行挂牌,牌上应标注该份种质名称、种质圃编号(或全国统一编号)或圃位号,种植过程应确保正确无误。

对入圃种植保存的种质,种质圃一般还要再进行编号,即给予本圃的"种质圃编号",通常采用顺序号方式以便管理。若本圃是负责该作物的全国种质资源保存的唯一种质圃时,建议不要再编"种质圃编号",直接采用"全国统一编号"。

果树类和薯类种质资源入圃种植操作基本要求如下。

1. 果树类

(1)种植前预处理

平整土地,根据预定植树种的行株距要求,挖定植穴,施肥,选择已经准备好的各种果树的一级苗木。对于更新后重新种植的,不应在重茬地或与拟种植树种有相同病虫害的地块种植;在补栽或局部更新种植时要尽量错开原种植穴,并进行土壤消毒、换土等处理。

(2)种植时间

在没有冬季冻害的地区,提倡在秋季苗木自然落叶后进行秋栽;春栽要在根系开始活动生长以前种植,在萌芽前定植完毕。种植后要及时浇透水。

(3)定干

定干高度根据行株距和树形的要求而定。

(4)抹芽

及时抹除砧木和整形带以外的萌发芽。

2. 薯类

(1)种植前准备工作

①选地与整地:选择地势高亢、土壤疏松肥沃、土层深厚,易于排、灌,且连续3年以上未种植与本作物有相同病虫害的地块。施入有机肥后深耕整地,耙细捞平,创造良好的土壤条件。

②种薯选择与处理:选择具有本品种典型特征、无病虫害、无损伤、贮藏良好的薯块10个(剩余块茎留窖备用)。马铃薯一般在播种前20~30d开始出窖,置于温度10~15℃,散射光下进行催芽。当每个块茎带2~3个短壮绿芽后,进行播种。其他薯类作物应根据本作物的特点与播种时间,合理安排种薯挑选和播前育苗等项工作。

(2)种植

在春季,当10cm土温稳定在7~10℃时,马铃薯即可播种,在黑龙江克山

适宜播期为 5 月上旬。提倡采用整薯，垄作，单行，每份种质 10 株，播种时要求开沟、施肥、播种、合垄、镇压一次完成，以利保墒，如遇干旱及时灌水。甘薯每年春季 4 月育苗，北方春种在 6 月剪取幼苗插植于保存圃，单行，每行 10 株。南方秋种于 8 月剪取幼苗插植于保存圃，冬种 10 月剪取幼苗插植于保存圃。甘薯栽插后，若气候干旱，应实施灌水，若雨水过多，注意排水。

（四）绘制保存圃位图

种质的圃位号、种植时间、保存株数，最后要标出种植种质的圃编号（统一编号）与圃位号的对应图，即保存圃位图。

种质保存圃位图是种质画的重要档案材料，须妥善保存。每次增减资源都要在圃位图上进行标注，同时要注明制图人与审核人的姓名及制图日期。所有原图都要存档。圃位图应定为保密资料，不得任意转借、抄录或拍摄。

（五）种植苗的核对

核对的主要依据是每份种质原有的植物学特征和生物学特性。如果发现错乱，要及时查找原因并更正之；如有丢失，要立即进行补充征集和重新培育苗木，并及时修正圃位图。核对工作本身即是种质资源的系统性状鉴定过程。种植当年依据枝条和叶片进行植物学特征特性核对；开花结果后，核对花期、果实性状和物候期等；核对工作往往要持续 2～6 年。

（六）室内盆栽保存

少数种质资源因不适应本圃的环境，如寒冷、多雨或干旱等，可将其用盆栽的方式在室内保存；无病毒种质植株也可在网室内盆栽保存。

十一、管理与监测

（一）管理

种质种植后，对死苗缺株或长势弱的苗木，要及时补种或更新。在定植时每份资源还要另地假植 2 株备用，待 2 年后确定成活株数足够时，方可将假植苗淘汰。此外，可利用行间空隙地种植低秆作物，但不得影响保存种质的正常生长，不得有与保存种质共有的病虫害，间种作物要及时清理。各种作物需制定植株保存过程中的管理制度，即对施肥、灌溉、中耕除草、修剪整枝、病虫防治、更新复壮等常规管理做出明确规定。

在种质资源圃内不可使用环剥、环割、绞缢等促进早期结果的措施，也不可使用植物生长调节剂等药物。要尽可能保证每份种质资源自然生长结果,以确保观察鉴定结果的真实性和可比性,达到长期保存种质资源的目的。

1. 果树类作物管理要点

种质圃提倡使用行间绿肥的土壤管理制度,行间可种植苕子、草木犀、天箐、三叶草等绿肥,每年进行果园深耕;根据土壤肥力状况每1～2年全面施一定量的有机肥;对于树势衰弱的植株根据营养诊断追施化肥。对于完成系统评价的种质植株,在整形、修剪、疏花、疏果等结果量的调节上,要适当控制产量,保证旺盛的树体生长势,最大限度延长树体寿命。及时摘除成熟的果实和清除地面落果,加强冬季果园清园,进行树干涂白、萌芽前喷施石硫合剂、保护天敌、预测预报及病虫害的综合防治等。要针对冻害、冷害、风害、水涝等制订。

2. 薯类作物的管理要点

种质圃应建立连续3年以上不与本作物有相同病虫害的轮作制度,每年要深耕整地,耙细捞平,创造良好的土壤条件。播前严格种薯挑选与适当的处理,保证种质的出苗率。根据土壤肥力状况每1～2年全面施一定量的有机肥,并根据作物需肥特点做到配方施肥。加强圃地水的管理,做到旱能灌涝能排,满足作物对水分的需求。薯类作物为中耕作物,苗期应抓紧铲蹚作业,促进作物快速生长,在封垄前应完成2～3次铲蹚作业。根据病虫害发生规律,做好预测预报并采用合理的综合防治措施。针对冻害、冷害、风害、水涝等制订预防措施和挽救方案。收获后薯块应在适宜的条件下预贮一定时间,完成薯块后熟。入窖前,要剔除病薯、烂薯,并将贮藏窖打扫干净,然后用高锰酸钾—福尔马林消毒处理。材料入窖后,要保持窖内适宜的温度、湿度,并定期通风,保持窖内良好的贮藏环境。

(二)监测

种质资源在种质圃保存过程中,应定期对每份种质存活株数、植株生长势状况、病害、虫害、土壤状况、自然灾害等进行定期观察监测。

各类作物的监测项目、具体内容,以及更新复壮的指标如下。

1. 果树类

①生长状况:根据树体的生长势、产量、成枝力等树相指标,将生长状况分为健壮、一般、衰弱3级;对于衰弱严重的植株,要及时在当年进行更新;对于衰弱的植株,要做好更新准备或加强管理,使得树体的生长势得到恢复。

②病虫害状况:根据不同树种主要病虫害的发生规律,进行预测预报,确保病虫害在严重发生前得到有效控制;加强病毒病的检测、预防和脱毒工作;制定突发性病虫害预警、预案。

③土壤条件状况：对土壤的物理状况、大量元素、微量元素、有机质含量等进行检测，每3年检测一次。

④遗传变异状况：根据已经调查的植物学、生物学等特征特性，对种质进行性状的稳定性检测，及时发现遗传变异，确保保存种质的纯度。

出现下列情况之一时及时进行更新复壮：植株数量减少到原保存量的50%；植株出现显著的衰老症状，如萌芽率降低，芽叶长势减弱，分枝（蘖）量"减少，枯枝数量增多，开花结实量下降，年生长期缩短等；植株遭受严重自然灾害或病虫为害后生机难以恢复。

（2）多年生草本类

种植成活后第二年开始监测记载下列信息。

①生长状况：花期株高、花期丛幅或冠幅，分枝分蘖数，枯枝数量，生长天数等，每年观察监测一次。

②病虫害状况：发生病虫害种类、次数、程度、时间，每年观察监测一次。

③土壤条件状况：土壤物理性状每5年测定一次，大量元素和微量元素每3年测定一次。

④种质遇到特殊灾害后应及时进行观察监测及记载。

若出现下列情况之一应及时安排更新复壮：保存植株数量减少至原保存数量的50%；植株呈现出衰老症状（如株丛长势明显减弱，分枝分蘖显著减少，生物量明显下降，枯枝数量增多，生长期缩短）；遭到严重的病虫为害。

（3）薯类

种植成活后第二年开始监测记载下列信息。

①生长状况：根据不同块根块茎作物的植株长势、退化程度、产量等指标，将生长状况分为健壮、一般、衰弱3级；对于衰弱的植株，要做好更新准备或加强管理，使得种质的生长势得到恢复；对于退化严重的植株，要及时进行更新复壮。

②病虫害状况：每年观察记载病虫害发生的种类、时间、危害程度、防治效果；根据不同块根块茎作物的主要病虫害的发生规律，进行预测预报，确保病虫害在严重发生前得到有效控制；加强病毒病的检测、预防病毒再侵染和脱毒工作；制定突发性病虫害预警、预案。

③土壤条件状况：对土壤的物理状况、大量元素、微量元素、有机质含量等进行检测，每3年检测一次。

④遗传变异状况：对照每份种质的植物学特征、生物学特性等鉴定档案，对种质进行性状的稳定性检测，及时发现遗传变异植株，确保保存种质的纯度。

出现下列情况之一时及时进行更新复壮：

①植株数量减少到原保存量的50%。

②植株出现显著的衰老症状，退化严重。如株丛长势明显减弱，分枝分蘖显著减少，生物量明显下降，枯枝数量增多，生长期缩短。

③植株遭受严重自然灾害或病虫危害后难以恢复的。

十二、更新复壮

当种质需更新时，按照《农作物种质资源整理技术规程》的繁殖更新技术规程及时进行更新。当树势衰弱时，及时通过加强土壤管理、修剪树体、疏花疏果、产量控制等栽培技术措施，使植株的生长势得到恢复，达到复壮的目的。

十三、扩繁

种质扩繁是指通过繁殖和培育，将优良的农作物种质资源扩大到一定规模，以满足农业生产和科研的需要。对于多年生牧草等作物种质资源，在保存圃保存的植株是不能直接提供分发利用的，需在繁殖圃繁殖扩大数量后，才能提供分发利用。

以下是一些常见的扩繁方式。

插枝：这是一种在不破坏原来植株的情况下，增加植株数量的方法。通常选择生长良好的植株，用消毒的利器将其分枝或叶片剪下，然后插入湿润的培养土中。随后放置在透明的塑料袋内以保持通气，并缓慢移除塑料袋内的湿气，以模拟自然环境中的气候条件。当植株长到预定的生长期并且足够成年时，即可进入下一阶段进行更深层次的繁育。

组织培养：这是一种高科技的扩大繁育方法。以滇黄精为例，其组织培养外植体需要选择当年生、生长健壮、无病虫害的植株，以其根茎为繁殖材料。经过一系列消毒和切割处理后，将材料晾干并切成适当大小，然后接种到培养基上进行培养。

在种质扩繁过程中，有一些基本要求需要遵守。例如，种质群体必须足够大，以最大限度地保持原种质的遗传完整性。同时，扩繁过程中应避免种质材料间以及种质材料与野生或栽培植物间发生无性或有性的混杂，因此需要采取有效的隔离措施。

这些扩繁方式和技术对于保护农作物种质资源、提高农业生产效益以及推动农业科研进步都具有重要意义。不过，具体的扩繁方法可能因作物种类和地区差异而有所不同，因此在实际操作中，还需要根据具体情况选择合适的扩繁方式和技术。

十四、分发

（一）原则

对国内外单位和个人提供分发种质时，应严格执行"农作物种质资源管理办法"等国家法律法规的相关规定。从国家种质圃获取种质资源的单位和个人，有下列行为之一者，种质圃有权不再向其提供种质资源。

①不按规定使用所获得的种质资源，给提供者造成不良影响的。
②不按规定，不及时反馈利用信息的。
③不按规定使用，造成泄密或种质资源流失的。
④恶意索取种质资源等。

（二）分发提供种质数量

提供的每份种质数量应以能保证该作物种质资源的遗传完整性为宜，每份种质一般一次提供接穗3～5条（长30～40cm）；插条5～10根（长15～20cm）；根蘖苗3～5株；茎尖10～20个；花粉50～100朵花；叶片15～20枚；果实（种子）10～20个；根茎、球茎、鳞茎3～5个。

种质圃一年内向同一单位或个人提供同一作物的种质份数，由种质圃依托单位根据"农作物种质资源管理办法"等相关规定确定。

（三）分发程序

凡利用者获取资源的用途符合"农作物种质资源管理办法"规定的，均可通过网站查询种质供种分发目录，向所要索取种质的种质圃提出利用申请，即填写和提交"种质资源利用申请书"。种质圃在收到申请书后应及时向利用者提供种质（需扩繁的种质，供种周期由双方商定）。当无法提供种质时需及时做出答复。

利用者从种质圃获取的农作物种质资源只享有有限的、不排他的使用权。须履行以下的承诺：遵守国家有关种质资源管理法规，不得将获取的种质资源用于申请知识产权保护，也不允许向境内外任何单位或个人分发提供种质。为保障珍稀种质资源不流失，种质圃应依据"农作物种质资源管理办法"，从严掌握珍稀种质资源的分发。

向境外提供种质资源，应严格按照"农作物种质资源管理办法"规定执行。对任何单位和个人索取种质向境外提供，都需持有农业部审批文件。

十五、种质信息处理

（一）种质信息与采集

种质入圃保存信息主要包括基本信息和管理信息。

基本信息主要是在种质接纳、隔离检疫、试种观察、编目等处理过程中获得的信息。主要包括：种质名称，作物名称，全国统一编号，原保存单位编号，学名，获得日期，种质类型，采集号或引种号，原产地，地理信息，提供者，获得种质材料类型和数量、病害检疫数据等。

管理信息主要是在种质入圃保存、管理与监测、繁殖、更新复壮及分发等过程中获得的数据。包括：

入保存圃初始信息：圃编号、圃位号、保存量、行株距等。监测信息：生长状况、病害、虫害、土壤状况、自然灾害等。

更新信息：更新出圃日期、更新繁殖有效株数、更新方式、更新成株率、更新入圃取样方式等。

利用信息：利用者申请日期、提供日期、利用者姓名、提供量、利用者联系方式、利用者单位、利用目的和利用信息反馈。

（二）信息管理

对于主要的基本信息和管理信息需录入计算机建立"种质圃种质管理数据库"。将种质入圃保存过程中的相关原始纸质记载表，按统一编号或种质圃编号或种质入圃时间顺序装订成册，建立原始记录纸质档案，不仅为种质圃管理提供有价值的参考数据，同时也为数据库信息核对提供依据。

第三节　农作物种质资源试管苗库保存技术规程

一、范围

本规程规定了无性繁殖作物种质资源离体培养和试管苗保存的工作程序和技术要求。

本规程适用于无性繁殖的块根块茎类作物种质资源的试管苗库种质保存。

二、规范性引用文件

下列文件中的条款通过本规程的引用而成为本规程的条款。凡是注日期的引用文件，其随后所有的修改单（不包括勘误的内容）或修订版均不适用于本规程。然而，鼓励根据本规程达成协议的各方研究是否可使用这些文件的最新版本。凡是不注日期的引用文件，其最新版本适用于本规程。

GB 7331—2003　　马铃薯种薯产地检疫规程

GB 7413—2009　　甘薯种苗产地检疫规程

NY/T 401—2000　　脱毒马铃薯种薯（苗）病毒检测技术规程

NY/T 402—2016　　脱毒甘薯种薯（苗）病毒检测技术规程

三、术语和定义

下列术语和定义适用于本规程。

（一）外植体

在组织培养中，用于初始培养以产生无病植株的茎尖、顶尖、分生组织和顶端分生组织统称为外植体。

（二）分生组织

植物枝条活跃的生长点就是分生组织。是由快速分裂的细胞组成的一个很小区域。

（三）顶端分生组织

枝条顶端分生组织圆锥体并产生末端最幼小的叶原基，其大小为 100～500μm 的顶端分生组织，带有 1～3 个叶原基作为种质离体培养材料。

（四）无病毒植株

经过特定测定，确定不存在病毒的植株。由于植株可能还带有一些尚未知名而未检测到的病毒类型。因此，无病毒植株仅系指无携带特异病毒的植株。

（五）缓慢生长保存

在培养基中加入适量生长抑制剂，结合低温低光照控制，降低生长速率，使细胞生长降至最低限度但不死亡，从而使植株缓慢生长，延长继代培养时间的目的。

四、内容与工作程序

内容主要包括：种质样本获得与预处理，茎尖培养与增殖，入库保存与监测管理，种质分发，信息资料处理等。工作流程见图 3-4。

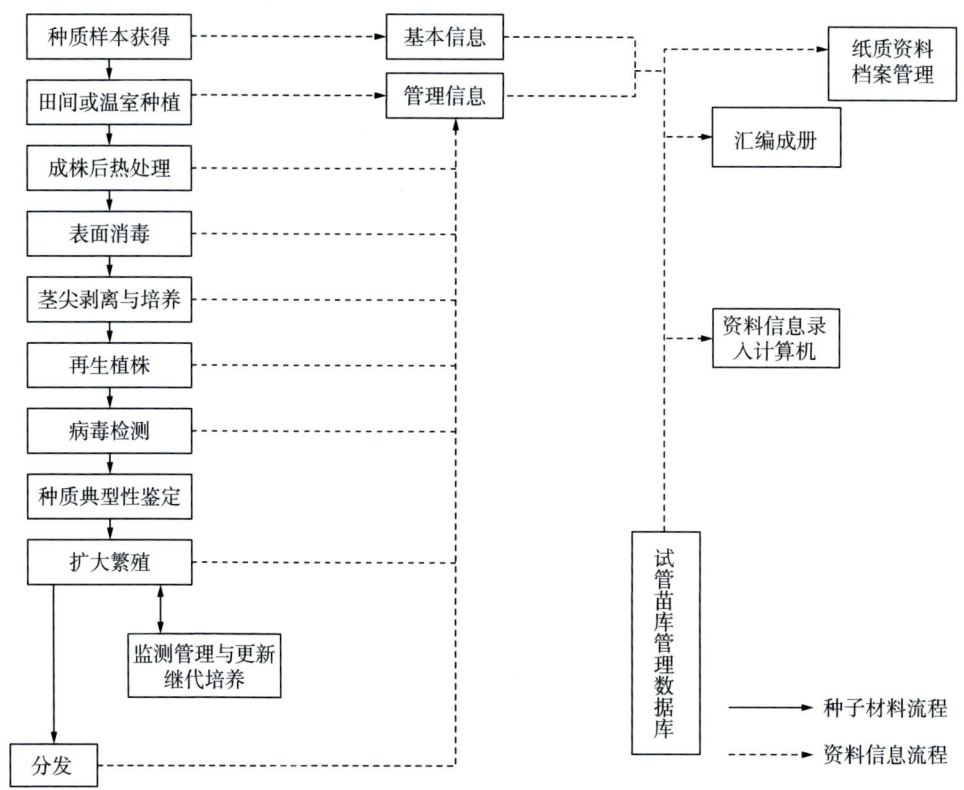

图 3-4　离体种质入库保存工作程序

五、种质样本获得

种质样本的获得是种质资源研究和利用的基础，通常可以通过以下几种途径获得。

①野外调查法：在野外对目标物种进行调查和采集，通过样方调查、抽样调

查等方法，收集大量基础数据。这种方法多用于收集野生近缘种、原始栽培类型与地方品种，是获取种质资源的最基本途径。

②样本采集法：根据种质资源的不同特点和用途，选择合适的采集工具和方法，采集不同品种、不同地区、不同生长期的样本。这有助于全面了解和掌握种质资源的特性。

③田间调查法：对于植物种质资源的质量和性状，需要在田间进行观察和记录，可以通过完成不同的表格、调查问卷等方式，较为全面地记录植物的重要信息。

④交换与转引：育种工作者之间可以互通各自所需的种质资源，通过交换的方式获得所需的种质样本。此外，还可以通过第三者获取所需要的种质资源，这种方式称为转引。

收集获得的种质材料应是健壮、健康的母体植株或块根块茎。但在野外采集时，可将相关器官组织直接收集带回，或是经表面消毒后，接种到加有杀真菌剂和抗菌素的培养基上再带回。在获得种质材料时应同时登记种质的基本资料信息。

在采集种质样本时，需要注意以下几点：遵守相关法律法规，确保采集活动合法合规；尽可能减少对环境的破坏，保护生态环境和生物多样性；对采集的样本进行妥善保存和管理，确保样本的完整性和可用性。

六、田间或温室种植

收集获得的种质材料在组培前一般需进行预处理，即把植株、块根、块茎或球茎等种质材料表面冲洗干净，放在比较干净的环境中发芽，然后进行温室种植或田间种植成苗，以便获得较多的外植体材料。

①温室种植：将试材假植在装有消毒土的花盆里并置于温室中。植株成活后，有时需喷洒农用杀菌剂和杀虫剂，以除虫灭菌，提高试验材料的清洁度。喷药后7～10d方可取材。

②田间种植：试材在田间种植后使用杀真菌剂（0.1%苯来特）和抗菌素（0.1%链霉素）混合组成的内吸性消毒剂给植物定期喷雾。喷药后7～10d需及时取材，即从植株中取小切段种在实验室卡诺普溶液中，以备从插条获得腋芽枝条。该法可降低污染率。

取材时要注意选择表现该种质典型特性，且生长健壮，无明显病毒性、真菌性、细菌性病害症状的植株或其健康块茎、块根或球茎等作为试材。

七、成株后热处理

热处理是获得无病毒植株的一种有效方法,已长期应用并证明是有效的。一般健康材料不用热处理,只有当种质材料带有很难脱除的病毒如马铃薯 PVS 和 PVx 病毒时,才需进行热处理。热处理可通过热水或热空气进行,热水处理对休眠芽较好,热空气处理对象为休眠器官、整个植株和试管培养物,它对消除病毒和保持旺盛生长的枝条存活有利,而且比较容易应用。热处理又分为恒温处理和变温处理,不同病毒对热处理温度和时间反应都不一样。

热处理已成为脱除多种马铃薯病毒的标准途径,此法也适用于其他无性繁殖作物。在使用这一标准途径中,在热处理之前切除顶芽并使腋芽在热处理条件下生长,可获得最佳效果。每天以 36℃ 处理 16h 和 30℃ 处理 8h 并用连续高强光照(10000lx)可以提高脱毒效果。植株在这种条件下保持 4 周,从顶芽和腋芽把分生组织分离出来,接种在分生组织培养基上,按分生组织培养法进行培养。

试管内热处理是一种可以替代标准途径的新方法。试管植株经切段接种在固体繁殖培养基的试管或塑料盒子中,当小植株长至 3～4cm 高并有良好的根系时,就可以进行热处理(同标准途径),处理 1 个月以后,进行分生组织培养。

马铃薯等作物热处理条件和周期见表 3-7。

表 3-7　马铃薯等作物热处理条件和周期

作物	温度/时间	光照（lx）	处理时间（周）
马铃薯	36℃/昼 16h 30℃/夜 8h	10000	4
甘薯	42℃/昼 16h 38℃/夜 8h	高湿 3000	4～6
木薯	40℃/昼 16h 35℃/夜 8h	3000 5000	3

八、表面消毒

茎段试材选取后需进行表面消毒处理,其步骤如下。

①取 4～5cm 长的枝条顶端,去掉叶片。

②用 0.1% 洗衣粉水漂洗 10～15min。

③用自来水冲洗干净,10～20min。

④在洁净工作台内,把外植体切成每段带一腋芽的小段后置于消毒的玻璃杯内。

⑤用 75% 酒精浸 5～10s 后将酒精倒掉。

⑥加入 2.5%～5% 次氯酸钠溶液消毒 15～20min（或用 2.5% 次氯酸钙溶液消毒 15min），将消毒液倒掉。

⑦用无菌水冲洗 3～4 次，每次 3～5min。

九、茎尖分生组织剥离和培养

（一）茎尖分生组织剥离

大小为 0.1～0.3mm。在剥离茎尖分生组织过程中，应严格做到。

①无菌操作：剥离茎尖使用的解剖针、刀具、镊子要消过毒，并且使用后要用 75% 酒精浸泡并在火焰上燃烧消毒。

②防止烫伤组织：为了让解剖针、刀、镊子在使用前充分冷却，要准备三支以上或者通过浸泡在无菌水中加以冷却。

③防止茎尖干燥：由于通过洁净工作台的空气不断流动，解剖镜照明的聚光灯会产生热量。解剖茎尖分生组织时，必须尽可能地缩短操作时间，并在衬有无菌湿滤纸的培养皿内进行，以防止细小的外植体干燥。照明时最好使用冷光源（荧光灯）。

（二）茎尖分生组织培养

将剥离的茎尖分生组织接种于茎尖再生培养基中，以获得再生植株。每次配制培养基时都要对配制成分作记录。再生培养基成分因作物而异，见表 3-8。茎尖培养结果用表 3-9 记载。

表 3-8 无性繁殖作物茎尖再生培养基

作物名称	外植体	培养基	研究者
甘薯	茎尖分生组织	MS+KT2.0mg/L+IAA0.5mg/L+ 蔗糖 3%+ 琼脂 0.6%	辛淑英
马铃薯	茎尖分生组织	MS+KT0.04mg/L+GA0.1mg/L+ 蔗糖 2.5%+ 琼脂 0.6%	CIP.
		MS+NAA0.07mg/L+GA0.04mg/L	Pennabio 等
木薯	茎尖分生组织	MSB+BA0.1mg/L+NAA0.2mg/L+GA0.035mg/L	Kartha 等
		MSB+BA0.1mg/L+ZEA0.2mg/L+NAA2.0mg/L+GA0.035mg/L	Nair 等
草莓	茎尖	MS+BA（0.5～1.0）mg/L+IAA1.0mg/L	
		MS+BA（0.5～1.0）mg/L+NAA0.lmg/L	
		MS+BA（0.5～1）mg/L	周明德

续表

作物名称	外植体	培养基	研究者
香蕉	茎尖分生组织	MS+BA（0.5～2）mg/L+NAA0.5mg/L	辛淑英（未发表）
百合	茎尖	MS+BA2.0mg/L+NAA0.2mg/L	辛淑英
芋	茎尖	LS+KT1.0mg/L+IAA1.5mg/L	Jackson 等
山药	茎尖	MS+KT2.0mg/L	Lakshmi 等
大蒜	顶端分生组织	MS 或 MS+NAA1.0mg/L	Wang 等
	芽顶端	B5+2iP0.5mg/L+NAA0.1mg/L	Bhojwani
		B+2iP0.01mg/L+NAA0.2mg/L	
咖啡	茎尖	MS（或换为维生素 B_5）＋BA0.02～0.2mg/L	Kartha
葡萄	茎尖	MS+NAA0.1mg/L	Chee

表 3-9　茎尖培养试验记录表

日期	种质名称	统一编号	生长状况					
			培养基	接种数	污染数	成活数	成苗数	生根数
20050801	徐薯 18	25648	A	30	2	28		

甘薯和马铃薯茎尖培养如下。

1. 甘薯

培养基：MS+KT2.0mg/L+IAA0.5mg/L+ 蔗糖 3%+ 琼脂 0.6%。

培养温度：（28±2）℃。

光照强度：3000～4000lx。

光照时间：16h。

培养时间：7～14d。

待茎尖发绿后移到无激素的 MS 或 1/2 MS 培养基可直接发育成完整植株，成苗时间 1～2.5 个月。尚若有个别的芽不长根，可转移到新鲜的 1/2 MS 培养基上即可发育成完整植株。

2. 马铃薯

培养基：MS+BA0.05～0.1mg/L+NAA0.01～0.1mg/L+GAg0.05～0.1mg/L+ 蔗糖 3%+ 琼脂 0.6%。

培养温度：20～30℃均可发育成苗，较适宜温度为 20～23℃。

光照强度：2000～3000lx。

光照时间：14～16h。

培养3～4周后将茎尖转接在 MS+GA0.1mg/L+ 盐酸丁二胺 20mg/L+ 蔗糖 2.5%+ 琼脂 0.6% 的新鲜培养基上培养 6～8 周后，小植株可继代培养。

十、再生植株

要成功获得再生植株，应把握好以下几方面的操作。

①正确选择培养基。重点考虑其营养成分、生长调节剂和理化性质。培养基中的无机元素要注意钾离子和铵离子的比例。

②附加植物生长调节剂是必不可少的。培养基中的激素类型、比例和浓度直接影响着分生组织的生长和分化，直至植株再生。培养基的附加成分因作物不同而异。

③外植体应从具有典型基因型的母株上选取，且应是植株最有活力的部位。顶芽和腋芽均可用于分生组织培养，但腋芽的性能比顶芽差些，距离顶芽越远腋芽活力越低，若腋芽伸长成枝则例外。

④外植体的大小和附带叶原基的数目将影响分生组织分化成苗的能力，一般带 2～3 个叶原基的茎尖再生植株频率比较高，带 1 个叶原基的茎尖较难成苗。

⑤离体茎尖的大小与脱病毒效果显著相关。茎尖越小，脱毒效果越好，但成苗越难。一般认为，茎尖的大小在 0.1～0.4mm 比较合适。对一些难以用常规的茎尖培养脱除的病毒如马铃薯 X 病毒、马铃薯 S 病毒，经过高温处理，能大大提高脱毒的效果。

⑥适宜的培养温度和光照等。

十一、病毒检测

将再生苗按株系进行扩繁，取其中一部分进行病毒检测，筛选出表现阴性的脱毒苗，以备用于种质无毒化保存和种质典型性鉴定。马铃薯脱毒苗病毒检测方法按 NY/T401—2000 脱毒马铃薯种薯（苗）病毒检测技术规程中的方法进行。甘薯脱毒苗病毒检测方法按 NY/T402—2016 脱毒甘薯种薯（苗）病毒检测技术规程中的方法进行。

十二、种质典型性鉴定

脱毒苗扩繁前，首先进行种质典型性鉴定。可以采用形态标记、同工酶生化标记和分子标记技术相结合的方法，鉴定结果未发生变异时，再进行扩大繁殖。

十三、扩大繁殖

经过病毒检测呈阴性反应的脱毒植株且经鉴定未发生变异后,用单节切段的方法,转接到 MS 或含有多种附加物的固体培养基的试管内进行增殖。培养 1 个月后,单节切段就可长成一株具有 4～5 片叶的健壮完整植株。用此方法,一个芽一年可以繁殖 3000 多株试管苗。繁殖出的试管苗可用作试管保存,或作为种质资源交换材料和再扩繁后提供生产上应用。

十四、试管苗低温保存

将繁殖试管苗切段转入保存培养基上生长 15～30d,然后放入试管苗保存库进行保存。每份种质保存时应选用 5 个株系,每株系取 3 个带芽节段,每个芽段接种在一个试管内,每份种质保存总数为 14～15 支试管。

保存培养基一般采用固体培养基,是液体培养基加琼脂固化而成。选择适宜的试管苗低温保存条件将有效延长更新继代培养的间期。保存条件因作物种类不同而异。温带作物可以在 4℃ 或者更低的条件下贮存,而热带作物则要求 15～28℃;光照可以是黑暗或者 12～16h 光周期,光强度随作物变化,每种作物都有其特定的光强度要求;现以薯类作物为例,列出薯类的适宜保存条件。

①培养基:MS 培养基 + 生长抑制剂甘露醇,马铃薯 3%～4%,甘薯 1%～0.5%。

②保存温度:甘薯 16～18℃,马铃薯为 6～10℃。

③光照:1000lx,8h。

④库房湿度:在夏季高温高湿条件下,控制空气湿度 50% 以下,其余时间不控制。

⑤试管口封装:使用棉球、塑料盖或 0.01mm 厚度的二层铝箔封口。

⑥试管规格:为 18mm×180mm。

⑦培养基用量:每管加培养基 10ml。

存放种质前应对保存库的保存架进行架、层的编号,种质材料放到保存架后,应记录所存放种质的种类、份数、架、层的编号、入库时间。每份种质必须携带双标签,并标明品种名称和全国统一编号,并放在每份材料的烧杯里或泡沫塑料盘上。

十五、监测管理与更新继代培养

（一）监测管理

试管苗植株活体保存，生命的维持主要依靠培养基供给营养和植株的光合作用自养。因此，库房内要求控制植株最小量生长的条件，即需要一定的温度，光照，湿度和通气等。活体保存的期限受到营养供应，生长速度和库房清洁程度等制约。所以，除选择好保存条件外，在保存中要做好以下监测管理。

①定期监测检查：试管苗存入试管苗库保存后，要定期观察检查，内容包括：管中苗高，叶子变化，根（系）发育状况，气生根状况，培养基变化状况，污染情况，试管苗存活率，继代保存期限。定期观察记录每月一次，发现污染要及时消除，保持清洁，防止丢失。

②保持保存库的清洁：第一，种质入库之前库房的清洁，可采用的熏蒸剂为高锰酸钾（少量）加甲醛，熏蒸 24h；第二，种质保存过程中的清洁，定期清洗和消毒制冷设备和除湿设备上的过滤网，以防止病原菌附着在上面而成为污染源，同时保持操作人员进出库时的清洁。

③维持保存条件的稳定。维持试管苗库适宜的保存条件是确保种质安全保存的保障。应维护好保存库设备的正常运转。在夏天高温高湿季节更要确保温湿度、通风透气、光照条件的稳定，尤其是将保存库湿度控制在 50% 以下，以防止病原菌的滋生而减少污染。此外要定期检查通风换气系统，因保存库往往是密闭的，且在光照强度弱、光照期缩短、黑暗时间长的条件下，植物体暗呼吸过程中放出 CO_2 气体，为乙烯等有害气体产生提供了条件。而乙烯具有催化贮存材料的老化作用，因此，需确保保存库通风换气系统的正常工作，或定期进行通风换气。

④遗传稳定性监测：可采用形态标记、同工酶生化标记和分子标记技术相结合的方法进行。

（二）更新继代培养

由于试管中培养基供给植株营养是有限的，因此，需不断地进行更新继代培养，才能延续试管苗的保存。更新培养的标准为保存的试管苗存活率降到 50% 左右。更新时取出植株转接在新配制的保存培养基上，常规培养 15～30d 后再转入库房内保存。要注意的是每株存活苗都要切取一定数量茎段接种，以保持品种的种性或遗传完整性。

十六、分发

根据国家有关规定，把可对外交换种质资源和农业生产上需要利用和发展的品种，应用试管苗作短期保存，其保存数量要比在低温保存库内保存的数量大些。一旦需要即可切段快繁，培养一个月后，切断长成4～5叶片的完整植株时就可提供交换和分发利用。

提供交换和分发利用的材料，一定要提供清单，标明材料的全国统一编号，品种名称，品种来源，主要农艺特性等。

从国外引进和交换的资源材料，要登记编号，记载主要特性，引入国，引入时间等，然后快速繁殖成苗，一部分转入保存培养基培养入库保存，另一部分分发给有关单位，如委托资源管理单位和育种中心等。

十七、种质信息处理

（一）基本信息

每份离体种质的原始信息和农艺特性检测信息，由提供者提供，以便查询母体植株的信息。基本信息内容包括：全国统一编号，原保存单位编号，种质名称，学名，提供者，原产地，地理信息等。

（二）管理信息

管理信息包括入库初始信息、监测信息、更新信息和利用信息。入库初始信息有入库保存日期、库编号、库位号、保存量、种质典型性鉴定、培养基污染情况等。

（三）建立计算机资料管理系统

利用计算机建立离体种质保存信息数据库，包括基本信息资料、系统信息资料和管理信息资料、茎尖培养试验记录项目、离体种质保存观察项目。

第四节 农作物种质资源超低温保存技术规程

一、范围

本规程规定了农作物种质资源超低温长期保存的工作程序和技术要求。

本规程适用于种子、胚轴、花粉、休眠冬芽、茎尖分生组织等种质资源的超低温保存。

二、规范性引用文件

下列文件中的条款通过本规程的引用而成为本规程的条款。凡是注日期的引用文件，其随后所有的修改单（不包括勘误的内容）或修订版均不适用于本规程。然而，鼓励根据本规程达成协议的各方研究是否可使用这些文件的最新版本。凡是不注日期的引用文件，其最新版本适用于本规程。

GB 19489—2004 生物安全通用要求

GB/T 1.1—2000 标准的结构和编写规则

三、术语和定义

下列术语和定义适用于本规程。

（一）超低温保存

在液氮液相（-196℃）或液氮雾相（-150℃）中对生物器官、组织或细胞等材料进行长期保存。其原理是植物材料的代谢和生长活动在这样低的温度条件下几乎完全停止，因此能够有效保持材料的遗传稳定性，同时又不会丧失其形态发生的潜能。

（二）顽拗型种子（recalcitrant seed）

指对干燥脱水和（或）低温敏感的种子。产生顽拗型种子的农作物大多数是热带、亚热带的多年生木本植物，如热带的可可、椰子等作物和热带亚热带的杧果、油梨、榴莲、红毛丹、木菠萝、荔枝、龙眼、黄皮等水果。通常种子较大，含水量较高。这类种子对脱水伤害的反应高度敏感，采收后如果置于室内通风处，一般只有几天或十几天的寿命；如果采用湿境贮藏一般只有几个月的寿命。

同时这类种子对冰点以上低温敏感，易遭受冷害。

四、基本原则

超低温保存与资源的种质库保存、试管苗库保存、种质圃保存、原生境保存等途径构成了互补的保存体系，是安全复份保存的重要方法之一。

由于物种之间，甚至是同一物种不同品种之间，其超低温保存技术差异很大，且许多技术仍处于试验研究阶段，还未进行规模化、标准化实践验证，因此任何作物或某一类种质材料在进行常规超低温保存之前，都应进行试验研究，并制定出相应的操作处理程序手册。

五、仪器与常用试剂

（一）仪器设备

①用于组织、细胞和原生质体培养的全套设备，如超净工作台、高压灭菌锅、培养瓶、培养架、光照培养箱、空调、除湿机、电子天平、pH计、电磁炉、微波炉、酒精灯、记号笔、封口膜、坩埚钳等。

②普通冰箱和 -80 ～ -60℃低温冰箱。

③程序降温仪、分光光度计、光学显微镜和紫外光荧光显微镜。

④铝箔袋、塑料口袋、布袋和细线绳、安瓿瓶、不锈钢冷冻筒、塑料管或冷冻管等，容积规格为5ml或10ml等，要求封盖严密，不进液氮。

⑤进行种子解剖、脱水、含水量测定和活力检测的仪器与工具，如解剖针、医用剪刀、镊子、培养皿等。

⑥蒸馏水和充足可靠的液氮（LN）源供应。液氮通常由专门的公司供应，也可以利用每个月可生产100 ～ 900L的小型LN生产设备生产液氮。

⑦液氮贮藏罐、操作罐和专用运输罐（通过邮寄或快运方式进行长途运输冷冻植物材料）。YNZ-35-120或YDS-35-125等型的一般液态氮冷冻罐，具有一个抽成真空的双层壁，使装入罐内的液态氮在大气压力下保持最大限度的绝缘。

（二）常用试剂

超低温保存常用试剂除组培常用试剂，即大量元素（硝酸钾、硝酸铵、硫酸镁、磷酸钾、氯化钙）、微量元素（硫酸锰、硫酸锌、硼酸、碘化钾、钼酸钠、硫酸铜、氯化钴）、铁盐（硫酸铁、乙二胺四乙酸二钠）、有机物（甘氨酸、维生素B_1、维生素B_3、维生素B_2、烟酸、肌醇等）、蔗糖、琼脂、酒精、次氯酸钠、聚乙烯吡咯烷酮、氯化汞、激素（IAA、NAA、IBA、BA等）外，还应包括：用于配制饱和盐溶液的试剂，如氯化锂、碘化锂、碘化钠、硝酸镁、氯化钠、硫酸铵、氯化钡等；冷冻保护剂，如甘油、乙二醇、聚乙二醇、二甲基亚砜、乙烯乙二醇、山梨糖醇、甲酰胺、丙烯乙二醇；变色硅胶、海藻酸盐、液氮等。

六、基本程序

工作内容主要包括入库保存、保存过程中的监测、种质提取利用和信息资料处理等。其中入库保存又包括材料的选择与准备、预处理、冷冻前处理、降温冷冻处理、液氮超低温处理、初始活力检测、液氮超低温长期保存等。整个处理程序见图3-5。

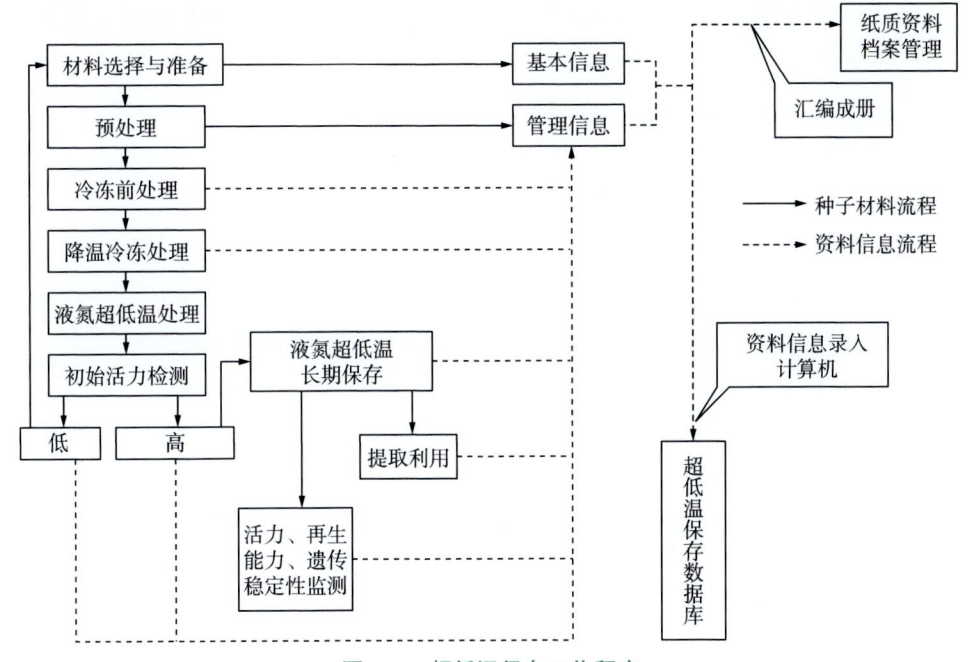

图3-5 超低温保存工作程序

七、入库保存

（一）材料选择与准备

1. 花粉

采集花粉时要根据每种作物花粉的散粉特点、产量及外界环境条件、采集的难易程度等的不同而采取不同的处理方法。

在采集花粉时要注意以下事项。

（1）气温条件

花粉采集者应注意散粉临近期的气温变化情况。如在散粉期前气温偏高，花药则会提前开裂，采粉期就要提前。

另外，对于一些果树，可直接剪取花枝培养于室内，在人工控制的条件下，如提高温度、增强或延长光照等，以加速花粉成熟，提早采粉时间。一般在室温27℃，用600W白炽灯在距离1m远处，每天光照20h。

（2）采粉时期

要在盛花期采集花粉，避免在扬花期之前或盛花期之后采集花粉。

（3）采粉时间

对大多数作物而言，采集花粉时要根据花序发育的形态及其色泽变化的特点，于晴天上午或中午进行采集。

（4）采粉植株

不要采集受干旱或热胁迫过的植株花粉，要从发育良好但尚未开放的花朵上采集花粉。

（5）采粉数量

要根据保存目的和保存数量要求而定。一般采集200～500朵花就可提供几千次授粉所需的花粉，对桃、梨花朵而言，1000个花蕾约可得1ml花粉。

（6）花粉采集后的处理

①采摘后要及时将采摘到的花药放在筛状容器中通风干燥，待花药开裂后，即可筛出散落的花粉。

②对产粉量较少的植物，可直接采摘未开放的花朵，置于塑料容器中摇晃，使花粉粒因静电吸附作用而附着在容器壁上，然后将吸附的花粉刮拨下来。或者将花朵带回室内，在一块具有4～6mm网眼筛子或金属布上轻轻地揉擦。注意压力不能太大，否则会损坏花药，并使之不能很好地裂开，而且用筛子分离时易导致碎片与花药混杂。碎片可用适当大小网眼的滤器使之与花药分开。将花药筛到无光、具渗透性的纸上，薄薄地摊平。

剪刀的刀背取下花药，以保证得到最大量的花药。

如果花容易取得，可采集更多的花并用粗眼筛子分离比较快。最好是当花朵处于鲜嫩、饱满状态时尽可能快地将花药取出。

③如果花药在采集后几小时内不能从花朵中分离，则必须将花朵留在袋内，贮藏于2～4℃的冰箱内，一直到分离时为止。

④在处理每一品种的花粉前须用70%的酒精洗涤所有用具，以免发生混杂。

2. 种子

①选择适宜的成熟期从生长健壮的植株上采摘种子。

②种子采摘后立即进行原始含水量和活力的测定。使种子含水量在最高冻结含水量和最低安全含水量（多数顽拗型种子的最低安全含水量临界值为12%～

31%之上）之间。如果含水量较高，可以适当干燥，但切不可低于其临界值，否则将遭受脱水损伤。种子的原始活力一般应≥85%。

③顽拗性种子应保存于潮湿而疏松的物质中，并使用杀菌剂以防真菌滋生。

④种子应保存在较低的温度，但要在受冷冻损害的临界温度之上。

⑤最好使种子处于休眠状态。

3．胚轴

（1）采摘种子

选择适宜的成熟期从生长健壮的植株上采摘种子。

（2）检测种子质量

检测种子原始含水量、原始活力、胚轴含水量、胚轴的颜色、状态和在种子中的着生部位等。

（3）种子表面灭菌

①用自来水将种子上的泥沙冲洗干净。

②用0.1%洗衣粉水或洗涤灵漂洗10～15min。

③用自来水冲洗干净，10～20min。

④在无菌条件下，把种子置于消毒的玻璃杯内。

⑤用70%酒精浸泡5～10s后立即倒掉酒精。

⑥倒入2.5%～5%次氯酸钠溶液消毒7～12min（或用2.5%次氯酸钙溶液消毒15min或1%氯化汞消毒10min）后倒掉消毒液。

⑦用无菌水冲洗3～4次，每次3～5min，以除去过量的次氯酸盐。

（4）拨取胚轴

在无菌条件下将种子切开，除去胚乳和子叶，得到胚轴。在取胚轴时要特别小心，不要损伤胚轴，特别是不能损伤胚根和胚芽的生长点。有时胚轴上需保留部分子叶（约1/3），有利于胚轴的生长。

4．休眠冬芽

对象为可以进行芽接或嫁接的耐寒温带木本植物的休眠冬芽或带芽枝段。

在冬芽的深度休眠期（1月中下旬至2月上旬）从壮年的树上剪取健壮的一年生春梢枝条，枝条上的冬芽要饱满、无病虫害。将从田间母株上选取经过足够低温驯化的枝条剪成带有1个腋芽，约15cm的枝段，或从枝条上切取带有约10mm维管组织的腋芽，干燥至含水量30%后用双层塑料薄膜包裹或放入聚乙烯袋，置于不锈钢冷冻筒（直径37mm，长135mm）内，于0℃冰箱贮藏备用（1个月内）。

5. 茎尖分生组织

对象为除休眠芽以外的茎尖分生组织。不耐寒,没有进行低温锻炼或处于生长状态的材料,需培养成试管苗以获得离体芽或侧芽以取其茎尖作为超低温保存材料。

茎尖的生理状况要适于耐渗透,而且具有旺盛的恢复生长的能力,应该从生长健壮的植株上选择处在指数增长期的细胞。

(二)预处理

1. 预处理目的

使保存材料达到最适于超低温保存的生理状态。

2. 预处理方法

茎尖分生组织、胚(轴)和顽拗型种子预处理的一般方法是在 0～4℃进行人工低温锻炼不同时间(一般 1～6 周)或(和)用不同浓度蔗糖或(和)甘露糖的培养基进行不同时间(一般 1～7d)的预培养。在预培养时有的需要逐步提高蔗糖浓度,有的需要添加 ABA 等激素,有的则要缩短光照时间。

休眠冬芽或枝条预处理的一般方法是在 0℃进行低温锻炼不同时间。有的则需逐步在 0℃以下温度处理不同时间,如 -3℃,14d → -5℃,3d → -10℃,1d。

花粉一般不需要进行预处理。

(三)冷冻前处理

1. 冷冻前处理目的

利用干燥、包埋、冷冻保护剂渗透调节、玻璃化液等对材料进行处理,以避免在降温过程中出现冻伤。不同物种或不同种质材料类型所要求的冷冻前处理方法不同。

2. 冷冻前处理方法

(1)干燥(脱水)法

干燥(脱水)方法有慢速脱水、中速脱水、快速脱水、超速干燥(Ultra-rapid drying)或瞬间干燥(flash drying)等方法。主要应用于种子、合子胚、顽拗型和中间型种子离体胚轴的冷冻保存。

种子一般放置在干燥和 15℃的环境中脱去水分。在脱水时应定期监测材料的含水量。种子最低含水量依种子的脱水耐性而定。正常型种子可以脱水至含水量 5%～10%,耐超干种子含水量可更低些。可以用变色硅胶或无水氯化钙实现材料的快速脱水。小批量种子的慢速脱水可以用饱和盐溶液;大批量种子的慢速脱水需要在干燥间(15℃和 45%RH 的恒温恒湿条件)内进行,不能采取暴晒或加热的方法。

胚（轴）的脱水方法有慢速脱水法、中速脱水法和快速脱水法，其中最常用的方法是将胚轴摆放在超净工作台上，让无菌气流把水分带走，使胚轴中速脱水。也可以使用变色硅胶或无水氯化钙实现材料的快速脱水。慢速脱水可以用饱和盐溶液完成，还可以将材料依次转移到相对湿度递减的不同饱和盐溶液中进行分步脱水。

如果采用压缩干气流进行超速干燥或瞬间干燥，材料的含水量可以相对高些，含水量为10%～20%（以鲜重为基础），以减少干燥损伤。

（2）预培养方法

将材料在加有冷冻保护剂的培养基中预培养不同时间后直接投入液氮中进行快速冷冻。例如，芭蕉需用高浓度蔗糖培养基进行预培养，此方法将成为芭蕉最简单和普遍适用的超低温保存方法。小麦和豆类合子胚需用聚乙二醇和二甲基亚砜培养基进行预培养。

常用的冷冻保护剂有蔗糖、甘油、甘露醇、聚乙二醇、二甲基亚砜等，浓度为5%～15%。若将不同的冷冻保护剂配制成混合液使用，效果更好。

如果种子的最低安全含水量比较高，而最高冻结含水量又比较低，则脱水预处理的效果是不理想的，需要添加冷冻保护剂进行预处理，如中间型、顽拗型种子以及吸胀后的正常型种子。具体做法为：首先让种子在室温条件下吸湿一定时间后再在100%相对湿度的密闭容器中让种子吸湿，最后将种子放入冷冻保护剂中浸泡。这一过程可以在室温下进行，也可以事前将冷冻保护剂在4℃进行预冷并保持在4℃条件下浸泡种子，其效果更好。浸泡时间到后，取出种子，用滤纸吸去多余的冷冻保护剂。

在处理胚（轴）和茎尖培养物时应先将冷冻管和冷冻保护剂在冰箱中预冷30min，再把材料放入冷冻管，用尖嘴吸管向冷冻管逐滴加入冷冻保护剂，然后在冰箱中放置不同时间。

（3）预培养干燥法

将材料在加有冷冻保护剂的培养基中进行预培养后在无菌空气流或硅胶中进行干燥脱水，然后直接投入液氮中进行快速冷冻。芦笋茎段、油棕体胚和椰子合子胚可以采用此方法进行超低温保存。此方法已成为80个油棕无性繁殖系体细胞胚长期保存的常规技术。

（4）包埋脱水法

包埋脱水法是基于人工种子包被原理，将外植体用海藻酸盐包埋成球后用含0.3～1.5mol/L高浓度蔗糖液体培养基进行几小时至几天的预生长后置于流动的无菌空气流或硅胶中进行脱水，使含水量降至20%左右（以鲜重为基础）后快速投入液氮中进行冷冻保存。通常是采用逐渐提高蔗糖浓度的方法来克服直接用高浓度蔗糖培养基培养的敏感性。这种方法通常应用于许多温带和热带作物的茎尖、悬浮细胞和体细胞胚的超低温保存。

包埋球的制作方法为：将材料悬浮于含 3%（w/v）海藻酸钠和 0.4mol/L 蔗糖而不含钙离子的 MS 培养基中，再用注射器或滴管吸取包含材料的培养基，逐滴滴入含 100mmol/L 氯化钙和 0.4mol/L 蔗糖的培养基中，然后在 25℃保持 30min，让包埋球固化。

（5）玻璃化法

将材料用高浓度玻璃化溶液（PVS）进行脱水处理后直接投入液氮，使材料连同玻璃化溶液发生玻璃化转变，进入玻璃态。在玻璃化法中，细胞和离体茎尖通常用含高浓度蔗糖或山梨糖醇的培养基进行预培养 1～2d 和（或）装载液（Loading solution，LS 液）进行渗透调节预处理 20～90min，以诱导材料的耐脱水性。LS 液通常为 MS+0.4mol/L 蔗糖 +2mol/L 甘油溶液。在应用这种方法时，关键是正确选择冷冻保护剂种类。另外，还要掌握好处理时间的长短，因为处理时间太短，脱水效果不理想，处理时间太长对植物产生毒害。

许多用玻璃化法处理的材料（不论包埋与否）的成苗率均比用包埋脱水法高。而且用玻璃化法保存的茎尖恢复生长比用包埋法保存的要快。

目前报道的植物玻璃化液主要有以下几种，但同一种玻璃化液的配方却不尽相同，其组分见表 3-10。通常使用的玻璃化溶液为 PVS2，其配方为 MS+30%（W/V）甘油 +15%（W/V）乙二醇 +15%（W/V）二甲基亚砜 +0.4mol/L 蔗糖。

表 3-10　各种玻璃化液的组分

玻璃化液	组分	参考文献
PVS1	① MS+22% 甘油 +13% 乙二醇 +13% 聚乙二醇	Uragami etal.
	② MS+22%（W/V）甘油 +13%（W/V）聚（丙烯）乙二醇 +13%（W/V）乙二醇 +6%（W/V）二甲基亚砜 +0.4mol/L 蔗糖	
	③ MS+22% 甘油 +13% 乙二醇 +13% 聚乙二醇 +15% 二甲基亚砜	
PVS2	① MS+30% 甘油 +15% 乙二醇 +30% 二甲基亚砜	Sakai etal.
	※ ② MS+30%（W/V）甘油 +15%（W/V）乙二醇 +15%（W/V）二甲基亚砜 +0.4mol/L 蔗糖	
PVS3	① MS+40% 甘油 +10% 乙二醇 +10% 二甲基亚砜 +45% 蔗糖	Nishizawa etal.
	② MS+50%（W/V）甘油 +50%（W/V）蔗糖	
PVS4	① MS+30% 甘油 +25% 聚乙二醇 +10% 二甲基亚砜	
	② MS+5% 甘油	
	③ MS+35%（W/V）甘油 +20% 乙烯乙二醇 +0.6mol/L 蔗糖	Matsumoto

续表

玻璃化液	组分	参考文献
PVS5	MS+15% 甘油 +15% 乙二醇 +15% 蔗糖 +15% 甘露醇 +13% 聚乙二醇	
Steponkus	MS+50%（W/V）乙二醇 +15% 山犁糖醇 +6% 牛血清白蛋白（BSA）+0.4mol/L 蔗糖	Langis etal.
Towill	MS+35%（W/V）乙二醇 +1mol/L 二甲基砜 +10% 聚乙二醇 8000+0.4mol/L 蔗糖	Towill
Fahy	20% 二甲基砜 +20% 甲酰胺 +15%（W/V）丙烯乙二醇	Fahy etal.

（6）包埋玻璃化法

将包埋脱水法和玻璃化法相结合。材料首先用藻酸盐包埋成球，然后用玻璃化溶液进行脱水处理后直接投入液氮。此方法的全过程可在室温下完成，比较简单，而且完成整个程序的时间少。

（7）小滴冷冻法

将材料用加有冷冻保护剂的液体培养基进行预处理，然后将材料连同冷冻保护剂一起滴在铝箔条上使之成为小滴，让小滴在铝箔条上停留几分钟，并将沾有小滴的两条铝箔背靠背装入盛有液氮的冷冻管后直接投入液氮中进行冷冻保存。这种技术已成功应用于马铃薯茎尖（快速冷冻）、芦笋和苹果茎尖（慢速冷冻）的冷冻保存中。

（四）降温冷冻处理

将经过冷冻前处理的材料装入容器中，如冷冻管、不锈钢冷冻筒、铝箔袋等投入液氮。在放入液氮进行冷冻之前要设置对照。依据种质材料类型及冷冻前处理方法，选择下列 4 种降温冷冻处理方法之一进行。

1. 慢速降温法

用程序降温仪或电子计算机将降温速度控制在每分钟 0.1 ～ 10℃（一般以 0.5 ～ 2℃/min 较好），从 0℃降到 -100℃左右后立即将材料浸入液氮，或者以此种速度连续降到 -196℃。慢速降温法比较适合于液泡化程度较高的植物材料，如原生质体、悬浮培养细胞等细胞类型一致的培养物。

2. 逐级降温法

使保存材料经冷冻保护剂在 0℃预处理后，逐级通过零下温度，如 -10℃、-15℃、-23℃、-30℃、-35℃、-40℃等，在每级温度处停留一定时间（4 ～ 6min），然后浸入液氮。

3. 两步降温法

是将慢速降温法和逐级降温法相结合的一种方法，有时也叫改良降温法。首先是用慢速降温法将材料逐渐冷却（通常以 0.5～4℃/min 的速度）到一个适宜的预冻温度（-50～-30℃）后，停留一段时间（1～3h），诱导细胞外溶液结冰，使细胞内外产生蒸气压差，进行保护性脱水，然后立即将材料浸入液氮中迅速冷冻。具体的降温速度和预冷温度依材料而定。

4．快速降温

将材料从 0℃，或者其他预处理温度（如木本作物的冬芽在 -10～-3℃预处理 20d 左右）或不经预冷直接投入液氮保存，降温速度达 200℃/min。该方法对高度脱水的材料，如正常型种子、花粉及很抗寒木本作物枝条或冬芽和用玻璃化液处理过的材料较适宜。

（五）液氮超低温处理

将经过降温冷冻处理后的材料投入液氮蒸汽相（-180～-150℃）或液态氮（-196℃）中。多数种子贮藏在液氮蒸汽相中，其他材料则贮藏在液态氮中。

在进行液氮超低温处理时要注意以下事项。

①事先根据需要和使用的次数，将材料分别包装成不同量的小包进行冷冻保存。这样可以避免大包包装因启封而使保存材料受外界温湿度急剧升高的影响，而且分生组织一经化冻就不能再进行冷冻保存了。

②包装超低温保存材料可以用冷冻管（茎尖分生组织、胚轴）、铝箔袋（花粉、冬芽、种子）、不锈钢冷冻筒（枝条）和能密封的金属小盒（花粉、冬芽、种子）。一般不用密封罐，因在保存期间液态氮能渗入容器内。

③根据液态氮罐的颈口大小和形状而定铝箔袋等包装容器的大小。

④在用铝箔袋封装时，要将封装机调节至 50 000hPa 气压下密封。

⑤如果是将材料保存在液态氮时，要将冷冻容器放进布口袋里，口袋里放上少量小铁块等重物，使冷冻容器放入液氮后能够下沉浸在液氮中。

⑥口袋要用细绳系好后才能投入液氮保存，留在外面的细绳要附上标记。

（六）初始活力检测

1．初始活力检测原则

液氮超低温处理后 1～7d 至少要解冻一个管（袋、筒或盒）中的冷冻保存材料作为对照样品，检测其初始活力，以估计保存样品的预期恢复率并确定保存数量。如果初始活力高于 30%，则可进行液氮超低温长期保存，否则需重新选择材料顺序进行以上处理。

2. 化冻

不同类型的保存材料及其用不同的冷冻前处理和降温冷冻处理方法所得材料，要求的化冻方式不同，主要有快速化冻、常温化冻和慢速化冻3种方法。用玻璃化液处理后的材料和（或）采用快速降温法处理的材料一般在37～45℃温水浴中进行快速化冻1～3min，具体时间长短依材料而定，如小滴冷冻法处理的材料化冻时间有的只需几秒。有些材料需进行缓慢化冻，即分步化冻，如将材料取出后先移入超低温冰箱（-80～-60℃）停留1h，然后移入家用冰箱（-20～-15℃）停留1h，再放在室温条件下保存一段时间，如休眠冬芽需在0℃进行缓慢化冻。花粉通常放在室温下进行常温化冻或置于37～38℃温水中进行快速化冻2min。花粉在室温下进行常温化冻时要防止发生冷凝作用。有的材料则需在25℃水浴中进行化冻。

3. 化冻后处理

化冻后是否需要处理以及如何处理依种质类型及前处理的具体方法而定。

种子如经过脱水前处理的，特别是脱水到含水量5%以下的材料，要进行吸湿处理以防止吸胀伤害。在大气湿度较高的地区，可以直接把种子放在大气中进行吸湿；如果大气湿度较低，则可以将种子放在盛有蒸馏水的干燥器的隔板上进行一昼夜的吸湿。

凡是用冷冻保护剂和（或）玻璃化液处理过的材料化冻后均要立即进行洗涤处理。可以用1.2mol/L蔗糖溶液或1.17mol/L山梨糖醇溶液进行直接洗涤或卸载（unloading）2次，每次10min或用浓度逐渐降低的同种冷冻保护剂或玻璃化液进行逐渐移除。

经过包埋处理的胚（轴）和茎尖分生组织必要时可以切开包埋丸以利恢复生长。

4. 初始活力（存活率、成苗率）检测方法

（1）种子活力检测

可以采取发芽方法、氯化三苯基四氮唑（TTC）染色法、红墨水染色法和电导法等，具体操作参见种质库种子保存技术规程。

（2）花粉生活力的测定

通常可分为萌发测定和不萌发测定两种。其具体测定处理方法和步骤如下：

①氯化三苯基四氮唑（TTC）染色法。

需要染料成分及配制 称取0.5gTTC用100mlpH7.0的磷酸缓冲液配成0.5%TTC备用。

操作及观察。滴一滴0.5%TTC染色液在载玻片上，撒上少许待测花粉，盖上

盖玻片，盖玻片边缘涂上少量凡士林后盖严载玻片。将制片放置于培养室中（温度为26℃左右）暗培养4～6h或在恒温箱中37～39℃培养20～30min，然后用倒置显微镜观察并摄影，计算染色率。凡是染成红色的花粉，其生活力强，淡红的次之，无色的为不具活力的花粉或不育花粉。观察2～3个制片，每片取5个视野，统计100粒，然后计算花粉的活力百分率。

②联苯胺染色法。

染料成分及配制。A液：0.2g联苯胺溶于100ml 50%乙醇；B液：0.1ga-萘酚溶于100ml 50%乙醇；C液：0.25g碳酸钠（钾）溶于100ml蒸馏水。使用时将A、B、C、三液等体积混合，再加入1～2滴双氧水。

操作及观察。在载玻片上滴一滴混合染液，撒上少量待测花粉（应有气泡出现，若无气泡，说明双氧水不足，需再加）立即观察，有生活力的花粉被染成蓝褐色。因联苯胺有毒，操作时要小心。

上述二种染色方法测定结果往往不能与花粉离体萌发、人工授粉结实力的结果呈直线相关，但可以估计花粉群中所含良好花粉的百分率。

③花粉离体萌发法。

悬滴法。滴一滴10%～15%的蔗糖溶液在盖玻片上，用一根起毛针或玻璃棒，将花粉撒在这滴糖液上，快速翻过盖玻片，盖在带有凹槽的载玻片上，使之与载玻片完全紧密贴合（为防止溶液挥发，预先也在载玻片的凹槽底部滴少量同样浓度的蔗糖溶液）。

琼脂盘法。用10%～15%蔗糖液和1%～2%琼脂调配而成，将它倒入培养皿，并进行高压灭菌消毒。在100mm培养皿中可同时测定6～8个品种的花粉萌发力，环绕培养皿以等距离靠近琼脂边缘将花粉撒上。

采用上述两种方法，好的花粉在室温条件下会很快地开始萌发，总的生活力在3～4h内就能观察到，但用来计数的通常须经8～12h的培养。实践证明，柱头上的花粉萌发与在琼脂培养基上的相比，两者萌发伸长情况相同。也就是说，离体萌发培养具有萌发能力的花粉即有结实能力。

④荧光染料反应法（FCR测定方法）。

染料成分及配制。母液1（SS1）的配制：1.75mol/L蔗糖，3.32mmol/L硼酸，3.05mmol/L硝酸钙，3.33mmol/L硫酸镁，1.98mmol/L硝酸钾，然后用蒸馏水定容。另外，为了避免由渗透压引起的花粉管破裂，可以增加蔗糖浓度，若想得到更强的荧光反应还可加大盐的浓度；母液2（SS2）的配制：7.21mmol/L双乙酸荧光素溶于丙酮中，放于4℃冰箱；工作液的配制：取8～12滴SS2于10mlSS1中，混匀直到此混合液变为轻乳状。

操作及观察。取 2～3 滴工作液于样品上，盖上盖玻片，2min 后在荧光显微镜（BP450～490，RKP510，LP520）下观察即可。

⑤无机酸测定法。

此测定法中首选的无机酸是硝酸，其次是硫酸，而盐酸不适用于此法。对于大多数作物的花粉来说，硫酸的浓度以 14.4% 效果最佳，而 19.2% 的浓度则会破坏花粉粒，其中以 0.8mol/L 的硝酸为所选试剂中最理想的试剂。在具体操作时可先设定一系列浓度梯度来选择最适合于所测样品的无机酸浓度。所以，按此法测定花粉生活力，只需配制合适浓度的无机酸溶液即可。

⑥p-苯二胺测定法。

染液的配制。把一小管过氧化物酶指示剂（Sigma390-1）和 200μl 3% 的 H_2O_2（30%H_2O_2 和 pH 值 7.4 的磷酸缓冲液 1∶9 混合），加入 37℃ 预热的 50ml 稀释的 Trizmal 6.3 缓冲液中（用 Trizmal 6.3 浓缩液和去离子水 1∶9 混合）。

染液的保存。染液在冰箱中能保存 15～20d，这期间若发现染液颜色由浅棕色变为深棕色或黑色，说明染液已失效。

操作及观察。取少量 37℃ 预热的染液滴到待测的花粉样品上，10～15min 后观察。如果花粉变黑，说明花粉具生活力。

⑦活体萌发测定法。

将待测花粉人工授粉于柱头上，保证花粉与柱头充分接触，并把授粉的柱头与外界隔离以免被污染。

一段时间后（依具体作物而定），将柱头取下并小心置于 1% 的醋酸结晶紫水溶液内。此步骤的目的是使花粉的外壁着上深紫色以易于与浅色的柱头区别开来。

用解剖镜（Zeiss，10×）对指定柱头上的花粉粒记数。

将该柱头用水漂洗几次后，再对其剩余的花粉粒记数。

萌发率 = 漂洗后花粉粒数目 / 漂洗前花粉粒数目 ×100%。

⑧人工授粉结实力法。

保存花粉是否存活的最终鉴定应该在正常柱头上授粉，调查是否结实，才能做最后的定论。

授粉结实力是用保存花粉在授粉后的结实率求得。

人工授粉的工具较多，如：毛笔、铅笔的橡皮头，玻璃棒或手指等。

授粉时，将花粉触及柱头表面，花粉传授常明显可见。

授粉后将授粉工具用 70% 酒精擦洗以杀灭其残留的花粉，以备后用。

为了确保授粉试验的正确可靠，必须防止其他花粉的沾染。

为保证试验的精确性和营养条件的一致性,因而选择自花不结实、自花不亲和或易去雄蕊的品种,在同果枝(穗)位上的花朵为授粉对象。

要在花朵开放前 1d 套袋,用贮藏花粉进行人工授粉后,再用纸袋将授粉后的雌蕊罩上。同时在同一果枝(穗)上的另一朵花上用新鲜花粉进行授粉作为对照。

待幼果生理性落果后,统计结实情况。以新鲜未干燥处理的花粉为对照。

(3) 冬芽和枝条的检测。

TTC 染色法:化冻后取出冬芽(或者吸干枝段表面水分,用刀片削出冬芽),快速投入 0.5%TTC 溶液,37℃恒温水浴保温 1h,用硫酸终止反应。取出冬芽,置于滤纸上少许风干,然后检查存活率(以冬芽切面 1/2 染上桃红色者作为存活标准,切面发褐或未染色者为死亡)。

恢复(再)培养法:剪取枝条长约 2cm(1~2 个芽)或冬芽,用 70% 酒精浸泡 2min,0.1%$HgCl_2$ 溶液(含 0.01%Tween-20)灭菌 30min,无菌水清洗 5~6 次,无菌条件下剥取含有分生组织和叶原基的芽(0.5~2.0mm),然后转入适宜的培养基上进行恢复培养。各作物的恢复培养基和培养条件参见离体保存中茎尖分生组织培养条件。培养 40d 后观察存活率和成苗率。

直接培养法:将化冻枝条插入适宜水温的培养缸中,置于生长箱中培养,观察存活率。

嫁接法:化冻后将冬芽(或从枝段上切下冬芽)进行嫁接,观察生长发育情况。

(4) 茎尖分生组织和胚(轴)的检测。

茎尖分生组织和胚(轴)的活力测定有 TTC 染色法和恢复培养法。各作物的恢复培养基和培养条件参见离体保存中茎尖分生组织培养条件,有时需要添加一些植物生长调节剂,有时需要先进行暗培,然后在光照条件下培养和(或)减少光照强度和光照时间。

(七)液氮超低温长期保存

(1) 保存数量

①保存样品数及其重复次数取决于初始活力、作物类型、繁殖速度、培养物的稳定性、繁殖难易程度和可用于保存的材料。

②可以根据二项分布,用四个特定参数,即植物对照样品的恢复率(成苗率)(pu)、对照样品数($n1$)、超低温库保存的样品数($n2$)和观测植物恢复率置信区间的概率,来推算从超低温库保存样品中恢复培养至少能获得一个(或其他任意给定数目)植株的概率。用这个方法能估计在冷冻后需立即解冻的繁殖

体个数，以估计出材料的恢复率，从而作为能够获得繁殖体总数的一个参数。还可以用来估算对照样品和超低温库保存样品中所需的最低植株恢复率，以确保恢复培养时至少获得一个或 A 个（A>1）植株的概率要高于给定概率。相应地，植株恢复率一旦估计出，就能够估算超低温库需保存的样品最低数以确保在恢复培养时至少能够获得一个或 A 个（A>1）植株的概率要高于给定的概率值。

（2）材料备份

材料要分别保存在两个以上的液氮罐中。备份可以进行就地保存或异地保存。如果是就地保存，则应放置于不同的贮藏间。如果是异地保存，安全备份既可以作为"黑箱"收集品，即在另一个地点保存的备份不用作流动样品，也可以作为流动样品。

（3）保存过程中的注意事项

①存放液氮罐的室内要通风并且要安装监控设施。当进入房内操作时应持续对其进行监控，以防窒息。

②运送或使用液氮时一定要用专用特制的容器，绝不可用密闭容器存放或运输液氮，切勿使用保温瓶存放液氮，以免爆炸。

③液氮罐必须要有通风口以免爆炸。

④要注意液氮罐颈口的宽窄。宽口颈的液氮罐操作方便，但液氮挥发速度要比窄口颈的挥发快。如果液氮不容易购买到的话，最好是使用窄口颈的液氮罐，以使液氮保持的时间长些。另外，每次将材料投入液氮罐时液氮均要挥发，因此液氮在液氮罐中维持的时间均要相应缩短，尽量减少取、放材料的次数。

⑤要注意液氮罐个数。最好至少准备 2 个液氮罐，一个用于保存操作材料，另一个用于长期保存。可以同时将所有的材料都转移到贮藏罐里，将贮藏罐再灌满液氮并放置妥当后进行长期保存。有时还需要有一个通过快运方式进行长途运输冷冻材料的专用运输罐。

⑥液氮罐，特别是不经常使用的贮藏罐要安装报警系统，以防失灵或当液氮低于警戒线时可以报警提示。这些报警系统在停电时可以用电池作为电源。

⑦进行定期检查并使液氮罐始终保持有一定量的液氮。

⑧操作时注意人身安全保护，正确配戴护目镜以保护眼睛，脸要戴上面罩，手要戴上御寒手套，脚要穿紧口高帮鞋，以防液氮进入鞋里冻伤脚。

⑨在进行包埋处理配制包埋液时要特别小心，海藻酸钠要慢慢地加入，并且一边添加一边搅拌，以免结块糊锅。

⑩任何时候在将冷冻材料从一个液氮罐转移到另外一个液氮罐时通常需要两

个人互相配合，而且动作要非常迅速，在几秒钟之内完成，不要超过1min。在实际的保存工作中，从一个贮藏罐向另一个贮藏罐转移材料时要特别小心，并要设置对照以检验转移效果。

（八）监测

1. 内容

定期监测保存过程中材料的活力（存活率、成苗率）、遗传稳定性、种质健康度等。

2. 活力（存活率、成苗率）监测

监测方法与初始活力检测相同。

3. 遗传稳定性的监测

肉眼观察组织培养物（试管苗和恢复培养物）的植株。

在田间或温室种植恢复培养的植株，要对其整个生长期进行观察，观察植株的形态变化和生长发育状况，然后对有可能发生无性系变异的基因型进行更多的检测，或者随机选择样品进行检测。

对田间材料和组织培养物进行同工酶分析。

在分子水平上对田间母体植株、组培母体植株和贮藏材料进行DNA检测，如用RFLP，RAPD或AFLP进行检测。

（九）提取利用

1. 化冻

与上面的化冻技术相同。

2. 化冻后处理

与上面的化冻后处理技术相同。

3. 恢复培养

茎尖分生组织、离体胚（轴）和冬芽需进行再培养成苗，以获得提供利用的试管苗。

4. 提取前提

一方面包含国家试管苗保存库和种质圃保存的种质资源绝种，需要从国家超低温保存库取种繁殖的。

另一方面包含其他特别需要的。

5. 提取程序

符合上述条款需从国家超低温保存库提取种质需报有关主管部门审批。申请

者将审批文件和提取种质清单至少提前半年交给国家超低温保存库，国家超低温保存库负责人核对签字后指派专业人员进行提取操作。申请者和提取者应当在提取种质单上签字。审批文件、提取种质清单和提取种质单应存档备案。

八、信息资料处理

超低温保存工作的主流程是材料处理，此过程还伴随着材料信息处理。信息处理包括信息的采集、计算机化管理和资料档案管理等。同时，样品信息又是处理过程中做出决定的依据。例如，根据样品的恢复率就可以确定需要保存的样品数等。因此，材料处理和信息处理是同时进行的，是相辅相成的，两者缺一不可。

（1）基本信息

每一份入库贮存种质的名称、来源、类型等有关资料。该资料数据是不会改变的。一般由提供者提供。

①全国统一编号：又称登记材料号，即各种作物《全国种质资源目录》上赋予每个品种的编号，是每一品种的标识号。一般规定，当这一编号被采用后，在给其他收集材料编号时，不能重复使用该编号。

②原保存单位编号：收集单位对种质材料的编号，即收集保存单位的永久号，号前常冠以保存单位所在省市、（区）的代号。

③种质名称：包括系谱／栽培品种／类型的名称。

④学名：包括属、种（亚种、变种）的拉丁文。

⑤提供者：材料收集的保存单位或个人。

⑥原产地：国内种质材料指种质采集地（或育成地）的省（市、区）县名，或引进种质材料的国家名。

（2）管理信息

建立的数据库应包括贮藏日期、材料在贮藏罐中的位置、冷冻管（袋、盒）数、每个冷冻管（袋、盒）所装的数量、预处理、冷冻前处理技术、降温冷冻处理技术、化冻技术、原始活力数据、恢复培养基和其他重要程序。

用计算机打印出标签，以减少各种可能的标签错误。如果不能用计算机打印标签的话，在书写标签时要使用清晰、擦不掉的墨水书写清楚。将字母和数字混用以减少数字之间的变换错误。在整个流程中都应该使用与外植体相同的标签。

（3）数据备份

定期对计算机里的数据进行备份并保存在安全的地方。数据要保存在两个以上的地方。

九、具体操作处理事例

不同作物，甚至同一作物不同品种超低温保存的操作处理均不一样。在应用超低温保存方法进行种质保存之前要先进行实验。

第五节 农作物野生近缘植物原生境保护技术规程

一、范围

本技术规程规定了农作物野生近缘植物原生境保护的工作程序、保护居群和保护方式的选择、保护区（点）建设和管理等要求。

本技术规程适用于农作物野生近缘植物原生境保护活动。

二、规范性引用文件

下列文件中的条款通过本规程的引用而成为本规程的条款。凡是注日期的引用文件，其随后所有的修改单（不包括勘误的内容）或修订版均不适用于本规程，然而，鼓励根据本规程达成协议的各方研究是否可使用这些文件的最新版本。凡是不注日期的引用文件，其最新版本适用于本规程。

建筑工程施工质量验收统一标准　GB 50300—2001

建筑抗震设计规范　GBJ 50011—2001

三、术语和定义

（一）农业野生植物

在农区内与农业生产有关的所有野生植物，主要指粮食、油料、棉花、果树、蔬菜、麻类、茶树、桑树、烟草、牧草、绿肥、药用植物、观赏植物、能源植物、防沙固沙植物等栽培植物的野生种和野生近缘植物。

（二）居群

在生物群落中占据特定空间、起功能组成单位作用的某一物种的个体群。

（三）原生境保护

通过建立保护区（点）或采取其他保护措施，保持农业野生植物群体生存繁衍的自然生态环境原有状态，使农业野生植物得以正常繁衍生息而不致因环境恶化或人为破坏随其自然栖息地的消失而灭绝。

（四）保护区和保护点

保护区是依据国家相关法律法规建立的以保护野生动植物、生态系统、地质构造以及水源地等自然综合体为核心的自然区域。对农业野生植物而言，保护区和保护点的差别在于保护区一般面积较大，区内分布物种数量较多，而保护点往往是保护分布面积较小的单一物种或少数物种。

（五）农民参与性保护

将农业野生植物保护纳入当地的农、林、牧、渔或其他生产体系中，通过提高农民和社区的保护意识等能力建设，依靠农民的自觉行动达到持续保护农业野生植物的目的。该保护方式也称为自然景观（Landscape）保护方式。

（六）核心区

在原生境保护区（点）内未曾受到人为因素破坏的农业野生植物天然集中分布区域。核心区也称为隔离区。

（七）缓冲区

核心区外对核心区起保护作用的缓冲地带，此区域可供农业野生植物自然繁衍及从事科学研究和观测活动。

四、原生境保护工作程序

由于农业野生植物种类繁多，各物种分布区周围自然、地理、人文、经济、社会和环境等条件千差万别，因此，不同物种、不同地区的农业野生植物原生境保护主要遵循因地制宜的原则开展工作。但是，对于所有农业野生植物的保护，应该按照统一的工作程序进行。某一农业野生植物原生境保护的工作程序见图3-6。

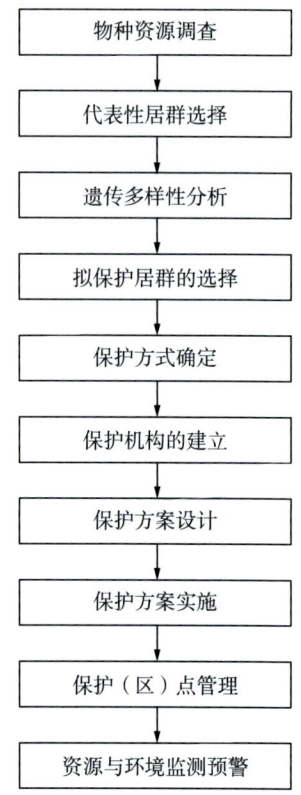

图 3-6　农作物野生近缘植物原生境保护工作程序

五、物种资源调查

对于某一需要进行保护的物种，首先进行该物种的全国性调查，摸清该物种的分布范围，掌握该物种的居群数量、各居群的分布面积（或株数）、各居群的植物学特征和生物学特性，建立该物种基本数据库、图像数据库和 GPS/GIS 信息系统。数据库和信息系统至少包括下列调查内容。

种类：科、属、种、亚种、变种、类型、变型等。

地理位置：详细地名、GPS 定位。

分布范围：面积、涉及乡、村数量。

生态环境：山坡、河沟、平地、温、光、水、气、土壤、伴生植物等条件。

种群数量：根据天然隔离状况划分。

六、代表性居群选择

选择代表性居群时主要考虑下列因素。

（1）地理分布

代表性居群不仅要包括各种生态系统、各种气候类型、各种环境条件的居群，而且应包括纬度最高和最低的居群、经度最小和最大的居群、海拔最高和最低的居群。

（2）居群的总体分布和居群间的距离

居群间的距离视物种的总居群数和所选择居群的数量而定。对于总居群数量多的物种，一般以自然屏障为界。当自然屏障不明显时，通常以县（市）为界。而对于居群数量少的物种，则根据小环境进行选择。

（3）居群的大小

尽量选择较大的居群。

七、遗传多样性分析

根据物种的分布范围和各居群的生态环境特点，对代表性居群的植物学特征和生物学特性进行系统分析，并按照取样原则进行合理取样，从细胞、生化、分子等水平对所有样本进行遗传多样性分析。

八、拟保护居群的选择

根据遗传多样性分析结果，对遗传多样性较丰富的居群所在地（县、乡、村）的社会、经济、环境、文化、意识等方面进行详细分析，选择具有下列条件的居群作为拟保护居群。

①形态类型丰富。

②具有特殊的农艺性状或特殊生态环境。

③濒危状况严重且危害加剧。

④当地政府和农民具有一定的保护意识。

⑤远离公路、矿区、工业设施、规模化养殖场、潜在淹没地、滑坡塌方地区和规划中的建设用地等。

九、保护方式

依照分析结果而定。如果依靠当地农民和社区的自觉行动就能消除引起农业野生植物遭受破坏的因素及其根源，就可选择农民参与性保护方式；如果当地经济条件相对落后，农民保护意识较差，依靠农民和社区的自觉行动不能保证农业野生植物的正常生存繁衍，就得选择建设原生境保护区（点）的方式。本技术规范主要介绍原生境保护区（点）建设保护方式。

十、保护机构的建立

可在原生境保护区（点）所在县（市）政府成立农业野生植物保护工作机构，机构负责人一般应由当地县（市）有关行政领导兼任。工作机构成员应包括野生植物保护、环境保护、基建、预算、森林公安等方面的人员，并具体负责保护区（点）建设的规划、设计、招投标和监督实施等。

十一、保护方案设计

（一）保护区（点）土地规划

（1）土地征用

对纳入保护区（点）的土地进行征用，土地征用方式分为收归国有或长期租用两种。如果保护区（点）的土地没有被农民承包，为乡（镇）或村集体所有，则将其收归国有；如果保护区（点）的土地已被农民承包，则采取长期租用方式，一般租用期不少于 50 年。

（2）核心区和缓冲区的规划

根据被保护野生植物的分布，将保护区（点）划分为核心区（隔离区）和缓冲区，核心区面积大小依据所保护野生植物集中分布区域面积而定，缓冲区的宽度视被保护野生植物的授粉习性而定。一般情况下，自花授粉植物的缓冲区宽度为 30～50m，异花授粉植物的缓冲区宽度为 50～150m。缓冲区的宽度应因地制宜进行划分，如核心区周围为自然水体、山崖等天然屏障，可以不设其他缓冲区，而将这些天然屏障全部纳入缓冲区范围。

（二）保护区（点）建设方案设计

设计内容主要包括以下几点。
①隔离设施的选择、规格和布局。
②出入口的位置、大门的规格和布局。
③看护房、工作间、瞭望塔的设计和布局。
④标志碑、警示牌的数量、规格和布局。
⑤工作路、排（灌）沟渠、蓄水坝等附属设施的设计和布局。

十二、保护方案实施

（一）工程招投标

根据《中华人民共和国招投标法》和有关地方法规、政策的规定，对项目工程建设内容进行招投标。

（二）施工与管理

工程中标施工单位应严格按照设计方案进行施工。在材料的运输、放置、使用过程中，严禁破坏或污染农业野生植物及其栖息地，尽可能减少施工对农业野生植物正常生长造成的危害。如施工中遇特殊情况不能按设计方案施工，必须申请修改设计方案，待审批后方可按新的设计方案施工。

项目执行小组随时监督施工进度和质量，如果发现设计方案不利于农业野生植物保护，应及时停止施工，提出修改设计方案的建议，报批后方可按新的设计方案施工。

（三）验收

施工完成后，项目执行小组按照项目审批单位要求提出验收申请，填写验收表格，提供验收资料，由项目审批单位组织有关专家进行验收。验收专家应包括农业野生植物保护、环境保护、工程设计、财务等方面的专业技术人员。

十三、保护区（点）管理

（一）建立管理工作小组

保护区（点）所在县（市）农业行政主管部门应建立保护区（点）管理工作小组。管理工作小组原则上与农业野生植物保护领导小组一致，负责保护区（点）的协调、监督和检查。

（二）聘用专职管理人员

每个保护区（点）设专职管理人员 1～2 名。管理人员应经过野生植物保护知识培训，承担保护区（点）设施维护、被保护植物生长发育情况的观察和记载、被保护植物的养护等任务，严防和制止破坏和偷盗保护区（点）设施及被保护野生植物的行为发生。

（三）宣传、教育与培训

利用地方广播电台、电视台和报纸等媒体，制作电视专题片、专题广播和通讯报道专栏等，广泛宣传保护农业野生植物的重要性、农业野生植物保护法律法规和有关保护知识。

农业野生植物保护的法律法规、政策和有关保护知识，使当地农民自觉地参与到农业野生植物保护活动中。

组织专家对保护区（点）管理等相关人员进行农业野生植物原生境保护相关知识培训，提高管理能力和水平。

（四）设施维护和野生植物养护

管理人员应每天观察各种设施的状况，发现设施受损时，应立即进行修补或更换。当发现被保护野生植物生长环境发生变化时，如周围其他植物生长太茂盛、发生严重病虫害或旱灾、水灾等情况，应进行除草、防病虫、减轻旱涝灾害等措施，保证被保护野生植物维持原有的生态环境。

（五）建立保护植物档案

定期对保护区（点）内被保护的野生植物生长、发育等情况进行观察记载，观察记载的内容包括物种、变种、类型、种群数、个体数、种群面积、生长发育、伴生植物种类和变化，以及降水量、光照、气温、土壤情况。并对所有观察记载的数据和原始资料进行整理汇总，归档管理。

十四、资源与环境监测预警

（一）监测机构

一般不成立专门的监测机构，由保护区（点）所在县（市）农业环境监测机构代理行使对本县（市）辖区的保护区（点）资源和环境的监测职能。

（二）监测设备

保护区（点）内设置气象观测箱和小型环境监测设备。这些设备的购置和安装除符合中央和地方有关仪器设备采购和安装相关政策外，还应保证安装位置的科学性和合理性，既要保证观测和监测数据具有代表性，又要保证观测和监测过程不对保护区（点）的小生境造成影响。

（三）监测内容

监测内容包括保护区（点）内被保护的资源及其周边环境的监测。资源监测内容包括保护物种的类型、种群数、居群覆盖（辐射）面积消长、个体数、生长发育等变化情况，以及主要伴生植物种类及消长；环境监测包括保护区（点）内年均气温、年积温、降水量、空气、土壤等变化情况，以及周围新的设施建设、人为活动变化、新出现的污染源等。

（四）监测报告

各保护区（点）管理机构应定期将监测内容以书面形式向主管部门报告。对遇突发事件和重大问题，应即时报告。

（五）预警

主管部门建立保护区（点）预警信息系统和制定应急预案，对各保护区（点）的监测报告和突发事件报告进行综合分析，必要时启动应急预案，保证各保护区（点）的资源安全。

第四章

农作物种质资源的保存与利用

种子是农业的"芯片",种质资源是种子的"芯片"。种质资源是极其珍贵的农业遗产与自然资源,是农业科学原始创新、种业振兴和生物技术及产业发展的源头与源泉,是实现农业可持续发展,保障国家粮食安全、生态安全和能源安全的战略性资源。在世界人口不断增加的今天,为了解决日益增长的人类对衣、食和医药卫生原料的需求,必须努力提高农作物的产量和品质,同时积极寻找尚未被发掘利用的新的植物资源。保护和合理利用农作物种质资源对于农业的可持续发展以及食品安全至关重要。本节将从七个方面进行论述,首先是农作物种质资源的保存趋势,其次是大豆、水稻、小麦、玉米、油料农作物及多年生蔬菜等的种质资源如何能够得到有效地保存与利用。

第一节 农作物种质资源保存趋势

一、我国作物种质资源保护利用体系

在农业农村部的指导管理下,按照生态适应性、保护必要性、库圃功能性原则,因地制宜、科学设置、合理布局,形成了以长期库为核心,复份库、中期库、种质圃和原生境保护点为依托的国家级作物种质资源保护利用体系(图4-1)。

图 4-1 不同类型种质资源种子形态

其中，长期库负责农作物种质资源的长期战略保存，复份库负责资源的长期备份保存；中期库以种子形式对粮食、油料、蔬菜、瓜类等实行安全保存；种质圃负责多年生作物、果树、糖料、茶桑等或特定种类无性繁殖作物的田间植株、营养体保存，中期库和种质圃还承担资源收集、引进、鉴定编目、田间展示以及共享分发任务；原生境保护点负责对农作物野生近缘植物以及具有重要经济价值的野生植物种质的原位保存。截至 2020 年，我国已建成了由 1 个长期库、1 个复份库、10 个中期库、43 个种质圃、1 个信息中心和 212 个原生境保护点的国家级作物种质资源保护体系，保存作物种质资源 52 万余份，成为世界第二大的资源宝库。

二、我国作物种质资源体系及机制运行趋势

（一）作物种质资源收集

在国内资源收集方面，21 世纪前先后开展了两次全国性的种质资源普查征集，同期，根据区域性种质资源保护工作的需要还开展了诸如西藏作物品种资源考察、"三峡"库区、"京九"沿线等作物种质资源专项考察收集活动 30 余次。第一次全国作物种质资源普查，主要是通过农业行政管理部门开展自上而下的地方品种征集活动，共征集地方品种 21 万余份，由于没有低温种质库，征集到的种质只能在自然条件下存放，保存寿命只有 2~3 年，且未能及时有效繁殖更新，导致一大批种质活力丧失；第二次全国农作物种质资源补充征集和专项考察收集活动加入专业科研人员，收集保护的质量和效率大大提高，累计征集和收集各类作物种质资源 19 万份。在此基础上，创建了作物种质资源技术指标体系，提出粮食和农业植物种质资源概念范畴和层次结构理论，首次明确了我国 110 种农作物种质资源的分布规律和富集程度，基本摸清了相应作物种质资源的本底多样性。

2015 年起，启动了第三次全国农作物种质资源普查与收集行动，是有史以来覆盖面最广、重视程度之高、规模之大的行动。首次采取了"全面性的普查和重点性的系统调查相结合、行政推广人员和科技人员相结合、普查调查数据和资源实物相结合"的三结合工作方式。在实施过程中，采取"先普查后系统调查、先制定规范后实行实施方案、先培训后操作的"三先三后工作方式，通过科学制定实施方案、规范开展技术培训和监督把关，确保了普查工作的科学性、规范性和工作质量。

在国外资源引进方面，针对我国农业生产和种业发展需要，加强了与国外种质资源保护利用机构，特别是重要农业国际机构的交流和合作研究。截至 2020 年年底，累计引进和编目保存境外农作物种质资源近 12 万份（图 4-2 和图 4-3）。

图 4-2 紫花苜蓿花色形态多样

图 4-3 籽粒苋种质资源田间表现

(二)资源编目

入库随着资源保护工作的不断深入,我国从无到有地创建了作物种质资源科学分类、统一编目、统一描述规范的技术规范体系。

编目鉴定:对每一份资源开展不少于 2 年的目录性状鉴定。一般依据物种分类、来源地信息,在相同或相近生态区种植,全生育期观测记录主要目录性状,如幼苗生长习性、花型、花色、籽粒颜色、籽粒大小、穗子密度、熟期、分蘖力、株高、穗粒数、千粒重、叶耳颜色、叶片形态等植物学特征。编目鉴定的性状类别、性状多少,不同作物差异很大,严格按照各作物种质资源描述规范和数据标准操作。

资源入库：针对不同类型作物建立了相应的编目入库技术流程。种子类作物：获得种子—查重—选择适宜区域种植—田间管理—全生育期性状观察—目录性状鉴定和记录—整理编目—资源收获及考种—清理清选—干燥—包装入库。苗木类作物：获得单株或繁殖器官—查重—嫁接、栽种—田间管理—全生育期性状观察—目录性状鉴定和记录—整理编目—移栽入圃。无性繁殖类作物：获得扦插用枝条、球茎、试管苗等—查重—栽种—田间管理—全生育期性状观察—目录性状鉴定和记录—整理编目—移栽入圃／制作试管苗／超低温保存。

安全保存：建立繁种环节的质量控制规范，确保种质初始质量；入库前处理环节二阶式脱水，确保适宜含水量；入库环节密封包装，避免水分波动；保存过程 −18℃低温低湿保存，阻断代谢消耗的、可显著延长种质寿命的综合技术体系以及种质衰老监测预警技术的应用。

繁殖更新：明确了作物种质资源繁殖更新所需的群体量、授粉方式等关键要素 17 项，研制了水稻、小麦等 65 种（类）重要作物更新技术，形成标准化、规范化的作物种质资源繁殖更新技术规程，为保持库存作物种质资源的种性和遗传完整性提供了有力保障。

（三）运行保障机制

我国已经逐步形成了以财政资金投入为主，社会参与为补充的收集保护、共享分发和鉴定评价的工作运行保障机制。在财政保障方面，中央和地方有关部门通过现有资金渠道，统筹支持资源保护工作。其中，农业农村部门以现代种业提升工程等专项支持开展国家级作物种质资源库圃的条件能力建设工作；种业管理部门以部门预算的形式设立专项支持开展作物种质资源收集保护、编目入库、安全保存及共享利用等基础性工作；科技管理部门设立行业科技攻关、国家重点研发计划、国家科技重大专项等项目支持应用基础研究，通过各类种质资源的鉴定评价，筛选出一批优异资源，并创制了一批育种或产业紧缺的新种质，为品种改良和现代种业发展提供了强有力的支撑。

第二节　大豆种质资源的保存与利用

这里以野生大豆为例，野生大豆及人类食用大豆同属豆科，大豆属 Soja 亚属，食用大豆是野生大豆经过人工选择、培育后的产物。野生大豆具有极高的蛋白质含量，且能通过一般的杂交育种方式将高蛋白基因转移到食用大豆中去，所以野生大豆具有不可替代的战略意义，在野生大豆具有优良性状的情况下，仍对环境具有较强的适应性和抗逆性，所以通过一定的选育方式，野生大豆还可作为牧草、饲料等培育。

一、对于野生大豆资源的保护方式

为了保障野生大豆的可持续利用，需对野生大豆资源展开全面的保护方式，为确保野生大豆健康生长，可以采取基于原生环境的生态保护方式，而原生环境遭到破坏的地区，则采用异位保存的方式进行资源保护。

不明显的蔓生植物，具有缠绕性强的特点，其小叶多呈椭圆形、卵圆形和披针形，花形呈蝶状、常为深紫色、紫红色及浅紫色，只有极少部分呈白色

（一）基于原生环境生态保护

随着社会的不断发展，野生大豆的原生环境越来越少，而野生大豆资源的发现越发困难，基本属于不可再生资源，为了保障我国大豆产业的稳定发展，对于野生大豆原生的生态保护是必要的。近年来，对野生大豆的发现呈减少趋势，在适宜野生大豆生长的区域多为农村，而当地居民对野生大豆的认识不足，造成了一些不可逆的人为垦荒、放牧的情况出现，所以应对适宜生长环境下的居民进行野生大豆科普，使其意识到野生大豆对于大豆产业及社会经济的重要性，自发性的保护野生大豆，降低对野生大豆资源的人为破坏。野生大豆植株高度从 6cm 到 10m 不等，是一种茎细、主枝与分枝分化花，野生大豆植株的花、茎和叶上生有褐色绒毛，荚果大多数为弯镰形，少部分为直筒形，种皮呈黑色，外部都泥膜，野生大豆多呈群落分布（图 4-4）。

图 4-4　原生境野生大豆种质资源

野生大豆资源的原生环境保护是众多保护手段中的首选，对于保持野生大豆群落结构及当地生物多样性具有重要意义，在进行原生环境保护时，应在保护群落稳定性在基础下进行扩大其原生环境面积，为野生大豆的自主繁殖提供保障！随着环境趋向恶劣变化，野生大豆原生环境受到自然危害，生态系统严重退化，导致许多野生大豆处于濒危状态，因生态系统的紊乱，生物多样性受到外界环境影响，所以对于野生大豆资源原生环境的保护不仅是为防止野生大豆生存环境遭到破坏，更是对生态系统的保护。为促进野生大豆资源的保护，在确认地区存在野生大豆后，需及时上报，由专业部门、人员接管，为保障野生大豆的繁殖，将其生长地区划分成野生大豆原生环境保护区，加大对湿地地貌的保护力度，维持生态系统的自身恢复能力，逐渐遏制野生大豆原生环境面积的减少。实现原生环境保护区合理布局，以达到野生大豆的永续利用（图4-5）。

图4-5　野生大豆种质资源圃

（二）野生大豆资源异位保存

野生大豆生长环境较为特别，多生长在湿草地、灌木丛附近，为了社会经济的发展，近年来，湿草地和灌木丛多被开垦为农田，随着畜牧业的发展，湿草地及附近林地又成为主要的放牧地，使野生大豆资源遭到了严重破坏，所以在原生环境遭到严重破坏的区域，为确保野生大豆的生存环境，应展开多种非原生环境保护策略，比如可以进行资源收集，采用异位保存的方法。

在进行资源收集之前，对即将被收集的野生大豆区域进行摸底排查，对当地野生大豆群落进行区域性调查收集工作，并对野生大豆的优良性状进行分析，做到优质基因的分类管理收集，对野生大豆资源在异地进行备份保护。在完成区域性野生大豆资源排查后，对当地环境进行分析，了解该野生大豆群落的生长环境，确保异位保存的资源生长繁殖。

野生大豆具有很强的环境适应能力，对于各种不良生存环境都能在一定时间内呈现出很强的抗耐性，比如对常见病虫害的抗病性，对于干旱贫瘠土地的抗旱性，对盐碱地区的抗碱性等，因此在进行异位培养时，可以针对所需大豆性状的不同进行环境的改造，以此得到所需优质性状基因。通过控制生存环境的方式培育抗耐性性状为我国大豆产业的育种选择提供了众多有价值的基础基因，为我国大豆品种的拓宽提供了保障，所以野生大豆对于创新基因资源及选育大豆品种有着不可忽视的作用（图4-6）。

图4-6　野生大豆品种

二、野生大豆资源的合理利用

野生大豆资源具有巨大的生态效益及经济效益,为生物多样性及大豆育种带来了不同程度的促进作用,为更好地对野生大豆资源进行合理利用,以下从生物技术应用、杂交中间材料应用、大豆育种及饲草培育四个方向进行探讨。

(一)在生物技术中的应用

野生大豆的优质性状多为可遗传性状,经研究表明,利用花粉管通道技术可将野生大豆的 DNA 片段重组入栽培大豆的细胞 DNA 中,并成功表达,并且通过此技术,吉林省培育出耐大豆蚜虫且增产 15% 以上的优质品种,除此之外,利用花粉管通道法导入野生大豆总基因的方式获得了各种增产增效的优良农业植物品种,经过多年试验研究的成功,可以确定利用野生大豆对各植物的优良性状表达是成功的,运用野生大豆进行基因重组对所研究植物带来的不利性状少且较为稳定,促进了生物技术的研究进程,通过野生大豆资源的合理利用,加大对生物技术的稳定性及可行性研究的成功概率,为生物技术产业提供了一种新的检验思路。

(二)在高蛋白、高产中间材料的应用

在以往的杂交研究中,我国农业科技工作者运用野生大豆培育出一批具有高蛋白价值的中间材料,在进行野生大豆优质基因杂交遗传时,部分植物因无法与野生大豆进行杂交或进行杂交后性状表现情况不理想,这时将野生大豆与其他稳定表现优质基因的植物进行杂交,得到具有优质基因的中间植物,后将中间植物与目标植物进行杂交,将优质野生大豆基因在目标植物中表现,通过这种高蛋白中间材料的应用,可以极大地丰富我国农业植物品种,将各种高蛋白、抗耐性强的形状杂交至我国农业产物中,推进我国从农业大国向农业强国的转变,为我国农业科技做出贡献,并推动我国农业经济的发展,加强我国农业产品在国际市场上的竞争力(图4-7)。

多花荚资源　　　南部典型资源　　　北部典型资源　　　半野生资源

图 4-7　不同的野生大豆资源

三、在选育大豆新品种的应用

作为农业大国,一种优质的农业植物基因是极为宝贵的资源,野生大豆是栽培大豆的祖先种,在选育大豆新品种中具有非常重要的地位,蛋白质作为三大产能营养素之一,确保了人体生命活动的能量供应,且人体内各组织器官皆含有蛋白质,所以具有高蛋白性状的野生大豆是人们对于未来高蛋白大豆育种有着不可取代的地位。以野生大豆为研究对象进行栽培种大豆的培育,运用杂交、基因工程等手段进行大豆品种的创新,培育具有抗耐性性状功能基因的高蛋白、高产大豆品种,拓宽我国食用大豆的种类。

在选育大豆新品种的研究中,众多成果已经促进了社会经济效益。除此之外,山东"东饲豆1号",具有高产、耐盐碱及适口性好的特点,并克服了野生大豆蔓生缠绕的不良性状;早期吉林省农科院培育出的"吉林小粒1-7号",小粒黄豆的市场竞争力强,因品质优良受到日韩等国际市场欢迎,吉林小粒黄豆的经济效益高于其他食用大豆,为当地大豆农民创造了可观的经济收益;大量的野生大豆资源杂交研究结果表明,野生大豆所具有的优良品质基因可以通过种间杂交进行遗传,而蔓生缠绕、裂荚等不利性状在杂交过程中可被克服,所以在培育大豆新品种时,应注重野生大豆资源的利用,实现优质大豆品种的培育工作(图4-8)。

图4-8 野生大豆种子及植株形态

四、在野生大豆饲草研究的应用

野生大豆茎叶茂密且存在蔓生缠绕性状，相较于其他饲草作物相比，具有明显的高产优势，在农业种植中，可将野生大豆与玉米、苏丹及高粱等高杆作物进行间作，使其缠绕在高杆植物上，不仅能够实现野生大豆的饲草生产率，还大大提高了农业土地利用率。山东畜牧总站通过选育得到的"鲁饲豆2号、鲁饲豆3号"，在饲草产量上做出了极大的提高，真正地实现野生大豆饲草高产，相较于其他饲草，鲁饲豆2号、鲁饲豆3号的产量提高了15%和12%，且保证了发芽率稳定在95%以上。

在野生大豆资源研究过程中，对野生大豆籽粒进行分析，其中粗蛋白含量较高，而脂肪、总糖及粗纤维含量低于普通栽培品种，符合动物生长规律，满足其生长发育过程中的营养需求，野生大豆对我国饲草研究提供了新思路新途径，为新型优质蛋白质饲料原料提供了研究原材料，促进了饲草产业的发展。

第三节 水稻种质资源（北方）的保存与利用

水稻是世界上最重要的粮食作物之一也是很多发展中国家的主要粮食来源。然而，由于气候变化、自然灾害、土地利用和人口增长等因素的影响，水稻种质资源面临着日益严重的威胁。因此，保护和利用水稻种质资源是保障粮食安全和可持续发展的重要举措。

一、水稻种质资源的价值和意义

水稻是世界上最重要的粮食作物之一，为全球的饮食提供了重要的基础。水稻种质资源不仅涉及到水稻的生产和保障世界粮食供应，同时也是研究水稻遗传学、生态学及其分子生物学的重要资料，具有广泛的利用和开发前景。保护和利用水稻种质资源成为国家粮食安全和可持续发展的重要课题（图4-9）。

二、水稻种质资源的保护

水稻种质资源保护是指对水稻种质资源进行分类、鉴定、保存、检测和利用，以保证种质资源的多样性、完整性和可用性。在保护水稻种质资源的过程中，以下几个方面是必须注意的。

图 4-9　水稻种质资源圃

①建立种质资源收集、评价、鉴定、保存、分类和利用制度。
②建立各级种质资源中心，协调各方面力量开展种质资源保护工作。
③强化种质资源保护立法，管理和监控。
④建立种质资源保护教育和宣传体系，提高公众对种质资源保护的认识。
⑤鼓励和支持民间组织和努力。

三、水稻种质资源的利用

水稻种质资源的利用是实现水稻高产、优质、抗逆性能提高的重要手段。利用水稻种质资源有以下几个方面。

（1）育种

利用水稻种质资源进行水稻育种，培养具有优异经济性状、逆境适应性和病虫害抗性的材料。

（2）研究

利用水稻种质资源开展各类遗传、生态和分子生物学研究。

（3）培训

引入新的种质资源，充实资源库，培养相关人才，学习先进的种质资源收集、评价、保存和利用技术。

第四节　小麦种质资源的保存与利用

小麦是世界上最重要的粮食作物之一，也是我国重要的粮食作物之一。小麦在我国农业生产中起着举足轻重的地位，其品质、产量、适应性等方面都受到广泛关注。为了更好地发展小麦种植业，充分发挥小麦的生态、生产和经济价值，对小麦种质资源的分类和利用进行深入研究显得十分必要。

一、我国小麦种质资源保存现状

小麦（*Triticum aestivum* L.）是禾本科小麦属的重要栽培谷物，自花授粉作物，一年生或越年生草本植物。小麦种质资源包括小麦属各个种及其亲缘属的植物。有进野生的和栽培的；有古老地方品种、育成品种和引入品种，也有具特殊优良性状的品系、突变体、雄性不育材料以及非整倍体等。据统计，世界上保存的小麦资源约74.85万份，而我国已繁种人国家作物种质资源库长期保存的小麦种质就有41761份，包括15个属，231个种，其中小麦属24个种。最近几年，小麦种质资源的数量还在不断地增加，在某些地区还有独特的类型，如"中国云南小麦""新疆小麦（稻麦子）"和"西藏半野生小麦"（图4-10）。

图4-10　小麦种质资源圃

二、小麦种质资源保存研究

（一）利用形态学研究小麦种质资源保存

形态性状的变异往往具有适应和进化上的意义，也是种质保护措施的制定和实施的重要依据，具有重要的价值。作物的外部形态特征即作物的农艺性状的变化，在一定程度上可以反映植株的遗传变异，同时，农艺性状的观察分析具有简单、直观等优点，因此，在对种质保存的研究中也不失为一种有效的手段。小麦的主要农艺性状如有效分蘖、株高、穗长、小穗数、穗粒数及千粒重等均属于形态性状皆可用于小麦种质保存中遗传变异的研究。张晗对不同储藏条件下小麦的种质农艺性状进行比较，发现中期库与长期库两种保存方式间小麦种质穗长差异显著，而且30份种质中有1份种质在穗长上有极显著差异，2份种质有显著差异；1份种质在穗粒数上存在极显著差异。3份种质存在显著差异；2份种质存在粒重上存在极显著差异，3份种质存在显著差异。高爱农通过比较同一小麦品种保存于长期库及保存于中期库中经繁殖更新材料的9项农艺性状，发现一个品种繁殖更新前后株高与穗粒数存在差异。

（二）利用细胞学标记研究小麦种质资源保存

细胞学标记研究的是植物细胞染色体的变异，细胞学标记方法在种质资源保存的研究早在20世纪30—40年代就已开始。研究发现贮存年限越久，种子衰老程度越大，种子活力和发芽率下降越显著，染色体畸变率与发芽率呈负相关关系，染色体畸变可能诱导点突变的发生。AKHTERFN通过对不同储藏年限的小麦染色体观察发现，随着储藏时间的增加保存的小麦种质其染色体的畸变率与发芽率密切相关。张晗通过根尖细胞染色体畸变观察对不同储藏条件下小麦的种质进行比较，发现中期库保存的小麦种质根尖细胞平均染色体畸变率明显高于长期库种质的平均染色体畸变率（图4-11）。

图4-11 小麦1036

（三）利用生化指标研究小麦种质资源保存

低温种质库中保存的种子新陈代谢会趋于缓慢，但随着保存时间的延长和老化程度的加剧，其生理上会发生一些变化。蛋白质作为小麦研究的良好标记，目前普遍应用的主要是麦谷蛋白和麦醇溶蛋白。Stoyanova 等通过对经过人工老化和更新的小麦地方品种的醇溶蛋白进行分析，发现更新群体部分谱带类型丢失，并且在后代群体中发现了醇溶蛋白谱带变异植株。

利用幼苗生长测定、冷浸试验、电导率测定和模拟田间出苗率测定等方法，研究液超低温保存对小麦种子发芽力与活力的影响，结果表明，起始发芽率为 87.7%～97.3% 的小麦种子，液氮保存 7d 后，其幼苗生长测定发芽率为 82.0%～94.0%，冷浸试验发芽率为 79.3%～98.0%，模拟田间出苗率为 43.7%～58.0%，初步认为小麦种子可以进行液氮超低温保存。

（四）利用分子标记研究小麦种质资源保存

近年来，随着 SSR、RFLP、AFLP 和 SNP 等分子标记技术的快速发展，分子标记越来越多地被应用于小麦研究中。Borer 等利用 SSR 分子标记对保存于长期库中的 8 份更新多次的小麦种质进行检测，发现 1 个群体产生了遗传漂变，在小麦中检测到随着更新代数的增加，稀有基因会有不同程度的丢失。任守杰采用 36 对 SSR 引物和 23 对 EST-SSR 引物对经过醇溶蛋白分析后的 5 份小麦种质进行遗传完整性研究，检测到等位基因丢失及等位基因频率的变化，SSR 较 EST-SSR 适合于对更新种质的遗传完整性进行跟踪检测。高爱农采用 35 对与农艺性状相关的 SSR 分子标记检测了同一小麦品种保存于长期库及其保存于中期库中经繁殖更新的材料，发现保存的小麦种质在更新后发生了遗传多样性变化，并存在等位基因丢失现象，一些位点等位基因频率变化显著（图 4-12）。

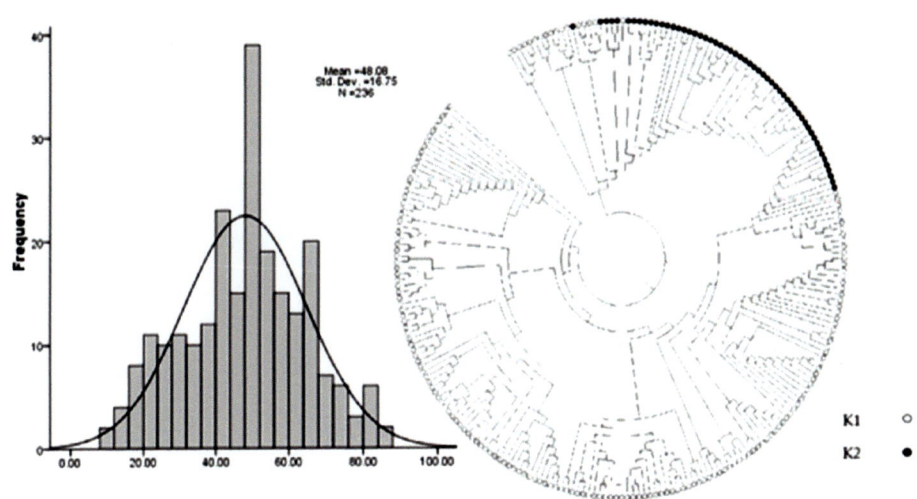

图 4-12　分子标记数据分析

三、小麦种质资源的利用

小麦种质资源的利用主要包括以下几个方面：

（一）小麦遗传育种

小麦遗传育种是指通过对小麦种质资源的研究和利用，对小麦的遗传性状进行改良和优化，培育出更加适应不同气候、土地和生长条件的新型小麦品种。小麦遗传育种的研究可以通过对小麦遗传育种变异种群的分析、遗传育种基础研究、遗传工程研究和基因组学研究等方面进行（图4-13）。

图4-13　小麦遗传育种研究

（二）小麦优质品种的开发利用

小麦种质资源的利用还包括对小麦优质品种的开发利用，特别是开发哪些适应力强、产量高、品质优良的新型小麦品种，提高小麦的利用价值和竞争力。近年来，随着基因工程技术的发展和生物技术的应用，小麦优质品种的开发利用具有重要的应用前景和市场潜力。

（三）小麦遗传资源的开发和利用

小麦种质资源还包括各种小麦的遗传资源，如小麦基因组和千粒重等基因工程研究所需要的遗传数据。这些遗传资源的开发和利用对于小麦遗传资源的研究和利用，以及小麦基因组和千粒重等基因工程研究的推动都具有重要的意义。

第五节　玉米种质资源的保存与利用

玉米（Zeamays L.）是世界上最重要的粮食作物之一，是全球人口最多的几个国家的主要粮食作物之一。玉米在世界各地被广泛种植，包括自然种植和基因改良的种植方式。玉米种质资源的研究和保护对维持全球粮食安全、发展农业经济和生态环境保护具有重要意义。

一、玉米种质资源的保存方法

（一）建立玉米种质资源收集体系

种质资源收集是种质资源保护成功的关键一步。各国建立了自己的玉米种质资源收集体系，如中国农科院玉米研究所与美国种植所密切合作，建立了中国现代玉米种质资源收集工程，开展了大规模的收集工作。

（二）建立种质资源众包平台

众包平台是建设玉米种质资源保护的好方法，它可以整合社会各方资源，加速保护与利用工作的进展。同时，还可以通过信息化手段，加强对玉米种质资源的物种分布、数量、环境适应性等方面的研究工作。

（三）玉米种质资源保护生态

玉米种质资源保护生态是保护玉米种质资源的一种有效方法，它在人工种植过程中还能够维持其天然的遗传规律，保持种质资源的多样性。此外，采用综合管理的方式来进行种质资源保护，确保种子质量和产量，减少资源浪费（图4-14）。

二、玉米种质资源的利用

（一）玉米种质资源的遗传资源利用

玉米种质资源的遗传资源利用是利用玉米种质资源的基础，玉米遗传学研究的发展已经推动了玉米种质资源的利用。对于公民来说，在国内成立玉米生态与发展协会，为广大农户提供玉米种子、企业开发玉米生意等，这些的成立可以充分保护玉米种质资源,并加速玉米的繁衍和保护。国家可以对于企业或组织进行创新券或种子基金的资金支持等手段,将玉米梗、玉米皮等资源进行利用,增加经济价值。

图 4-14　玉米种质资源圃

(二)玉米种质资源的现代种植技术

玉米种质资源的现代种植技术能够改良其品质,提高其经济价值,将种质资源转化为实际产出。通过现代化技术,可以更加有效、快速、精准地进行玉米种植,增加玉米种子的产量。

第六节　油料农作物种质资源的保存与利用

一、油料作物内涵及保存现状

油料作物是种子中含有大量脂肪,是用来提取油脂供食用或作工业、医药原料等的一类作物。主要有大豆、花生、油菜、芝麻、蓖麻、向日葵、苏子、油莎豆等。其中种子含油量可达 20%～60%。纤维作物,如棉花、亚麻、大麻等种子中也含有大量油分,是油脂工业的重要原料。多年生的木本油料植物中有椰子、油茶、油棕、核桃等。榨油所剩的油粕中含有大量的蛋白质和其他营养物质,既可用来生产副食品,也是良好的精饲料和肥料。

目前，国家油料作物种质中期库（武昌）（National mid-term genebank for Oil Crops）是全国油菜、花生、芝麻、大豆（南方）、特油（蓖麻、向日葵、红花和苏子）种质资源作物种质资源的中期保存、研究和分发中心，保存上述油料作物种质资源 3 万余份。属国家公益性和基础性研究共享平台，主管部门为农业农村部。

二、鉴定评价

近年来，实际完成油料作物种质资源抗病虫、抗逆和品质特性鉴定 1830 份，其中，油菜 540 份、花生 1100 份、芝麻 50 份、向日葵 95 份、蓖麻 30 份、红花 15 份。

（1）油菜

对 540 份油菜种质资源进行耐旱、耐贫瘠、抗根肿病和品质特性鉴定，筛选出高类胡萝卜素优异种质 2 份（Parter、豫油 2 号），早熟高含油量优异种质 1 份（6024-1），发掘出耐旱种质 3 份（H51.8920、Regent），耐贫瘠种质 3 份（Savaria、Wesreo、广德 741），获得了 2 份抗根肿病的抗性资源（Hanna、P6036-2）。

（2）花生

对 1100 份花生种质资源进行抗黄曲霉、抗青枯病和品质特性鉴定，发掘出高含油量（≥58%）的材料 2 份（Zh.h3617、Zh.h4664）、高油酸含量（≥64%）的材料 2 份（Zh.h2288、Zh.h2645）、抗黄曲霉侵染的材料 6 份（豫花 4 号、天府 7、美引选 41033、豫花 5 号、特 21、泰花）、抗黄曲霉产毒的材料有 12 份（贺油 12 号、天府 7、豫花 4 号、山花 9 号、徐州 402、花 31、冀油 2 号、中花 9 号、开农白 2 号、天府 18 号、桂花 166、如东碗儿青）、高抗青枯病的材料 3 份（闽花 8 号、仲恺花 2 号、梧油 1 号），另外还发掘出农艺性状优异、抗病性（青枯病和黄曲霉侵染）强、品质优良（油量和油酸）的材料 6 份（开农 60、开农 H03-3、开农 8 号、鄂花 2 号、睢宁二窝、徐州 402）。

（3）芝麻

对 50 份芝麻种质进行抗茎点枯病和品质特性鉴定，鉴定出高抗茎点枯病芝麻种质资源 1 份（ZZM1402），高含油量且抗茎点枯病芝麻种质资源 2 份（ZZM2644、ZZM3642）。

（4）向日葵

对 95 份向日葵种质进行耐盐碱和品质特性鉴定，鉴定出耐盐碱的种质 1 份（ZXRK0215）、高含油率种质 2 份（ZXRK0230、ZXRK1713）。

（5）蓖麻

对 30 份蓖麻种质进行抗灰霉病、抗倒伏性鉴定，鉴定出高抗灰霉病的种质 1 份（ZGBM1112），高抗倒伏性的种质 1 份（ZGBM1099）。

（6）红花

对 15 份红花种质进行抗锈病鉴定，鉴定出抗锈病的种质 1 份（ZGHH0200）。

三、安全保存

国家油料作物种质资源中期库安全保存了油菜、花生、芝麻、向日葵、蓖麻、红花、苏子等 7 种油料作物种质资源共计 4.43 万份。依托该中期库，我国已建成全球最大的油料作物种质资源收集保护中心。并且中期库种子的发芽率逐步得到提高，逐渐实现了中期库种子的安全保存，恢复了中期库功能。油料作物中期库有专人负责，强化了中期库的日常运行管理。

四、多彩油菜的创制与利用。

多彩高产观光油菜种质的成功创制对打造升级版农村观花经济意义重大，本项目既加强了特异种质的直接利用，又可以服务"三农"，目前特异资源多彩高产观光油菜种质美农 801（乳白）和美农 802（杏黄）受到全国各地欢迎，已在江西省婺源、湖北省黄陂木兰、广东省珠海和海南省文昌十余地区试验示范，已经产生了一定的社会和经济效益（图 4-15）。特别是在湖北省黄陂木兰德兴村种的多彩油菜相继被《楚天都市报》《湖北日报》《农民日报》《长江商报》好农资招商网报道，相关信息被湖北省人民政府网、央视网、华夏经纬网、国际在线网等网站转载。

图 4-15　在黄陂木兰试验示范中的多彩高产观光油菜

第五章

农作物种质资源分子标记辅助选择

分子标记辅助技术是在水稻、小麦、玉米、大豆、油菜等重要作物上，通过利用与目标性状紧密连锁的 DNA 分子标记对目标性状进行间接选择，以在早代就能够对目标基因的转移进行准确、稳定的选择，而且克服隐性基因再度利用时识别的困难，从而加速育种进程，提高育种效率，选育抗病、优质、高产的品种。本章首先论述了分子标记的概念及应用发展，其次以水稻为分析对象进行重要性状的分子标记与基因定位的研究。之后又探讨了 DNA 分子标记的种类及其基本原理，第四节以水稻为分析对象探究了分子标记辅助选择及其在育种中的应用，第五至第八节又以小麦为分析对象进一步理解分子标记辅助选择育种的技术路线、主要产量性状的分子标记及其应用、主要品质性状的分子标记及其应用、主要生理性状的分子标记及其应用的内容。最后又介绍了 DNA 分子标记在遗传育种中的其他应用。

第一节 分子标记的概念及应用发展

一、分子标记概念的界定

分子标记的概念有广义和狭义之分。广义的分子标记（molecular marker）是指可遗传的并可检测的 DNA 序列或蛋白质。蛋白质标记包括种子贮藏蛋白和同工酶（指由一个以上基因位点编码的酶的不同分子形式）及等位酶（指由同一基因位点的不同等位基因编码的酶的不同分子形式）。狭义的分子标记概念只是指 DNA 标记，而这个界定现在被广泛采纳。本文中也将分子标记概念限定在 DNA 标记范畴。

二、理想的分子标记的界定

理想的分子标记必须达到以下几个要求：具有很高的多态性；共显性遗传，即利用分子标记可鉴别二倍体中杂合和纯合基因型；能明确辨别等位基因；遍布整个基因组，除特殊位点的标记外，要求分子标记均匀分布于整个基因组；选择中性（即无基因多效性）；检测手段简单、快速（如实验程序易自动化）；开发成本和使用成本尽量低廉；在实验室内和实验空间重复性好（便于数据交换）。但是，目前发现的任何一种分子标记均不能满足以上所有要求。

三、分子标记技术的应用发展

随着分子生物学技术的发展，现在 DNA 分子标记技术广泛应用于遗传育种、基因组作图、基因定位、物种亲缘关系鉴别、基因库构建、基因克隆等方面。

（一）遗传多样性分析及种质资源鉴定

遗传多样性反映了不同种群之间或不同个体间的遗传变异。遗传多样性分析为研究物种起源、品种分类、亲本选配和品种保护等提供了科学依据，是收集、保护和有效利用种质资源的技术基础，有利于培育出更优良的品种。分子标记广泛存在于基因组，通过对随机分布于整个基因组的分子标记的多态性进行比较，能够全面评估研究对象的多样性，并揭示其遗传本质。利用遗传多样性的结果可以对物种进行聚类分析，进而了解其系统发育与亲缘关系。分子标记的发展为研究物种亲缘关系和系统分类提供了有力的手段。此外，分子标记技术因其具有较高的多态性，可以更好地应用于种质资源鉴定，是种质资源材料鉴定、种质资源保护的重要手段（图 5-1）。

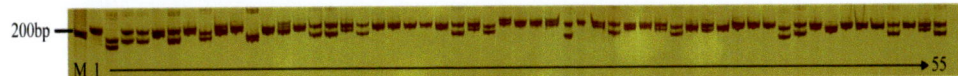

图 5-1　分子标记应用于种质资源鉴定

（二）遗传图构建和基因定位研究

遗传图是通过遗传重组交换结果进行连锁分析所得到的基因在染色体上相对位置的排列图，是植物遗传育种及分子克隆等应用研究的理论依据和基础。长期以来，各种生物的遗传图几乎都是根据诸如形态、生理和生化等常规标记来构建的，图谱分辨率低，图距大，饱和度低，应用价值有限。分子标记种类多、数量大，遗传图上的新标记将不断增加，密度也将越来越高，完全可以建立起达到预期目标的高密度分子图谱。在高密度图谱下，简单有效的分子标记系统可在基因标记及基因克隆研究中应用。众多实践经验表明，分子标记技术是一个高速、可靠、有效的基因定位方法。

（三）基于图位克隆基因

图位克隆（map-based cloning）又称定位克隆（positional cloning），1986 年

首先由英国的 Coulson 提出，用该方法分离基因是根据目的基因在染色体上的位置进行的，无须预先知道基因的 DNA 顺序，也无须预先知道其表达产物的有关信息，但应有与目标基因紧密连锁的分子标记和用遗传作图将目标基因定位在染色体的特定位置。图位克隆是最为通用的基因识别途径，至少在理论上适用于一切基因。基因组研究提供的高密度遗传图、大尺寸物理图、大片段基因组文库和基因组全序列，已为图位克隆的广泛应用奠定了基础。

（四）分子标记辅助育种

传统的育种主要依赖于植株的表现型选择。环境条件、基因间互作、基因型与环境互作等多种因素会影响表型选择效率。分子标记辅助育种（marker assisted selection，即 MAS）既可以通过与目标基因紧密连锁的分子标记在早世代对目的性状进行选择，也可以利用分子标记对轮回亲本的背景进行选择。获得与重要性状基因连锁的标记，有利于植物分子标记辅助育种的进行，可进一步提高植物改良育种的选择效率，提高新品种的选育速度。其中，目标基因的标记筛选是进行 MAS 育种的基础。

第二节　重要性状的分子标记与基因定位

本节主要以水稻为分析对象进行重要性状的分子标记与基因定位的研究。众所周知，寻找与水稻的重要农艺性状紧密连锁的分子标记，并研究这些基因在染色体上的位置，是水稻遗传研究的重要内容，也是分子标记辅助选择（Marker Assisted Selection，MAS）和根据作图位点进行基因克隆（map-based cloning）的基础。近年来，有关水稻育性基因、抗性基因及产量性状基因的定位、作图与分子标记研究取得了一定的进展，为开展 MAS 育种奠定了较好的基础。

一、育性相关基因的分子标记

禾谷类作物的种子既是产品，又是繁殖材料，因此对其育性的研究一直占有十分重要的地位。对水稻而言，杂种优势的利用更离不开对育性相关基因的研究，其中包括三系杂交稻系统的育性恢复基因，二系杂交稻的光温敏不育基因，以及涉及亚种间优势利用的广亲和基因等。

（一）光温敏不育基因

我国学者石明松在晚粳品种农垦 58 中发现了一个自然突变体农垦 58S，具有长日照可育、短日照不育的特点。这项发现使水稻品种间杂种优势利用由三系法转变为两系法成为可能，同时也为水稻亚种间杂种优势的利用创造了有利条件，从而在国内外掀起了二系杂交水稻研究的浪潮。在过去的 20 余年研究中，国内外学者还发现了 5460S、安农 S 等光温敏不育材料。由于光温敏不育性在二系杂交稻及二系杂交作物中的重要性，国内外对该特性展开了大量研究，有多个研究小组试图对其定位，取得了一些进展。

（二）农垦 58S 及其衍生系

华中农业大学作物遗传改良国家重点实验室张端品等利用形态标记连锁分析法将农垦 58S 的一对光敏核不育基因定位于第 5 染色体上。张启发等进一步通过对灿型组合 3200IS/明恢 63 构建的分离群体进行 RFLP 分析，将光敏核不育基因 pms 1 和 pms 2 定位于第 3 和第 7 染色体上。最近李子银等通过对农垦 58S/FL 2 组合构建的分离群体进行 RFLP 和 RAPD 分析，获得了 2 个与光敏核不育连锁的标记 G 2140（RFLP）和 OPAU 101500（RAPD），进而将农垦 58S 的 1 对主效光敏核不育基因定位于第 12 染色体上。梅明华等对农垦 58S/1514 和农垦 58S/轮回 422 两个分离群体进行 RFLP 分析，将光敏核不育基因 pms 1 和 pms 3 分别定位于第 7 和第 12 染色体上。上述定位结果表明，对光敏核不育基因的染色体定位明显受到定位群体另一亲本材料遗传背景的影响。

（三）5460S

5460S 是我国发现的另一类水稻不育突变体，来自 IR54 的突变后代。它表现为高温不育、低温可育，育性由隐性单基因 tms 1 控制。王斌等利用 RFLP 标记已将该基因定位于第 8 染色体上。目前，正在构建该区域的物理图谱，为今后的基因克隆奠定基础。

（四）野败型不育细胞质恢复基因

水稻野败不育系的发现和利用使我国在世界上首先成功地实现了杂交水稻"三系"配套，并在生产上得到广泛应用，迄今已累积推广面积达 2 亿 hm^2，为我国乃至世界的粮食增产作出了巨大贡献。三系杂交水稻能应用的关键之一就是要求 F_1 具有高的结实率，这一特性是由恢复系所具有的恢复基因决定的。

Zhang 等（1994）利用 RFLP 技术将恢复基因 Rfi-3 定位于第 1 染色体上，并找到了 6 个 RAPD 阳性标记。李平等（1996）采用数量性状 QTL 定位原理鉴别出了 8 个基因座位，其中有 2 个基因座位 Rfi-3 和 Rfi-4 对育性恢复起主要作用，被定位于第 3 和第 4 染色体上。Yao 等（1997）利用 RFLP 标记技术将 2 对恢复基因 Rf 分别定位于第 1 和第 10 染色体上。Tan 等（1996）利用 RFLP 和 AFLP 标记进行 QTL 分析，发现 2 个 QTL 均在第 10 染色体上，其中一个 QTL 与 RFLP 标记 C1361 紧密连锁，位于第 10 染色体长臂的中间，对表型差异的贡献率为 71.5%；另一个 QTL 处于 RFLP 标记 R2309 和 RG257 之间，被定位在第 10 染色体的短臂上，对表型差异的贡献率为 27.3%。最近何光华等（2000）利用 AFLP 技术，结合 F_2BAS（Bulked Segre gant Analsis）也找到了 1 个与恢复基因紧密连锁的标记 API。景润春等（2000）以珍汕 97A/IR24F_2 代极端不育群体作为群体，利用 ISSR 和 SSLP 标记技术将恢复基因 Rf-4(t) 定位在第 10 染色体上。

由此可见，细胞质不育系的育性恢复机理也是十分复杂的。除了在 1～2 个主基因，各种微效基因及遗传背景都可能与育性存在很大关系。

（五）广亲和基因

水稻粳亚种间杂种优势利用被认为是水稻产量再上新台阶的主要途径，而基因不亲和性造成的 F 不育则是利用亚种间杂种优势的主要障碍。水稻广亲和基因的发现与利用为克服这一障碍提供了可能。但是广亲和基因系的直接鉴定和选择非常费时，必须把待测品系与测验种杂交，然后将杂种种下去，根据花粉育性或结实率来鉴定选择。随着遗传标记的出现与发展，特别是分子标记的出现，为鉴定与选择广亲和基因提供了便利。

Ikehashi 等（1994）以秋光/Kentan Nangka/IR36 为材料，利用形态标记将广亲和基因 S 定位在第 6 染色体上。郑康乐等（1992）用第 6 染色体上的 6 个 RFLP 标记广亲和品种 Pecos 三交组合的 S_5^n 基因，结果与 IKehashi 的一致。庄楚雄（1999）则以台中 65 及其 3 个等位基因不育系为材料，利用 RAPD 和 RFLP 技术对 F_1 花粉不育基因进行定位，结果发现 Sa 和 Sc 分别位于第 1 和第 3 染色体上。其中 Sa 与 4 个 RFLP 标记（CD0548，011-1000，RG146，Y13-500）紧密连锁，Sc 与 4 个 RFLP 标记（RG227，RG391，RG369，RG166）紧密连锁。陆驹飞等（1997）用 Aus373/IR36/Balla 群体构建第 6 染色体的 RFLP 框架图，并对广亲和基因进行了定位，结果在第 6 染色体上发现有 2 个来自 Aus373 区段对小穗育性有直接贡献的基因，进一步推测其中位于分子标记 G200 和 C 基因之间的可能就是 S_5^n 基因，而位于 G122 和 G329 之间的可能是另一个亲和性基因。最近，严长杰等（2000）采用分群分析法，以南京 11/Dular/2533 为群体进行广亲和基因的定位与分析，发现第 6 染色体上 RFLP 标记 RG213、G200、RG64 以及第 12 染色体上 RG651 和 RG901 所在两个染色体片段与育性基因连锁，并将第 12 染色体上的 2 个广亲和基因初步定名为 $S_{d1(t)}^n$ 和 $S_{d2(t)}^n$。

第三节　DNA 分子标记的种类及其基本原理

迄今应用的 DNA 分子标记大多以电泳谱带的形式表现，大致可分为以 Southern 杂交技术为核心的分子标记和以 PCR 技术为核心的分子标记。另外，在后一类 DNA 标记中，其中有许多与 DNA 重复序列密切相关，有时将这种直接源于重复序列的标记单独分为一类，以突出其独特性。本节按三类对 DNA 分子标记的特点和基本原理进行了阐述。

一、基于 Southern 杂交技术的分子标记

（一）RFLP 的基本概念与原理

1. RFLP 的概念

DNA 是绝大多数生物（少数 RNA 病毒除外）携带和传递遗传信息的载体，它的基本结构是由脱氧核苷单磷酸通过 3′，5′ 磷酸二酯键连接而成的高聚物。限制性内切酶是一种能识别特定的核苷酸顺序并在这些位点上切断 DNA 分子的 DNA 内切酶，如限制性内切酶 EcoR Ⅰ能识别 6 个核苷酸序列：5′-G↓AATTC-3′，它在 + 处切割 DNA 双链。DNA 分子中能被限制性内切酶识别的位点越多，它就越频繁地被切割，形成各种长度的 DNA 片段，这些片段被称为限制性片段。通过电泳可以将不同长度的 DNA 片段在凝胶中分开。然后利用 Southern 转移将这些分布在凝胶上的 DNA 片段转移到硝酸纤维膜或尼龙膜上。再利用同位素或非同位素标记的 DNA 探针与膜上的 DNA 片段杂交，即可获得与探针 DNA 序列互补的 DNA 片段的多态性，即限制性内切酶酶切片段的多态性（简称 RFLP），它是目前应用最为广泛的基于 Southern 技术的分子标记。

在 RFLP 研究中，可以用作探针的 DNA 序列包括：特定基因的 DNA 片段、各种反转录 DNA（cDNA）、随机的基因组 DNA 和人工合成的 DNA 寡核苷酸。

2. RFLP 的基本原理

RFLP 实际上是不同生物体遗传物质—核苷酸排列顺序的差异性的反映。作物的种间、品种间甚至个体间的遗传上的差异，其本质在于分子水平上 DNA 序列的差异，这是由于在进化和生长过程中染色体 DNA 核苷酸排列顺序发生了变化。DNA 核苷酸顺序的变化导致各自 DNA 限制性酶切位点不同，经限制性内切酶切割 DNA 分子所得片段的大小和长度也就不同，这样就形成了限制性片段长度多态性，即 RFLP。

RFLP 的产生基本上有 2 种途径。一是由于在限制性内切酶识别位点上发生了单个碱基替换，使这一限制性位点丢失或获得而产生 RFLP，人们称之为单碱基突变型，也称点多态性；另一途径是由于 DNA 顺序内部发生较大的顺序变化而产生的，称为结构重排型。结构重排形型还可进一步分为两类：一类是由于 DNA 片段的插入、缺失或倒位等原因，导致限制性酶切位点的相对转移，从而产生 RFLP；另一类是由多个重复串联序列组成的高变区引起的。这些高变区一般位于基因的附近，在不同的个体中高变区所串联的重复顺序拷贝数相差悬殊，因此，高变区的长度变化很大，从而使高变区两侧限制性酶切位点的固定位置随高变区而发生相对位移，从而产生 RFLP。

3. RFLP 检测和分析过程

利用限制性内切酶消化高等植物的染色体 DNA 会产生大量不同长度和大小的 NDA 片段，长度不同的片段可通过凝胶电泳将它们分开。但是由于高等植物的 DNA 经酶切后产生不同大小的片段数太多，在凝胶上就成为一片。经过电泳虽能将它们分开，却无法分辨特定的片段，需要用染色体 DNA 的小片段作为探针进行 DNA-DNA 分子加以检测，探针 DNA 和凝胶上的 DNA 必须单链。为了便于杂交，须将所有 DNA 通过 Southern 印迹法从凝胶转移到固相支撑物上，如硝酸纤维膜或尼龙膜，然后用同位素标记的探针与滤膜上的 DNA 杂交，通过放射自显影加以检测。

（二）基于 PCR 技术的分子标记

PCR（Polymerase Chain Reaction）技术以其简便、快速和高效等特点极大地推动了 DNA 分子标记技术的发展。根据所用引物的特点，这类分子标记可概括为 3 种类型，即单引物 PCR 标记，代表性的是 RAPD（Random Amplified Polymorphic DNAs）标记。3′端具有选择性的双引物 PCR 标记，代表性的为

AFLP（Amplified Fragment Length Polymorphisms）标记以及基于特异双引物 PCR 标记。特异双引物 PCR 标记又可分成 2 类，一类是针对某个基因而设计；另一类是围绕微卫星 DNA 而设计，后者即为微卫星 DNA 标记。下面以几种常用的分子标记为例，说明各种基于 PCR 技术的分子标记。

1. RAPD 标记基本原理

RAPD 是 1990 年由美国的 Wiliams 等根据 PCR 技术原理，以人工合成的随机寡核苷酸片段作为引物，利用基因组 DNA 为模板，进行 PCR 扩增所得到的多态性 DNA。扩增产物经琼脂糖凝胶电泳或聚丙烯酰胺凝胶电泳分离后，利用溴化乙锭或硝酸银染色即能检测到扩增产物的多态性。RAPD 与通常的 PCR 反应不同，在扩增反应时加的不是一对引物，而只是一个人工设计的随机引物，大小为 9～10 个脱氧核苷酸。为了保证双链反应在退火时的稳定性，随机引物 G+C 含量比要大于 40%。另外，退火温度较低，一般为 36℃，这样既可以保证寡脱氧核苷酸引物与模板的稳定配对，也允许引物和基因组 DNA 在非严格条件下的配对，从而扩大引物在基因组 DNA 中配对的随机性，以便在染色体的不同位点扩增出多态性 DNA，提高分析基因组 DNA 的效率。

RAPD 所用引物的 DNA 序列虽然是随机的且各不相同，但具体到每一个特定的引物，都与基因组 DNA 模板有特定的结合位点。如果结合位点的基因组内所处的位置符合 PCR 扩增反应所需的条件，即引物在模板的两条链上有互补位置，两个引物的 3′ 端相距合适，那么就能扩增出 DNA 片段。虽然利用单个引物所能检测基因组的区域很有限，但由于可以利用大量的引物进行筛，这样就能对整个植物的基因组进行多态性的检测。如果被检测植物基因组 DNA 序列上发生 DNA 片段的插入、缺失、倒位、易位或碱基突变，就会导致某些引物的特定结合位点或引物扩增区域 DNA 序列的长度发生变化，使得扩增产物增加、减少或长度发生变化，这就是利用 PCR 技术检测 RAPD 多态性的基本原理。

2. RAPD 的程序优化以及分析方法的改进

在 RAPD 分析中，各实验室以及针对不同作物类型和品种所采用的反应程序可能有所不同，如反应体系组成和反应条件等。不过大多都是在 Williams 等（1990）的基础上进行调整和变动，以寻求最佳的反应体系。一般反应液体积为 25μl，其中含 2.5μl 10 倍浓度的 DNA 聚合酶缓冲液，100μm dNTP，0.2μm 的引物，10～60ng 的模板 DNA 和 0.5～1.5 单位的 DNA 聚合酶（*Taq* 酶）。扩增产物在琼脂糖凝胶中电泳，经 EB 染色检测多态性。以下 5 种分析方法均是一般 RAPD 分析方法的改进。

（1）DNA 扩增指纹（DAF）

DNA 扩增指纹是一种改进的 RAPD 分析技术，和一般程序不同的是，PCR 产物是在聚丙烯酰胺尿素凝胶上进行分离并用银染进行的。在 DAF 程序中，引物长度只有 5 个核苷酸，引物和模板的组合大约可以扩增出 10～100 个 DNA 片段。这对于基因组指纹是十分合适的。

（2）变性梯度凝胶电泳（DGGE）

变性梯度凝胶电泳是用于分析分子量相同或者相似的片段序列之间的差异而建立起来的。单碱基的差异就可以 DNA 片段的多态性。因此，DGGE-RAPD 对于亲缘关系较近的材料具有优势。

（3）直接寻找（低拷贝的扩增 DNA）

一般而言，禾谷类作物含有较高水平的 DNA 重复序列。PCR 的反应对于数量众多而信息量少的序列的扩增是十分合适的。去除 DNA 重复序列后，经 PCR 反应能扩增出可重复的多态性 DNA 片段。人们已利用羟基磷石灰柱色谱法来增加低拷贝的 DNA 序列并除去 DNA 重复序列。一旦这种程序被标准化以后，这种多态性 DNA 片段就可以作为抗病性以及其他性状的选择标记，也可以用作 RFLP 探针。

（4）温度变性凝胶电泳（TSGE）

据 Penner 等报道，RAPD 产物经温度变性凝胶电泳能比琼脂糖凝胶和 DGGE 检测到更多的 DNA 片段多态性。在这种程序中，PCR 产物在 25～45℃温度梯度下，在变性凝胶中电泳 4 个多小时。如果该程序被优化后，将有助于进行系统发育分析及品种鉴定等。

（5）序列特征扩增区域（SCAR）

在这个程序中，多态性 DNA 片段被克隆并测序。根据序列信息设计前后两个引物用于 DNA 序列的特定扩增。如果 DNA 片段发生缺失、插入或点突变，SCAR 引物所扩增的 PCR 产物也许得不到多态性。在这种情况下，扩增产物可通过限制性内切酶酶切产生多态性片段，根据目标位点特性选择一种或多种酶进行分型。

二、AFLP 标记的基本原理

AFLP 是 RFLP 与 PCR 相结合的一种技术，其基本原理是先用限制性内切酶对基因组 DNA 进行酶切，然后使用双链人工接头（artifcial adapter）与基因组 DNA 的酶切片段相连接，并作为扩增反应的模板进行选择性扩增。扩增片段通过变性聚丙烯酰胺凝胶电泳分离检测。接头与接头相邻的酶切片段的几个碱基序列作为引物的结合位点。引物由核心碱基序列、限制性内切酶识别位点和引物 3'端的选择碱基组成。选择碱基延伸到酶切片段区，这样就只有那些两端序列能与选择碱基配对的限制性酶切片段被扩增。由于接头和引物都是人工合成的，所以在不需要事先知道 DNA 序列信息的前提下，就可以对酶切位点进行经典的 PCR 扩增。

（一）双酶切

为了使酶切片段大小分布均匀，一般采用两个限制性内切酶，一个酶为多切点，另一个酶的切点数较少。AFLP 反应过程中产生的主要是两个酶共同酶切的片段。采用双酶切的原因主要有：多切点酶能产生较小的 DNA 片段，而切点数较少的酶能减少扩增片段的数量，因为扩增片段主要是两种酶组合产生的酶切片段，这样就可以减少选择扩增时所需的选择碱基数；双酶切可以进行单链标记，从而防止形成双链造成的干扰；双酶切可以对扩增片段进行灵活调节；通过少数引物可产生许多不同的引物组合，从而产生大量的不同的 AFLP 指纹。

DNA 经双酶切后可产生 3 种不同的片段。如采用 EcoR I /Mse I 组合时，产生的片段为 Mse I –Mse I 片段、EcoR I –EcoR I 和 EcoR I –EcoR I 片段。在理论上说，大多数（>90%）片段为 Mse I –Mse I 片段，而 EcoR I –Mse I 片段为 EcoR I 酶切位点数的 2 倍左右，只有一小部分为 EcoR I –EcoR I 片段。Vos 等在对酵母 DNA 进行的 AFLP 分析过程中发现，如果分析过程中只加 EcoR I 引物，则只能检测到具有 EcoR I 识别位点的酶切片段。当只加入 Mse I 引物时，则只能检测 Mse I –Mse I 片段，这些片段是利用 EcoR I 引物进行扩增时所没有的谱带。而当 EcoR I 引物和 Mse I 引物同时被标记时，得到的图谱与只标记 EcoR I 引物得到的图谱相似，只是某些带的迁移速率发生了明显变化，这是因为两者检测到的酶切片段不同，但检测到的谱带数几乎没有增加。这说明当加入 EcoR I 引物时，Mse I –Mse I 酶切片段的扩增效率很低，达不到检测水平。目前对产生这种现象的原因有两种解释：一种原因是 Mse I 引物的退火温度比 EcoR I 引物的低，在通常采用的扩增条件下 EcoR I –Mse I 片段比 Mse I –Mse I 片段更容易被扩增，Vos 等在酵母的 AFLP 分析过程中发现，如果采用更长的 Mse I 引物或其他的 Mse I 引物与接头时，检测到了更加的 Mse I –Mse I 扩增条带；另一种原因是 Mse I –Mse I 酶切片段可能具有末端反向重复序列，因为这些片段可以被单引物扩增。这些片段末端往往会形成环状结构，从而与引物竞争结合位点。Vos 等在实验过程中发现只加入 Mse I 引物时，扩增的酶切片段较大，因为大的 DNA 片段难以形成环状结构。

AFLP 分析可采用的限制性酶有许多种，包括 EcoR I、Mse I、Pst I、Xba I、Taq I、Bg1 II 和 Hind III 等。由于真核生物中 A、T 的丰度较高，Mse I（识别序列为 TTAA）与其他限制性内切酶相比，可产生分布均匀的较小的片段，因此，Mse I 是一种理想的多切点酶。应用 EcoR I 或其他切点数较少的酶，效果相差不大，但 EcoR I 价格较低，是一种常见的切点数较少的酶。AFLP 分析过程中要确保 DNA 完全酶切，当 DNA 酶切不完全是，反映的并不是真实的 DNA 多态性。

（二）引物设计

PCR 扩增时，引物的设计非常关键，而引物的设计主要取决于人工接头的设计，接头为双链的寡核苷酸，其设计遵循随机引物的设计原则，应避免自身配对并具有合适的 G、C 含量。人工接头未进行磷酸化处理，所以只有一条单链被连接在酶切片段末端。Vos 等发现扩增结果较好的引物都具有一个重要的特点，引物的 5′ 端以 G 碱基开始，5′ 端 G 碱基可有效防止双链形成。同时他们还发现引物 3′ 端寡核苷酸的掺入受 dNTP 浓度的影响，无论 5′ 端是何种碱基，dNTP 浓度过低时双链结构容易产生。

引物选择碱基的数目一般不超过 3 个，当引物具有一个或两个选择碱基时，引物的特异选择性较好，选择碱基增加到 3 个时，引物的选择特异性仍可以接受。但随着引物选择碱基的增加，引物与模板的错配频率相应增加，扩增特异性降低。Vos 等发现，当引物的选择碱基增加到 4 个时，扩增的结果出现了原图谱中没有的新带。这说明当选择碱基数目超过 3 个时，错配频率超过了允许限度。引物的选择是相对的，同时还受一次反应的扩增片段数目、PCR 反应条件及引物的设计等因素的影响。

在利用 AFLP 技术分析较为复杂的基因组时，扩增反应可分为两步进行，首先利用单选择碱基引物进行扩增，然后利用具有 3 个选择碱基的引物进行扩增。两步法反应可提高指纹图的清晰度，同时也可减少扩增过程中的非特异性谱带。因为预扩增反应对选择扩增反应的模板起到了选择纯化作用，也为以后 AFLP 分析提供了足够的模板。

（三）AFLP 分析的一般过程

AFLP 分析的一般过程主要包括以下 2 个步骤。

1. DNA 酶切及人工接头的连接

首先用限制性内切酶酶切基因组 DNA，产生连接反应和扩增反应所需的亚片段。然后通过热变性对内切酶进行灭活处理，再在 T4 连接酶的作用下进行接头连接反应。因为接头为人工合成的通用 DNA 序列，这样在不需要事先知道 DNA 序列信息的情况下，就可以实现 DNA 的特异扩增。

2. 扩增反应及产物检测

首先用单选择碱基的引物进行预扩增反应，预扩增的产物稀释后用于选择性扩增反应。在选择性扩增反应时可以对引物进行同位素或生物素标记，以便于扩增产物的检测。扩增产物在4%～6%的变性聚丙烯酰胺凝胶上分离，然后根据引物的标记物质进行相应的产物检测。由于AFLP是扩增反应，因此，也可以用银染显色加以检测。

三、微卫星标记

随着分子生物学研究的迅猛发展，已有越来越多的基因被测序。因此，对已知序列的基因，可以根据要求设计出特异的PCR上下游引物，选择性的扩增目的基因片段，自然就成了最好的分子标记。这类标记在转基因育种中应用十分有利，同时甚至可以检测品种间单核苷酸的差异（Single Nucleotide Polymorphisim，SNP）。

真核生物基因组中的小卫星和微卫星DNA具有丰富的多态性，依据这些DNA序列设计双引物进行PCR扩增会产生新的遗传标记。目前在植物遗传育种中应用最广泛的是简单重复序列（Simple Sequence Repeat，简称SSR或微卫星标记）。其本质仍是一种基于PCR的分子标记。

（一）微卫星标记的产生发展

微卫星DNA标记是近年来发展起来的建立在PCR基础上的第二代DNA分子标记，它是一类由短的串联重复序列基序组成的简单重复序列。

微卫星标记可通过筛选数据库中的序列或筛选克隆文库而获得鉴于微卫星侧面区域的DNA序列具有保守和专一性且重复基序数量变化不一，可用与两侧保守的DNA序列互补的方式设计特定的寡聚核苷酸引物进行PCR扩增。不同基因型的微卫星家族中的基序重复序列不同，重复单位的数量不同，由此产生了简单序列长度多态性（简称SSLP）和随机扩增微卫星多态性（简称RAMP），从而反映出高度的等位基因多样性。

SSRs最早在人类基因组研究中发现，其含量极其丰富且分布在整个基因组中。现在已经发现，这种DNA分子标记在许多重要粮食和经济作物（如水稻、大麦、小麦、玉米、大豆、番茄等）中也非常普遍。目前已广泛运用于作物遗传作图、DNA指纹与品种鉴定、基因和QTL分析、系谱分析和标记辅助育种。

ISSR（Inter-simple sequence repeats）是近年发展起来的一类新型微卫星标记技术，它是根据基因组中广泛存在的微卫星序列设计通用引物对基因组DNA进行

PCR 扩增获得扩增指纹图，该图可以同时提供基因组内多个位点的序列信息。引物可以是微卫星基序本身或微卫星基序重复引物 3' 或 5' 加上 2～4 个锚定碱基。ISSR 既保留了 SSLP 标记的优点，又有效地克服了 SSLP 标记中引物设计困难的缺点，可望更好地用于作物分类进化、基因定位和基因的分子标记辅助选择研究。

（二）水稻基因组中微卫星的分布

据 McCouch 等（1997）报道，不同物种间特异 SSR 基序的分布存在明显的差异。植物中最丰富的微卫星基序为（AT）n，而人类基因组中最丰富的是（AC）n。水稻中（AT）n 和（GC）n 的数量还无法进行可靠的估计，但根据已做的杂交实验估计（AC）。位点的数目达 1000～1230。在人类中，克隆杂交显示的数目是 32000～35000，而斑点杂交显示的数目为 50000～10000。水稻基因组大小是 $0.45×10bp$，人类基因组大小约是水稻的 6.6 倍，达 $3.0×10^9bp$，这些数字表明水稻基因组中每 360～450kb 就约有一个（AC）n 位点，而人类基因组中每 40～80bp 就有一个。与哺乳动物相比，植物中报道的（GA）n 一直比（AC）n 高。水稻基因组中每 225～330kb 就估计有一个（GA）n 基序。Panaud 等（1997）对水稻基因组中各类微卫星的分布进行了研究。他们选择了 2 个双核苷酸、7 个三核苷酸和 4 个四核苷酸为重复单位的串联重复序列进行末端标记，作为探针去筛选两个由 IR36 构建的随机基因组文库和一个由 IR36 的白化叶片组织构建的 cDNA 文库。研究结果表明，在水稻基因组中最丰富的微卫星是（GA）n 和（GT）n，其总和约为 2600。以三个、四个核苷酸为重复单位的微卫星虽然比以双核苷酸为重复单位的微卫星的频率低，但此类微卫星的碱基组合类型较多，其总和高达 2700，比（GA）n 和（GT）n 的总和还要多。这表明，以三个、四个核苷酸为重复单位的微卫星对构建水稻微卫星图谱非常有用。另外，据李文涛等（2000）报道，微卫星在编码区与非编码区之间出现的频率没有显著的差异，微卫星是随机分布于染色体上。目前初步估计在水稻基因组中有 5700～10000 个微卫星。

（三）水稻基因组中微卫星标记的多态性

Wu 等（1993），Yang 等（1994）和 Panaud 等（1997）对水稻栽培品种微卫星标记的等位基因多样性进行了检测。这些独立的研究结果表明，在栽培稻中每个微卫星座位的等位基因数为 2～25 个。而每个 RFLP 座位的等位基因数 2～4 个。Bligh 等根据 Wx 基因核苷酸序列中位于前导内含子剪切点上游 55bp 处的一段（CT）n 微卫星序列设计了一对引物"484/485"，对该（CT）n 重复序列进行了

PCR 扩增，在不同水稻栽培品种中共发现 4 种（CT）n 多态性。Ayres 等（1997）利用该引物对近 80 年来育成的 92 个美国水稻品种 Wx 位点上（CT）n 的多态性进行了分析，结果检测到 8 种（CT）n 多态性。浙江大学原子核农业科学研究所（简称核农所）舒庆尧等（1999）利用 Wx up2/485 引物进行 Wx 基因（CT）n 微卫星 PCR 扩增，共发现 9 种多态性，并发现不同亚种间微卫星类型存在差异。Cheng 等（1997）利用衡量多态性水平的指标 PIC（Polymorph im information content）来研究两者之间的差异，结果发现微卫星标记的 PIC 值高达 0.69，而 RFLP 的 PIC 值仅为 0.39。由此可见，微卫星标记在栽培稻中具有丰富的多态性信息。

除栽培品种外，在农作物种质资源中微卫星也能扩增出可信的产物。Wu 和 Tanksley（1993）从 6 个农作物种质资源品种中扩增了 8 种微卫星标记，结果发现 48 个标记/基因型组合中有 44 个扩增结果很好。Panaud 等（1997）用 25 个标记分析了 4 个农作物种质资源种，发现所有 25 个标记都能清晰地在农作物种质资源中扩增出来。

四、各类分子标记的主要特点及比较

在植物育种中，每一种分子标记都有其优点和缺点。下面就每一种分子标记的特点进行阐述。

（一）RFLP 标记

与其他遗传标记相比（包括同工酶），RFLP 具有以下特点。

普遍性：从 DNA 病毒到高等真核生物，RFLP 标记普遍存在，它是自然发生的，不但数量大，而且同一位点上有较多的等位基因；而形态标记往往需要通过外源突变诱发，在同一位点上能识别的等位基因数较少。

共显性：由于 RFLP 标记直接在 DNA 水平上检测，通常呈共显性，因此，在任何分离群体中能区别所有的基因型；而形态标记的等位基因间一般有显隐性作用。

大量：RFLP 标记没有上位效应，从而在一个群体中可检测到的 RFLP 将是无限的；而形态标记有上位效应，因此，数量相当有限。

中性：大多数 RFLP 标记被认为是表型中性，对植物本身无害，对重要农艺性状很少有次级效应；而形态标记往往伴有有害的表型效应。

方便：RFLP 标记能在不同生育时期和不同器官、组织水平上测定，不受环境的影响；而多数形态标记只能在植株水平表达，且受环境影响较大。

（二）RAPD 标记

RAPD 分析与以分子杂交技术为基础的 RFLP 分析相比，前者具有实验程序比较简便，容易程序化，节省分析时间，而且不需要使用放射性同位素标记等优点。而后者分析周期则相对较长，实验成本较高。RAPD 分析所用的合成引物可以用于不同生物基因组的分析，具有广泛性，而 RFLP 标记则有其局限性。另外，用于 RAPD 分析所要求的 DNA 含量少，而且得到的每个 RAPD 标记都相当于基因组分析中的靶序列位点（简称 STS）。该技术建立在经典 PCR 技术基础之上，与传统的 PCR 分析技术相比，RAPD 分析技术只需 G+C 含量 60%～70%，大小为 10 个左右的随机寡核苷酸作为扩增引物，退火温度降为 30～50℃，就可以对所研究的基因组 DNA 进行扩增，分析其扩增产物。当然，RAPD 分析也存在不足之处，即反应条件对实验的影响比较大，实验结果容易出现假带。因此在构建植物遗传图谱时一般不用 RAPD 分析，以避免假带对遗传图谱的影响。

（三）AFLP 标记

与其他分子标记相比，AFLP 的特点主要表现在以下几个方面。

①由于 AFLP 分析可以采用的限制性内切酶及选择碱基的种类、数目有很多，所以从理论上说，AFLP 可以产生的标记数目是无限的。

②典型的 AFLP 分析每次反应的产物经过变性聚丙烯酰胺凝胶电泳检测到的谱带在 50～100 条之间，所以是 DNA 多态性检测的一种非常有用的技术。

③AFLP 标记呈典型的孟德尔方式遗传。

④AFLP 分析的大多数扩增片段与基因组的单一位置相对应，因此，AFLP 标记可用于作为遗传图谱和物理图谱的位标。

⑤AFLP 既可用于分析不同复杂程度的基因组 DNA，也可用于分析克隆的 DNA 大片段，因此，AFLP 不仅是一种 DNA 指纹技术，也是基因组研究的一个非常有用的工具。对比于其他的标记，它是作图效率最高的一种标记，可用于构建基因组的高密度连锁图谱。AFLP 标记还可用于检测相应的基因组克隆。

⑥DNA 的随机扩增受模板浓度的影响较大，而 DNA 的提取质量很难保持一致。AFLP 分析的一个重要特点是对模板浓度的变化不敏感。Vos 等（1995）在番茄的 AFLP 分析过程中发现，模板浓度的相差 1000 倍的范围内，得到的结果基本一致。

⑦ AFLP 反应的另一个重要特点是在反应过程中，标记的引物会全部耗尽，当引物耗尽后，扩增带型将不受循环次数的影响。由于 AFLP 对模板浓度不敏感，这样利用过剩的循环次数，即使模板浓度存在一定差异，也会得到强度一致的谱带。因此，AFLP 技术能够检测谱带的强度。

（四）微卫星标记

微卫星标记与其他遗传标记相比具有多态性高、丰度高和检测效率高等特点。

①丰富性。人们现已在水稻、大麦、小麦和玉米等重要粮食作物上开展了鉴定微卫星的研究，每种植物都发现了丰富的微卫星。其中最丰富的微卫星基元是（AT）n，其他依次为（A）n，（AG）n，（AAT）n，（ATT）n，（AAC）n，（AGC）n，（AAG）n，（AATT）n，（AAAT）n，（AC）n。微卫星随机分布于整个基因组中，在编码区和非编码区中检测中检测到微卫星的频率几乎相等。

②多态性高。微卫星标记最重要的特点就是具有丰富的等位基因多样性。多态性程度是微卫星标记最重要的参数。多态性高意味着所含的信息量大，由此成为微卫星作为极有价值遗传标记的主要因素。微卫星标记所揭示的是简单序列长度多态性，即等位基因差异通常是微卫星区域重复单位数目变化的结果。不少学者对水稻栽培品种微卫星标记的等位基因多样性进行了检测，发现了每个 SSLP 位点有 2～25 个等位基因。Saghai（1994）研究发现大麦中每个微卫星位点上的等位基因数 3～37 个，而 RFLP 位点只是 2～4 个，说明寻找多态性微卫星要比 RFLP 容易得多，并且杂合值比 RFLP 要高 7～10 倍。

③共显性和检测效率高。目前，所报道的微卫星标记都是符合孟德尔方式遗传的共显性标记。微卫星很容易通过两侧的序列设计引物进行 PCR 扩增，在高分辨率的琼脂溏凝胶或聚丙烯酰胺凝胶电泳中检测到，引物序列可在公开发表的杂志或网络上查找。

第四节　分子标记辅助选择及其在育种中的应用

植物育种中分子标记最直接的用途是对性状进行辅助选择（MAS），也就是利用目标性状基因与分子标记之间的紧密连锁关系进行间接选择。MAS 不受其他基因效应和环境因素的影响，是对目标性状的分子水平上的一种选择，因此，选择结果十分可靠,同时又可避免等位基因间显隐性状关系的干扰。MAS一般可在育种早代完成,从而大大缩短育种周期,MAS已引起育种学家的广泛关注。本节主要就MAS在不同育种程度中和不同类型目标道性状(质量性状和数量性状)进行选择时应用的基本原理进行了阐述,并简要介绍了水稻MAS育种所得的一些具体成果。

一、不同育种程序中应用MAS的基本原理

由于育种目标和材料的不同,人们会采用不同的育种程序对目标性状进行改良,最终育成作物新品种。在不同类型育种程序中MAS的具体做法也有所不同。下面分系谱法育种、回交育种和全基因组选择3种类型阐述MAS的基本方法。

(一)系谱法育种

系谱法育种是指2个或2个以上亲本通过杂交或复交产生F_2代等分离群体,然后自交形成株系或家系,跟踪评价每一个株系或家系,直到$F_6 \sim F_8$代,并逐代对其进行选择,随着自交过程的继续以及每一个株系的特性逐渐稳定,首先,按株行然后按小区种植对每一世代保留的各个株系进行评价,最后在大田进行大规模试验以确定优良品系。这种方法目前仍是水稻品种改良中最常用的育种技术。在每一世代选择中都要根据育种目标淘汰大量株系,以减少育种的工作量。因此,系谱育种的第一个重要问题是如何有效地实施这一选择过程,特别是受显性效应或环境强烈影响的性状。第二个问题是当系谱育种的目标是为了获得某特定性状的超亲变异时,要确定性状表现相当的双亲是具有类似的还是互补的遗传结构。只有当双亲存在互补的遗传结构时才可能获得超亲的重组体。分子标记的应用对于这两个问题的解决是非常有效的。下面就质量性状和数量性状的分子标记辅助选择作一简要探讨。

1. 单基因性状

对单基因性状的选择通常是在F_2代开始的。在这样的群体中MAS的效果取决于该分子标记与目标基因的重组频率和它们之间的连锁关系的相引或相斥关系。分子标记与目标基因的距离愈近,则选择的可靠性愈大。Cho等(1994)研究结果发现,水稻半矮秆基因Sd-1与RFLP标记RG220、RG109紧密连锁,根据分子标记选择的纯合型植株到F_6代仍表现矮秆,且Sd-1与分子标记之间无重组。此外,应用位于目标基因两侧的2个分子标记同时对该性状进行选择可大大提高选择效率。如Landry等(1989)发现,莴苣抗霜霉病基因Dm 5/8两翼各有一个cDNA位点与Dm 5/8相距10cm,用一个RFLP标记选择霜霉病抗性的概率为90%,同时用两个RFLP标记选择,则可高达99%。

对目标基因的选择，不论其显隐性如何，均须选择在该位点上纯合的植株。这样一旦选定，在随后的世代中目标性状不再分离，无须再逐代分析和检测，这也是 MAS 比常规选择的优越之处。这是因为在根据表型进行直接选择时，若目标性状为显性，则须测交以鉴别纯合子与杂合子；若性状为隐性，虽在当代即可获得纯合植株，但直接选择受到许多条件的限制，如对检疫性病害接种的限制、基因表达的时空性、环境条件的影响及其他基因的互作等。

2. 数量性状

作物的许多重要经济性状属于数量性状，对这类性状的选择比单基因质量性状要复杂得多。这是因为多基因选择不但技术上更复杂，成本更高，而且由于每个 QTL 的贡献率较小，因此，效率也更低。尽管如此，一旦建立起数量性状位点（简称 QTL）分子标记的连锁关系，就有希望利用 MAS 进行改良，尽管迄今尚未取得明显进展。

借助分子标记对 QTL 进行辅助选择的成败主要取决于以下几个因素。① QTL 的精确定位。这取决于分子连锁图谱的饱和度以及对 QTL 性状的准确度量。②环境因素对 QTL 的影响。由于数量性状极易受环境条件的影响。因此，在特定条件下获得的 QTL- 分子标记的连锁关系在不同年间的重复可能较小。③基因型对 QTL 的影响。杂交早代植株的基因型是杂合的，随着自交代数的增加，许多基因位点趋于纯合，在早代选择的植株到高代的表现会与原先的表现型一致。因而应用分子标记进行早期选择应对 QTL 的数量及其作用水平以及基因之间的互作有比较充分的认识。目前，对 QTL 的分析在相当大的程度上还是建立在统计分析基础上，尚缺乏十分完善的方法及其应用软件以分析基因之间的互作，从而更加精确地估计 QTL 对表现型的贡献大小。

（二）回交选择

1. MAS 的优点

回交育种主要用于个别性状的改良。一般采用回交（显性性状）和一代回交、一代自交的方法将 1～2 个性状导入

轮回亲本中，最终获得的是具有轮回亲本遗传背景但携带 1～2 个目标性状的新品种。利用 MAS，不论是显性基因还是隐性基因都不再需要每隔 1～2 代测交确认目的基因是否存在。此外，还可以减少与目标性状连锁的不良性状的导入。因此，回交育种中应用 MAS 既可大大加快育种进程，也能改进育种效果。

2. MAS 的进度

对于借助目标基因与单个标记的连锁进行选择，我们假定每一回交世代产生 30 个植株，根据轮回亲本基因组的百分率从中选择最佳植株作为下一代回交的亲本。用 20 次独立的模拟试验发现，要恢复轮回亲本基因组，采用传统的回交育种方法，平均需要 6.5±1.7 代，而根据分子标记辅助的回交育种计划，恢复到轮回亲本的基因组只需 3 代（表 5-1），即经过 3 次回交就足以消除外源遗传背景的干扰。

利用目标基因两侧的标记（双标记）可以更快地消除非轮回亲本的染色体片段。在回交一代，用与目的基因紧密连锁的分子标记来鉴定在目的基因一侧 1cm 处发生交换的个体。这些重组个体再与轮回亲本回交，在 BD 中用与目的基因紧密连锁的另一分子标记来选择在目的基因另一侧 1cm 处发生交换的个体。据徐云碧和朱立煌报道，在约 150 个回交植株中，至少有 1 株在目的基因一侧 1cm 处发生一次交换的概率为 95%，分子标记能明确鉴别这些植株。在含 300 个植株的再次回交中，目标基因另一侧 1cm 处发生一次交换的概率为 95%，产生的含目标基因片段的长度不大于 2cm。通过 3 个回交世代，用分子标记辅助选择就可达到这一步，若采用传统回交育种方法则平均需要 100 代才能达到。

表 5-1　标记辅助选择的基因导入过程中特定回交世代的有利等位基因频率

回交代数	选择有利等位基因（有利等位基因的频率）		淘汰其余的外源基因组（受体基因组回复比例）		
	无标记	单一标记[1]	括号标记[2]	无标记	标记完全覆盖[3]
1	0.25	0.81	0.92	0.75	0.85
2	0.12	0.73	0.88	0.88	0.99
3	0.6	0.66	0.85	0.94	1.00
4	0.03	0.59	0.82	0.97	1.00
5	0.02	0.53	0.78	0.98	1.00
6	0.01	0.48	0.75	0.99	1.00

迄今为止，MAS 育种的许多技术参数仍然知之甚少，如在每个世代中应检测和保留的个体数等。其实这些资料也会随具体组合、性状而不同，如标记与性状间的连锁程度以及是采用单个还是双标记基因等。

一旦建立了分子标记与数量性状位点（QTL）的连锁关系，也可以利用分子标记对数量性状的回交转育进行跟踪。但随着处于分离状态的 QTL 数目的增加，为保证在所有 QTL 上获得有利基因的分子标记基因型具有较高的概率，所需种植的回交个体数将随之增加。此外，对多个 QTL 进行回交转育可能带来的不利后果是将较大比例的与这些 QTL 连锁的供体基因组片段同时转移到改良品种中。

回交育种中一个长期以来未解决的问题是不利基因与目的基因的连锁。在导入目的基因时，这些不利基因也同时被转移，结果导致改良后的新品种与最初的育种目标不一致。这种现象称为连锁累赘。传统的回交育种很难消除连锁累赘，主要是因为缺少与目标基因紧密连锁的标记来选择在目标区域含供体亲本非必需片段的最小的重组个体。而采用高密度的分子图谱，运用与目标基因紧密连锁的分子标记对导人基因进行跟踪，则可以很容易地选择到这种重组个体，以在较早的回交世代中显著地减少连锁累赘。Young 和 Tanksley 在将野生番茄的抗烟草花叶病毒（TMV）基因 Tm-2 回交转入不同番茄品种时，利用 RFLP 分析和高密度的分子图谱测定回交过程中附带 DNA 片段的大小，结果发现，附带 DNA 片段的长度小至 4cm，长至 51cm，包含了第 9 染色体的整个短臂。用 RFLP 标记跟踪目的基因及其附近的重组可以快速有效地减小连锁累赘。

（三）全基因组选择

在品种改良过程中，不仅要考虑目的基因，也要考虑植株整个基因组的组成。杂交后代植株的染色体是亲本染色体片段的嵌合体，在每一次选择目标基因时，都希望基因组的其他部分尽可能与有利亲本的一致。高密度的分子标记图谱可同时确定一个体在几百乃至几千个基因座位上分子标记的基因型，如此众多的标记在基因型能较完善地反映该个体基因型的遗传组成。

二、分子标记辅助选择在水稻育种中的应用

虽然 MAS 在理论上具有诸多优点，但迄今成功地在水稻育种中应用的例子尚不多见。其原因与下列因素有关。第一，基因定位基础研究与育种应用脱节，需要应用时必须重新建立群体，研究群体与育种应用群体的目的基因与标记基因之间的遗传距离不一致。2 个基因之间相距较近时，不同群体之间的差异较小，若 2 个基因之间相距较远时，不同群体之间差异就较大。现在报道的已经定位 DNA 分子标记与目的基因之间的遗传距离一般都超过 5.0cm，达不到标记辅助选择育种应用的要求。第二，由于 DNA 分子标记技术起步较晚，许多与控制重要农艺性状目的基因紧密连锁的分子标记还没有找到和定位。第三，目前的连锁图谱大多都是以 RFLP 标记绘制的，在育种上不易应用，必须转化成 PCR 标记。第四，目前，DNA 分子标记的分析鉴定技术要求还比较高，成本相对较高，Huang 等（1997）的统计结果表明，每测定一个样本需要 2 美元成本。虽然如此 MAS 在一些简单性状以及已有基于 PCR 分子标记性状的改良中仍取得了一定进展，如白叶枯病和稻瘟病抗性改良。将多个不同的抗性基因聚合到同一个水稻品种中

被认为是建立持续抗性的重要途径之一。不同的抗病基因对测试小种的表现有时是相同的,用常规的方法难以确定不同抗性基因的存在 MAS 则能克服传统选择方法的不足。Chunwongse 等的(1993)研究结果确证了抗白枯病基因 Xa-21 和标记 pTA248 的连锁关系并建立了相应的 STS 引物。Abenes 等(1993)将带有 Xa-21 的 IR24 近等基因系 IRBB21 与不含抗病基因的另一个 IR24 近等基因系杂交,对以该 STS 检测得到的 3 株纯合抗性的植株。以白叶枯病常规接种方法检测 F_3 株系以确定 F_2 植株的基因型,结果表明,31 株为纯合抗病,仅 3 株为杂合抗病,准确率 91.2%,而已知 pTA248 与 Xa-21 的遗传距离为 1.2cm,9% 的误差反映了选择群体和定位群体之间的重组频率的变化。Hittalmanni 等(1995)在一个以抗稻瘟病基因 Pi-z5 两侧连锁标记的辅助选择中,发现纯合抗病 F_2 植株的选择准确率达 100%。Cho 等(1994)在利用与半矮秆基因 Sd-1 紧密连锁的两侧标记 RG220 和 RG109 辅助选择时也发现,根据分子标记从 F_2 代选择到的纯合植株在 F_6 代仍表现半矮秆。这说明利用目的基因两侧分子标记辅助选择可以达到很高的准确率。Huang 等(1997)成功地利用 MAS 在 F_4 代将 4 个抗白叶枯病基因 Xa-4、Xa-13 和 Xa-21 聚合到 IRBB60 品系中。据郑康乐等(1997)报道,国际水稻研究所已通过 MAS 的方法成功地获得分别聚合 3 个抗稻瘟病基因和 3 个抗白叶枯病基因的株系。我国薛庆中等(1998)利用 MAS 成功地选育了抗叶枯病的水稻恢复系。他们对杂交后代的 243 个品系进行 PCR 分子标记检测,从中筛选出纯合抗性系 46 个,进一步对这 46 个纯合抗性系进行人工接种鉴定,结果发现 43 株为纯合抗病,准确率高达 93.5% 以上。Cheng 等(2000)利用 MAS 技术已成功地将广谱抗白叶枯病基 Xa-21 1 导入优良恢复系明恢 63 中,并选择到在 Xa-21 两侧小于 1.0cm 内均发生重组的单株,通过一轮回交和自交,获得了除 Xa-21 外绝大多数位点上为明恢 63 等位基因的纯合单株。由此可见,只要有合适的分子标记,MAS 确实可提高抗性选择效率和加快抗病育种进程。

第五节 分子标记辅助选择育种的技术路线

一、分子标记辅助选择育种的目标性状

理论上讲,常规育种中必须选择的产量、品质、抗病、株型和生理等性状,都可作为分子标记辅助选择的目标性状,这些性状可分为质量性状和数量性状两大类。

（一）质量性状

质量性状是由单基因或一个主效基因和少数微效基因共同控制的性状。质量性状的表现型与基因型之间通常存在着清晰区分的对应关系。因此，对典型的质量性状（如小麦的叶耳色），可以用常规方法选择，而不需借助分子标记。但对表型测量比较困难和复杂的性状（如小麦的白粉病）或作物生长后期才能调查的性状（如小麦株高），就可以实施分子标记辅助选择，以便在实验室内考种时或田间播种前早期选择。

质量性状可用相应的标记对目标基因进行直接选择，通常称为前景选择（foreground selection）。对目标基因选择的可靠性主要取决于目标基因与标记间连锁的紧密程度，连锁越紧密，分子标记的正确率越高。对目标基因的分子标记选择可用一个标记（单侧标记）或目标基因两侧相邻的两个标记跟踪选择，分别称为单标记选择和双标记选择，同样情况下，双标记选择的正确率远远大于单标记选择。

在育种过程中，特别是在对小麦骨干亲本或主推品种进行遗传基础鉴定时，除对一些主要目标基因进行选择外，还常常对除目标基因外的基因组其他部分进行选择。对基因组中除了目标基因之外的遗传背景的选择称为背景选择（background selection）。背景选择的对象几乎包括了整个基因组，因此涉及一个全基因组选择的问题。近20年来，通过分子连锁图的构建，当各个个体覆盖全基因组的所有标记的基因型都已知时，就可以推测各个标记座位上等位基因来自哪个亲本，由此可以推测出该植株中所有染色体的组成。近几年开发的DArT标记和SNP检测，则摆脱了必须用杂交衍生的遗传群体的限制，可在自然群体间对单个品种（系）进行遗传背景的全面分析鉴定，由此开发的分子标记将对分子标记辅助育种带来实质性的促进。

（二）数量性状

小麦单位面积产量、单位面积成穗数、穗粒数及千粒重等产量性状，面包、面条、馒头等加工品质性状都是由多基因控制的，这类由多个基因控制的性状称为数量性状。数量性状的主要遗传特点是表现型与基因型之间缺乏清晰的对应关系，且易受环境的影响。小麦数量性状在田间条件下的选择准确度差，因此，人们更希望用分子标记辅助选择来提高这类性状的选择效率，特别是实现某性状的多个基因/QTL聚合，培育单个性状突出的育种材料，或用分子标记辅助选择的方法，实现多个优良性状优势等位基因聚合，培育超级小麦新品种（superior variety）。

然而，小麦数量性状的分子标记辅助选择并不像质量性状的辅助选择那样简单，目前，数量性状分子标记辅助选择存在的主要有以下几个方面的问题。

①由于数量性状是多基因控制的，单个基因/QTL标记（尽管有些为功能标记）并不能对该类性状进行有效的鉴别和区分。例如，Su等（2011）参考水稻的粒重（GWZ）基因在小麦中克隆了一个同源基因 TaGWZ-6A，并开发了理想的共显性CAPS标记，其产生的167bp和218bp两种DNA片段，分别对应高粒重（Hap-6A-A）和低粒重（Hap-6A-G）两种等位基因变异。韩利明（2011）利用 TaGWZ-6A 位点的这两个标记，分析了21个国家的小麦品种745份，肯定了 TaGWZ-6A 为千粒重辅助选择的有效位点。但用此位点的两个单倍型标记进行千粒重辅助选择时则发现，两个单倍型标记与高粒重和低粒重的对应关系与前面2人报道相反，即 Hap-6A-G 对应高粒重而 Hap-6A-G 对应低粒重，而且用一个含有134个家系的RIL群体进行了标记鉴定，33个家系含有167bp片段，千粒重范围在39.91～65.12g，101个家系含有218bp片段，千粒重范围在40.1～73.40g，尽管两组家系的粒重平均值分别为52.70g和60.79g，仍达到极显著水平，说明在统计学上这个位点确实可用于粒重的分子标记选择。但在株系选育中，含有小粒重标记的株系千粒重最高也可达65.12g，而含有大粒重标记的株系千粒重最低只有40.12g，这说明小麦的千粒重确实是一个多基因/QTL控制的性状，仅用一个位点的分子标记选择不可能像质量性状那样把高粒重和低粒重的株系明显区分。

②尽管到目前为止大约构建了几十个小麦分子遗传图，但还没有哪个图谱能把全部QTL/基因精确定位出来。因此，还无法对某个数量性状进行全面的分子标记辅助检测。

③同一数量性状的多个QTL/基因之间，还存在着普遍的上位效应，不同数量性状间也可能存在着复杂的遗传关系，这些都给数量性状的分子标记带来很大难度。

数量性状的分子标记辅助育种尽管目前还存在着很多问题，但由于数量性状特别重要，其常规育种选择的盲目性更应该加强该方面的研究和应用。针对分子标记育种效率低的问题，Bernacchi等实施了高代回交同时进行QTL分析的AB-QTL策略；Li等（2011）提出了在BC_2或BC_3代进行高强度选择后构建导入系，同时开展QTL研究和高效分子标记辅助育种工作；Podic等提出了MYG策略，认为在QTL定位过程中，应充分考虑育种群体的具体情况，Heffner、Cavanagh等提出了全基因组选择技术（genome-wide comparative diversity），从SNP水平上全面开发更多的性状标记，用全基因组标记来准确估计育种值,从而提高育种效率,加快育种进程,解决多基因控制的低遗传力性状改良问题。

在小麦品种培育过程中,各世代需要选择的性状很多,这些性状都可以利用分子标记辅助选择的方法,以提高选择准确度。目前质量性状的分子标记已有成功的例子,数量性状的选择尽管还有些困难,但这些性状更需要分子标记辅助选择。就像"综合性状"是一个生产大面积品种的基本条件一样,在育种过程中能实际应用也是分子标记辅助育种的基本条件,不宜过分区别选择的是质量性状还是数量性状。近十几年,在遗传群体构建和QTL定位等有关分子标记辅助选择研究基础上,紧密结合大田常规育种的实际要求,开展小麦分子标记辅助选择的工作。

二、含有QTL优异等位基因的分子育种元件的创新及其应用

21世纪初,比利时科学家Peleman和vander Voort提出了分子设计育种(breeding by design)的技术体系,其主要内容包括三部分:定位相关农艺性状的QTL,评价这些位点的等位性变异和开展分子设计育种。其品种设计的育种元件主要是指基于QTL功能分析创造的QTL渗入系和近等基因系。但育种元件的确切概念和怎样开展品种设计,并没有提到。在完成"973"课题(编号:2009CB118301,高产小麦的分子改良及超高产小麦育种元件创制)过程中,首先明确了品种设计育种元件的三个标准:遗传基础清晰,含有某个(些)性状的主效基因/QTL;有可用的分子标记跟踪这些基因/QTL的传递和聚合;在育种中对性状的改良有显著的作用。按照小麦分子育种元件的三条标准,借助十几年开展QTL分析的结果,运用Ici Mapping软件创造了一批主要性状的分子育种元件,其主要技术路线明确QTL加性效应正负值的含义、判断QTL有利基因的来源、育种元件的创制和获得育种元件的分子标记及应用四个方面。

(一)明确QTL加性效应正负值的含义

在用Ici Mapping软件进行前,首先需要确定作图群体2个亲本的代号,常用P_1和P_2表示。例如,以亲本花培3号×豫麦57衍生的小麦DH群体,即把花培3号记作P_1,豫麦57记作P_2。

每个QTL的加性效应(A^a)的正负号都是针对P_1的,当加性效应为正值时,说明该QTL的加性效应来自P_1即P_1对性状起正向作用;当加性效应为负值时,说明该QTL的加性效应来自P_2,即P_2对性状起正向作用,而P_1的效应为负方向。

（二）判断 QTL 有利基因的来源

确定每个 QTL 上有利等位基因的来源是把作图结果应用于分子育种元件创制的前提。QTL 作图中常用 1、2 和 0 记载群体所有个体的 QTL 的基因型：1 表示同亲本 P_1 的标记型，2 表示同亲本 P_2 的标记型，0 表示杂合型的标记型（DH 群体无杂合型）。

以亲本花培 3 号和豫麦 57 衍生的小麦 DH 群体进行小麦籽粒硬度的 QTL 分析为例，亲本花培 3 号和豫麦 57 的平均籽粒硬度指数分别为 54.97 和 25.81，QTL 作图时分别用 1 表示"花培 3 号"的标记型，2 表示"豫麦 57"的标记型。当某个 QTL（例如 *QhdlBb*）加性效应值（A 值）为正时（表 5-2），说明"花培 3 号"携带的等位基因起到增加硬度的作用，"豫麦 57"携带的等位基因则起到降低硬度的作用；反之，如果某个 QTL（例如 *QhdlBa*）加性效应值为负值时，说明"豫麦 57"携带的等位基因起到增加硬度的作用。

表 5-2 基于 DH 群体的籽粒硬度的 QTL 定位结果

性状	QTL	标记区间	位置 Site/cm	加性效应[①]（A）	贡献率[②]（H^2）/%
硬度 HD	*QhdlBa*	XGWM582 - XGPW7388	50.7	−7.5933	7.51
	QhdlBb	XWMC766 - XSWES98	129.3	4.4118	0.33
	Qhd4B	XWMC48 - XBARC1096	18.3	−4.4875	6.43
	Qhd5A	XBARC358.2 - XGWM186	47.3	4.0207	4.34
	Qhd6A	XGWM459 - XGWM334	38.8	3.4650	2.36

注：①加性效应，正值表示增加性状值的等位基因来自"花培 3 号"，负值表示增加性状值的等位基因来自"豫麦 57"；

②加性 QTL 所能解释的表型变异率。

5 个被检测到的控制籽粒硬度的 QTL 中有 2 个为负的加性效应，说明这 2 个 QTL 增加籽粒硬度的等位基因来源于亲本豫麦 57，其他 3 个 QTL 上增加籽粒硬度的等位基因来源于花培 3 号。育种中高籽粒硬度一般来说是理想性状，因此在利用籽粒硬度 QTL 作图结果开展单标记或区间标记辅助选择时，*QhdlBa*、*Qhd4B* 应该选择豫麦 57 的标记类型，其他 QTL 应该选择亲本花培 3 号的标记类型，这样才能选择到所有增加籽粒硬度的等位基因。

三、常规育种全程、多位点分子标记辅助选择技术路线

小麦常规育种的程序一般包括：亲本选择和配置杂交组合、F_1 杂优鉴定和选留、F_2～F_5 各世代中株系选择、品系出圃、依次参加课题组的新品系比较试验

等主要步骤。在常规育种中完成这些步骤一般需要 6 年时间，加上参加省（或国家）预试 1 年、区试 2 年和生产试验 1 年，从配制组合到品种审定推广至少需要 10 年左右的时间。在这个漫长的过程中，为了增加选育好品种的机遇，育种家不得不每年都大量配制组合，海量种植选择世代群体，每年又难取舍过多组合和当选单株，致使育种群体和种植面积像滚雪球一样越来越大。正是由于组合配制的随机性和系谱选择过程中的不准确性，选出品种的组合与配制组合的比例一般不到千分之一，发展成品种的株系与各代选留选株系的比例一般只有百万分之一，所以有人把常规育种称为"运气加艺术"的过程。分子标记辅助选择技术的运用主要是增加配制组合和株系选择的准确性，减少了群体种植面积，节约大量人力、物力，与常规育种结合的分子标记辅助选择技术路线（图 5-2）要点如下：

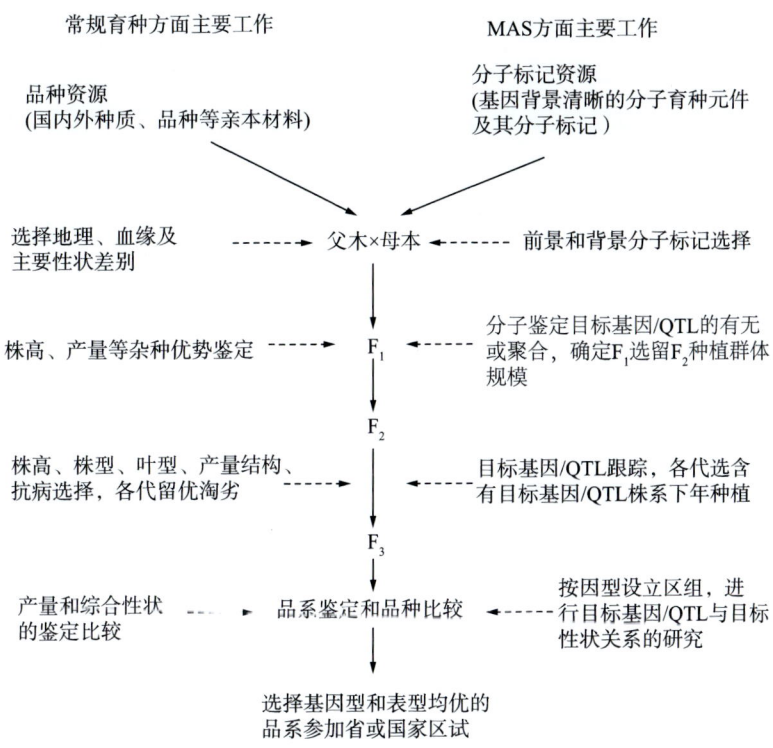

图 5-2　常规育种和 MAS 结合的技术路线简图

（一）依据基因/QTL 有无和重组预测——选择亲本和配制组合

在坚持常规亲本选择必须考虑血缘、地理和性状差异的基础上，根据育种目标（包括高产、抗逆、优质）确定一批遗传背景清晰的育种元件（即亲本材料，因遗传背景清晰称之为育种元件，下同），按照目标基因/QTL有无选择配制组合的父本和母本，根据重组交换的基因/QTL的数目和分离规则，确定杂交穗子的数目。

实施效果：以基因型差异和目标基因/QTL有无作为亲本选择标准，并根据拟重组基因/QTL的数目，确定杂交组合配制和杂交穗子的数量，达到了减少组合数量、提高组合质量，同时又为后代基因/QTL的检测和株系选择奠定基础的良好效果。

（二）依据目标基因/QTL有无和聚合情况——选留F组合和确定F_1种植规模

在F_1分蘖期或拔节前后提取叶片DNA，进行目标基因/QTL的检测，根据目标基因/QTL有无或聚合情况，结合生长后期产量结构的杂种优势表现，确定F_1组合的淘汰或选留及种植规模。

具体做法是：淘汰没有目标性状基因/QTL且表型无明显杂种优势的组合将含有目标性状基因/QTL且表型有显著杂种优势的组合列为重点组合，F_2代种植30～60行（行长3m），1000～2000株；将含有目标性状基因/QTL但表型杂种优势不突出，或不含有目标性状基因/QTL但表型杂种优势突出的组合列为一般组合，只种3～5行，100～150株。

实施效果：F_1是否存在可遗传的杂种优势是后代选出好品种的前提。虽然小麦的F_1杂种优势不如玉米等作物大，但一般在株高、抗逆等表型上都有明显可见的优势。由于表型选择很难确定哪些杂种优势性状可以遗传后代，因此，常规育种者一般都是尽量多地保留杂交组合，甚至种植所有组合，致使F_2代种植组合多、面积大。后代分离频率低、变异差的组合比例一般在50%以上，既大大浪费人力、物力，又给以后各世代的种植造成累赘。根据目标基因/QTL的有无和聚合情况，确定F_1组合选留和F_2种植规模的方法，一般可减少1/3～1/2组合的种植，F_2的种植面积可减少50%以上，在保证选留和选择准确性的基础上，大大降低了育种成本。

（三）依据目标基因/QTL的追踪和表型鉴定——在分离世代株系选择中选优淘劣

F_2～F_5代是性状分离和选择的关键世代，利用分子标记追踪目标基因/QTL的方法是：于冬前分蘖或拔节或抽穗期，选择重点组合的生长健性植株的主茎穗（蘖）挂牌标记，提取挂牌茎叶片的DNA，进行目标性状基因/QTL的标记跟踪，生长中后期，依据目标性状基因/QTL的有无及表型好坏进行田间选优淘劣。对一般组合则是先选优株挂牌，后对优选株进行目标性状基因/QTL检测。

单株（系）收获后详细考种，进行目标基因/QT 和相应性状的相关分析，根据基因型和表现型的综合结果，最后决定单株或株系的选留及下代种植群体的大小。

实施效果：常规育种者在担心漏选优良株系的心理下，$F_2 \sim F_5$ 往往大量选留单株，造成种植群体越来越大，用地多、工作量大、选株精准性差、效率低。在各代生长早、中期就鉴定目标基因/QTL 是否存在，在确定含有目标基因/QTL 的前提下，再选择理想的表现型，或在当选择理想株系中再进行目标基因/QTL 的验证；优良基因型和理想的表现型结合，大大提高了选择的准确性，世代之间根据目标基因/QTL 的追踪情况，确定下年种植群体的大小，大大减少了育种用地和人力物力投入。近几年育种实践证明，分子标记辅助育种方法，$F_2 \sim F_5$ 的种植面积比同样规模的常规育种节约育种用地 50% 以上，而且大大提高了育种效率。

（四）鉴定、品比世代——验证目标基因/QTL 的作用

F_5 代田间整齐度达标的株系，即可以出圃品系参加课题的新品系鉴定和新品系比较试验。根据某品系所含有的目标基因/QTL 的类型及其效应，将其分别归于产量鉴定、品质鉴定、旱地鉴定和抗病鉴定区组。在继续用分子标记跟踪目标基因/QTL 的同时，重点进行这些目标基因/QTL 存在对目标性状影响的研究。选择株型优良、产量高、抗逆强的品系参加省或国家区域试验，进入品种审定程序。

实施效果：传统育种的系谱选择，一般至 F_5 代或 F_6 代出圃，依次参加课题组的鉴定区和品比区试验。在未实行分子标记辅助选择前，一个课题组一般将所有出圃品系放在同一条件下进行产量鉴定，这个过程虽然也对抗病和品质的表型性状进行评价，但选留的指标主要是小区产量，这样可能会淘汰某些产量不突出，但抗性突出、稳产性好的品系，造成育种过程中的很大浪费。鉴定、品比阶段的分子标记辅助选择，在基因型分组的基础上，严格进行产量和综合性状的鉴定，更易选育出符合品种设计目标的突破性小麦新品种。同时在育种品种水平上，有利于总结目标基因/QTL 与表型性状表达的关系，创造新的育种理论和方法，提高我国小麦育种的整体水平。

第六节 主要产量性状的分子标记及其应用

国内外许多研究者用不同研究群体和分子标记技术对产量及其相关性状进行了 QTL 分析。尽管当前定位到一些产量性状的主效 QTL 位点，但发掘出的与产量性状紧密连锁的分子标记屈指可数，在分子标记辅助选择中能实际应用的标记更少。因此，进一步发掘和应用产量性状的分子标记，促进传统育种方法和分子辅助选择技术相结合势在必行。

一、通过 QTL 定位获得的产量性状分子标记

利用 2 个 RL 群体、2 个自然群体、1 个 DH 群体，以及在 DH 群体基础上创建的 IF_2 群体，进行小麦产量相关性状的 QTL 分析，共找到 72 个调控产量性状的主效 QTL 位点（贡献率 >10%），贡献率变异范围为 10%～69.5%（表 5-3）。其中，控制籽粒产量的主效 QTL 有 2 个，位于 2D 和 5D 染色体；控制穗部性状的主效 QTL 有 64 个，分布于除 1D、3D、5A、6D 和 7D 以外的其余 16 条染色体；控制籽粒性状的主效 QTL 有 6 个，位于 1B、4B、4D 和 6A 染色体上。

表 5-3 通过 QTL 定位检测到的有关产量性状主效 QTL（贡献率大于 10%）

性状	QTL	标记区间	引物序列（5'+3'）	贡献率 /%
籽粒产量	qGY2Da qGY5D	Xcfd53 Xwmc18 Xwmc215 Xgdm63	CCCTATTTCCCCCATGTCTT AAGGAGGGCACATATCGTTG CTGGGGCTTGGATCACGTCATT AGCCATGGACATGGTGTCCTTC CATGCATGGTTGCAAGCAAAAG CATCCCGGTGCAACATCTGAAA GCCCCCTATTCCATAGGAAT CCTTTTGATGGTGCATAGGA	14.07 10.32
穗长	QSIIB.1-100 QSIB.1-104 QSIB.1-113 QSI2A-192 qSI2D	wPt-3753 wPt-1139 wPt-5363 wPt-1363 wPt-2751 wPt-3465 xgwm294 xgwm?14 Xcfd53 Xwmc18	GGATTGGAGTTAAGAGAGAACCG GCAGAGTGATCAATGCCAGA GATCACATGCATGCGTCATG TTTTACCGTTCCGGCCTT CCCTATTTCCCCCATGTCTT AAGGAGGGCACATATCGTTG CTGGGGCTTGGATCACGTCATT AGCCATGGACATGGTGTCCTTC	39.52 40.43 29.49 16.1 15.63

续表

性状	QTL	标记区间	引物序列（5'+3'）	贡献率 /%
穗长	QSl3A-78	Xgpw7080 Xgpw1005 WPt-669607 Xgpw1005 wPt-1325	ATGCCAACCAGACATCACAG CAAAACCTACAGCTCCCTCG	14.36
	QSl6B.3-10	wPt-669607 WPt-666615	CTCGGCGTAGTAGTGCATGA TCGAGTAGCCTATCGCTAACC	15.15
	QSl6B.3-6	WPt-669607	CTCGGCGTAGTAGTGCATGA	12.29
	QSl6B.2	wPt-669607	TCGAGTAGCCTATCGCTAACC	20.55
	QSl6B.3	wPt-730273	CATGTCAAAGCACCAGCAGA	11.51
	QSl6B.4	wPt-730273	CTTTGGCGCTGAAGTAAAGG	13.59
	Qsl-6B.5	wPt-6329 wPt-6329 xgpw-1149		18.77
总小穗数	qSps5D	Xwmc215	CATGCATGGTTGCAAGCAAAG CATCCCGGTGCAACATCTGAAA	13.83
	qSps5D	Xgdm63	GCCCCCTATTCCATAGGAAT	13.83
	QSnps2B-94	CFE052 wPt-5374	CCTTTTGATGGTGCATAGGA	21.87
	QSnps5B.2-83	wPt-7665 wP-3569	TGTGTAGAAGGGCTCCG AAACCCTACCTCCTAGCTCCC	17.79
可育小穗数	QFsn4B.1-97	wPt-7569 wPt-3908		13.2
	QFsn4B.2-30	wPt-8756 CFE149	CTGATTACGGAGCCCAG CGCAGAAAGGGCAGTAAGAC	11.33
	qFsn5D	Xbarc320 Xwmc215 wPt-3091	CGTCTTCATCAAATCCGAACTG AAAATCTATGCGCAGGAGAAAC CATGCATGGTTGCAAGCAAAG	10.22
	QFsn6A1-14	wPt-731153	CATCCCGGTGCAACATCTGAAA	21.14
	QFsn6A.1-22	wPt-0959 wPt-730631		30.02
	Qsfs-6A.3	wP-729920 wPt-664792		11.35
小穗着生密度	Qsc-lB.1	WPt-3563 WPt-8226		13.66
	QSclB.1-8	wPt-731490	GGATTGGAGTTAAGAGAGAACCG	13.05
	OSc2A-203	wPt-4555 XRWm2Q4	GCAGAGTGATCAATGCCAGA GATCACATGCATGCGTCATG	11.27
		xgwm614	TTTTACCGTTCCGGCCTT	
	QSc2D-18	wPt-6343	CTCCCTGTACGCCTAAGGC	69.5
	qSc2D	wPt-667485 Xgwm261		11.41

续表

性状	QTL	标记区间	引物序列（5'+3'）	贡献率/%
小穗着生密度	qSc5D	Xgwm296 Xwmc215 Xgdm63 wPt-730273	CTCGCGCTACTAGCCATTG AATTCAACCTACCAATCTCTG GCCTAATAAACTGAAAACGAG CATGCATGGTTGCAAGCAAAAG	12.26
	Osc-6B.2 Qsc-6B.3	wPt-6329 WPr-6329 xgpwl149	CATCCCGGTGCAACATCTGAAA GCCCCTATTCCATAGGAAT CCTTTTGATGGTGCATAGGA	18.12 11.78
	QSc7B-165	wPt-3723 wPt-1266	CATGTCAAAGCACCAGCAGA CTTTGGCGCTGAAGTAAAGG	12.28
穗粒数	QGnsLA-1	Xbarc350 Xwmcl20	GCACCGCACAAGATTACA GCCCAAGGAGAGATTATTAGTT	31.25
	QGnsLA-5	Xgwm498 Xcwem6.2 wPt-5363 wPt-1363	GGAGATGAGAAGGGGGTCAGGA CCAGGAGACCAGGTTGCAGAAG GGTGGTATGGACTATGGACACT TTTGCATGGAGGCACATACT	15.68
	QKnpslB.1-104	wPt-665375	CCTGCTCTGCCATTACTTGG	38.44
	QKnpslB.1-81	wPt-0260	TGCACCTCCATCTCCTTCTT	44.1
穗粒数	QGns2B-1		GCTCAGTCAAACCGCTACTTCT CACTACTCCAATCTATCGCCGT CTACAATTCGAAGGAGAGGGG CACCGCGTCAACTACTTAAGC	11.67
	QGns2B-2	Xwmcl75 Xgwm388 Xbarcl01 Xcwem55 Xc;fd161	GCTCCTCTCACGATCACGCAAAG GCGAGTCGATCACACTATGAGCCAATG CCAAAACCCTGACCTGACC	46.75
	QGns2D	Xgwm311.2 Xgwm261 Xgwm296	GGAACGTCCTTGAAGACGAG GTAAGGCATCTTCGCGTCTC CCATGATAGATTTGGACGGG	11.58
	qSgn2D	wPt-8319 wPt-731130 Xwmc3	TCACGTGGAAGACGCTCC CTACGTGCACCACCATTTTG CTCCCTGTACGCCTAAGGC	12.24
	Qgps-2D.1 QGns3B	Xwmcl wPt-664393 wPt-1191 wPt-6216	CTCGCGCTACTAGCCATTG AATTCAACCTACCAATCTCTG GCTAATAAACTGAAAACGAG	11.65 10.69
	Qgps-3B.1 Qgps-3B.2	wPt-9579	ATTCAAGTCTCTGCAGACCACC CCCTGAGCAGCTTCACAGATTAC ACTGGGTGTTTGCTCGTTGA CAATGCTTAAGCGCTCTGTT	18.21 32.75

续表

性状	QTL	标记区间	引物序列（5'+3'）	贡献率/%
穗粒数	QKnps4D-12	Xgpw311 Xgpw342 Xwmc215 Xgdm63 Xbarc1055 Xwmc553	CACTAGACGTTTGGCTTGCT GACCTTCCCAACCCGTAGAC AGAGCCATGAGTTGGTCGC CACAATCGTCCCTTCATCCT CATGCATGGTTGCAAGCAAAAG CATCCGGTGCAACATCTGAAA GCCCCTATTCCATAGGAAT CCTTTTGATGGTGCATAGGA GCCAGACGCACAGGGACAAGATACACT AGCCGTACCCTGGTTATTGTTG CGGAGCATGCAGCTAGTAA CGCCTGCAGAATTCAACAC	15.48 11.67 17.58
	qSgn5D			
	QGns6A			
穗粒重	QGns6A-1	Xbarc023 Xbarc1077 WPt-3468 wPt-9679 wPt-0228 wPt-730977 Xwmc396 Xgwm333 Xwmc31	GCGTGAAATAGTGCAAGCCAGAGAT GCGCTAACACCTCGGCAAGACAA CAGCGCAAGTACAAAGCATTCCAATA CAAGGGTTCAACGGCGACAA TGCACTGTTTTACCTTCACGGA CAAAGCAAGAACCAGAGCCACT GCCGGTATGTAAAACG TTTCAGTTTGCGTTAAGCTTTG GTTCACACGGTGATGACTCCCA CTGTTGCTTGCTCTGCACCCTT	12.29 10.87 27.84 10.77 35.74
	Ogps-64.1 Ogps-64.2 QGns7B			
	QGwsIB-1			
	QGwslB-2	Xwmc626 Xwmc128 Xbarc312 Xgwm388 Xbarc101 wPt-667485 wPt-1068 wPt-7569 wPt-3908 Xgpw311 Xgpw342 Xwmc396 Xgwm333	AGCCCATAAACATCCAACACGG AGGTGGGCTTGGTTACGCTCTC CGGACAGCTACTGCTCTCCTTA CTGTTGCTTGCTCTGCACCCTT GGTGTCCGTGCGCGCCAGAAAAT GCACGGAACTGTTGGGTCTAGCC CTACAATTGAAGGAGAGGGG CACCGCGTCAACTACTTAAGC GCTCCTCTCACGATCACGCAAAG GCGAGTCGATCACACTATGAGCCAATG CACTAGACGTTTGGCTTGCT GACCTTCCCAACCCGTAGAC AGAGCCATGAGTTGGTCGC CACAATCGTCCCTTCATCCT TGCACTGTTTTACCTTCACGGA CAAAGCAAGAACCAGAGCCACT GCCGGTCATGTAAAAG TTTCAGTTTGCGTTAAGCTTTG	58.58 18.23 18.23 10.47 16 15.8 27.86
	QGws2B QGws2B QKwps2D-40 QKwDS4B.1-99			
	QKwps4D-11			
	QGws7BI			

续表

性状	QTL	标记区间	引物序列（5'+3'）	贡献率/%
粒径	QGd4B.1-99 QGd4D-9 qGd6A QGdlB.1-29	wPt-7569 wPt-3908 Xgpw311 Xgpw342 Xbarc1055 Xwmc553 wPt-9925 Xgpw2281	CACTAGACGTTTGGCTTGCT GACCTTCCCAACCCGTAGAC AGAGCCATGAGTTGGTCGC CACAATCGTCCCTTCATCCT GCCAGACGCACAGGGACAAGATACACT AGCCGTACCCTGGTTATTGTTG CGGAGCATGCAGCTAGTAA CGCCTGCAGAATTCAACAC TCATCATGGTATGAGCGTGG ACAAGCATTCCAATTTTGCC	12.16 10.75 13.8 10.23
千粒重	qTgw6Ab	Xbarc1055 Xwmc553	GCCAGACGCACAGGGACAAGATACACTA GCCGTACCCTGGTTATTGTTG CGGAGCATGCAGCTAGTAA CGCCTGCAGAATTCAACAC	14.64
粒重	QGw6A.1-134	CFE043 TaGw2-CAPS	AGAAAGGGGTGTCGATGATG AGCAGACGATGTGGTACGC GTTACCTCTGGTTTGGGTGTCGTG ACCTCTCGAAAATCTTCCCAATTA	15.41

穗部性状方面，检测到 16 个控制穗长的主效 QTL，3 个控制总小穗数的主效 QTL，7 个控制可育小穗数的主效 QTL，12 个控制小穗着生密度的主效 QTL，19 个控制穗粒数的主效 QTL，7 个控制穗粒重的主效 QTL；籽粒性状方面，定位到 4 个控制粒径的主效 QTL，2 个控制千粒重和粒重的主效 QTL。由表 8-1 可知，控制穗部性状的主效 QTL 多数定位于 1B、2D、6A 和 6B 染色体上，控制籽粒性状的主效 QTL 多数位于 6A 染色体上，其中，在 6B 染色体上检测到多个控制穗长和小穗着生密度的主效 QTL，在 6A 染色体上检测到多个控制可育小穗数、穗粒数和粒重相关的主效 QTL，推测在这两条染色体上存在控制这些性状的基因簇。

二、目前国内外应用较好的产量性状分子标记

随着生物技术的快速发展，在多种作物中已鉴定克隆了一些产量性状的基因，而小麦的相关研究仅集中在产量性状的 QTL 分析方面，产量性状的基因克隆较少。Miura 等发现 5BL 染色体上的 Ne1 基因不仅控制产量，而且具有控制每穗小穗数和穗数的效应。Xiao 等发现在小麦 1BL/1RS 易位系的 1R 短臂上不仅携带有抗条锈、抗叶锈和抗白粉病基因，而且携带提高粒重的基因，可以通过 1BL/1RS 易位系的分子标记进行粒重的辅助选择。Suenaga 等利用小麦/玉米

诱导产生的 DH 群体研究发现，1A 染色体短臂上携带有一个调控每株穗数的位点，解释表型变异 62.9%，位于颖毛基因附近，与 SSR 引物 Xpsp2999 紧密连锁。Varshney 等（1997）在 1AS 发现一个控制粒重的主效基因位点 QGwlccsu-1A，解释表型变异 25%，与 SSR 引物 Xumc333 紧密连锁。

随着水稻基因组测序工作的完成，相继克隆了一些影响水稻籽粒形态和质量的基因，如 CW1、GS3、GW2、GIF1 和 SW5 等。禾谷类基因组不同物种间的比较作图研究发现，水稻与小麦的基因组之间，大多数位点上基因具有共线性。根据共线性原理，Jiang 等同源克隆了小麦蔗糖合成酶基因——Sus2，对其研究发现该基因的两种单倍型（Hap-H 和 Hap-L）与小麦千粒重显著相关，其中 Hap-H 单倍型影响较高的千粒重，并针对两种单倍型开发出标记 Sus2-SNP-185/589H2 和 Sus2-SNP-2277589L2。

Ma 等（2011）利用水稻糖代谢相关的细胞壁转化酶基因 CW1，克隆了普通小麦 2A 染色体上细胞壁转化酶基因 TaCwi-A1 的全长编码序列，基因全长 3676bp，含有 7 个外显子和 6 个内含子，以及一个 176bp 的开放读码框。针对 TaCwi-A1 位点的等位变异 TaCwi-A1a 和 TaCwi-A1b 开发了共显性标记 CW121 和 CW122。通过对 2 组中国冬小麦主栽品种和 2 组中国农家品种的检测，发现 CW121 所扩增的 404bp 条带与低千粒重相关，而 CW122 扩增的 402bp 条带与高千粒重相关。

TaGW2-6A 是 Su 等（2011）从小麦中克隆的一个水稻 GW2 的同源基因，定位于 6A 染色体上，并根据大粒和小粒 TaGW2-6A 启动子区的序列差异，开发了以 TaqI 限制性内切核酸酶为工具的 CAPS 标记，该标记能产生大小为 167bp 和 218bp 的两种片段，分别对应高、低粒宽和粒重等位变异 Hap-6A-A 和 Hap-6A-G。表 5-4 是文献报道的应用较好的主要产量性状分子。

表 5-4　目前应用较好的主要产量性状分子标记及其序列

性状	基因/QTL	引物名称	引物序列（5'→3'）	文献来源
单株成穗数	QGwl.ccsu-1A	Xpsp2999	TCCCGCCATGAGTCAATC TTGGGAGACACATTGGCC	Merian et al.
粒重	TaSus2-2B TaCwi-A1 TaGW2	Xwmc333 Sus2-SNP-185 Sus2-SNP-589H2 Sus2-SNP-227 Sus2-SNP-589L2 CW121 CW122 Hap-6A-P1 Hap-6A-P2	TCAAGCATAGGTGGCTTCGG ACAGCAGCCTTCAAGCGTTC TAAGCGATGAATTATGGC GGTGTCCTTGAGCTTCTGG CTATAGTATGAGCTGGATCAATGGC GGTGTCCTTGAGCTTCTGA GTGGTGATGAGTTCATGGTTAAG AGAAGCCCAACATTAAATCAACGGT GATGAGTTCATGGTTAAT GCCAACATTAAATCAAC CGTTACCTCTGGTTTGGGTGTCGTG CACCTCTCGAAAATCTTCCCAATTA GAGAAAGGGCTGGTGCTATGGA GTAACGCTTGATAAACATAGGTAAT	Varshney et al. Jiang et al. Ma et al. Su et al.

三、主要产量性状分子标记的应用

小麦的基因克隆和分子标记开发及应用都远远落后于水稻，已在小麦上开发的分子标记也主要体现在抗病和品质等方面，而产量性状的分子标记相对比较少，在分子标记辅助育种中的应用也较稀少。现将国内外学者开展的产量性状分子标记辅助育种的工作进行总结。

四、穗粒数的分子标记及其应用

穗粒数是决定单位面积产量的重要因素，也是高产育种的重要指标之一。国内外许多研究表明，在小麦品种产量构成因素的遗传改良中，随着穗粒数增加，小麦产量会大幅度提高。穗粒数是多基因控制的数量性状，现已研究清楚1B、1D、2B、2D、3B、4A、4B、4D、5A、5B、6A、6B、6D 和 7D 染色体都对小麦穗粒数有较大的贡献，因此通过分子标记进行穗粒数选择，是培育多粒高产品种或资源的有效方法。选用控制穗粒数的 $QGnslA$-1 基因分子标记，进行连续 3 代的选择，获得了良好的选择效果。

（一）供试材料

组合配制根据亲本目标基因 /QTL 的有无原则，选用本实验室 QTL 定位获得的具有穗粒数优异等位基因的"DH9411"为供体亲本，该材料含有控制穗粒数的 $QGns2B$-2 主效 QTL（解释表型变异的 46.75%）（表 5-5），可利用 $Xbarc$101、$Xcwem$55SSR 标记跟踪和检测。受体亲本"山农 01-35"是利用"37-1"和"核生 2 号"创制的大粒核心种质，常年千粒重达 60g 以上。

2009 年夏组配杂交组合，秋播种植 F_1，2010 年种植 1200 个 F_2 单株，2011 年种植 1200 个 F_3 单株。各世代每行 30 粒种穗行，5cm 点播，F_2、F_3 都是 40 行区，正常肥水管理，生长期间未发生倒伏和其他严重的病虫害，组合衍生株系成熟后收获，分别测定供试单穗穗粒数。

表 5-5 穗粒数 QGns2B-2 位点的分子标记引物序列

引物名称	染色体	F（5'→3'）	R（5'→3'）	退火温度/℃
$Xbarc$101	2B	GCTCCTCTCACGATCACGCAAAG	GCGAGTCGATCACACTATGAGCCAATG	64
$Xcwem$55		CCAAAACCCTGACCTGACC	GAACGTCCTTGAAGACGAG	50

（二）试验方法

穗粒数表型测定：每年收获前，每行随机选 10 个挂牌标记的主茎穗（已测 DNA），考查穗粒数，求 10 个穗的粒数平均值作为株系的穗粒数。

DNA 提取：每个种植季节，待幼苗长到三叶期时每行材料挂牌标记主茎蘖 10~20 个。冬前或春季（拔节前）取挂牌主茎蘖上的幼叶，按照改良的 CTAB 法提取 DNA 备用。

SSR 标记检测：引物 $Xbarc$101、$Xcwem$55 由上海生工生物工程有限公司合成。TaqI 限制性内切核酸酶购自大连宝生物工程有限公司。PCR 反应体系 20μL，每个反应包括 40ngDNA、PCR 缓冲液、1.5mmol/L $MgCl_2$、250nmo/L 引物、2.0mmol/LdNTP 和 1U Taq 酶。PCR 反应参数：94℃ 5min；94℃ 30s，60℃ 30s，72℃ 1min，40 个循环；72℃ 4min；4℃ 保存。扩增产物经 6% 聚丙烯酰胺凝胶电泳，银染显色成像。

（三）实验结果

利用引物 $Xbarc$101 和 $Xcwem$55 检测了 F_2 群体的 600 个单株，PCR 扩增产物中，有 127 个单株扩增出片段大小分别为 123bp 和 360bp 两条带，说明这些单株含有 $QGns2B$-2 主效 QTL；473 个株系未扩增出 123bp 和 360bp 条带，说明这些单株不含有 $QGns2B$-2 主效 QTL。

田间标记取样穗粒数调查中，含有 $QGns2B$-2 主效 QTL 的 127 个单株穗粒数平均 42 粒，未扩增出 123bp 和 360bp 条带的 473 个单株穗粒数平均 38.2 粒，统计达显著差异水平。$QGns2B$-2 差异与穗粒数表型基本相符合，说明 $QGns2B$-2 的分子标记可用于穗粒数的辅助选择。

五、小麦粒重基因分子标记 Hap-64-G1-4 的功能验证

水稻中影响粒重的 Sus2 基因、CW1 基因和 GW2 基因都已在小麦中克隆并开发了相关分子标记，在中国小麦分子辅助育种中得到应用。本课题以 3 个粒重差别很大的遗传群体（1 个 BC_2F_4 群体、1 个 RIL 群体和 1 个自然群体）为材料鉴定了小麦粒重基因 $TaGW$2-6A 的功能，验证了该基因两种等位变异 Hap-6A/G 与小麦粒重、粒宽和粒长的关系。

（一）供试材料

BC_2F_4 群体的杂交组合为"鲁麦 14"דーー山农 01-35"，以"山农 01-35"为

轮回亲本，回交 2 次后自交 3 次获得，共 134 个家系，测量结果显示父、母本的千粒重分别为 43.00g 和 60.28g，群体内家系的粒重范围为：39.91～73.40g，群体的平均千粒重为 58.80g，变异系数为 0.1609。

RIL1 群体的杂交组合为"山农 01-35"×"藁城 9411"，从 F_2 代开始，通过单粒传法传至 F_8 代，获得了含 182 个家系的 RIL 群体，测量得到父、母本的千粒重分别为 36.57g 和 60.02g，群体内家系的粒重范围为：27.28～65.97g，平均千粒重为 45.12g，变异系数为 0.1279。

自然群体包含 163 个品种和 87 个高代品系，共 250 个品种（系），其中山东省内 105 个，其他省份 145 个，测量所得千粒重范围为：23.44～61.15g，平均千粒重为 45.81g，变异系数为 0.1537。三个群体中，BC_2F_4 群体的粒重变异最大，其次是自然群体，RIL1 群体变异最小。

（二）试验方法

采用改良的 CTAB 法提取各群体各家系基因组 DNA 以进行分子标记检测，引物 *Hap-6A-P1/P2* 的反应体系和循环程序参照韩利明等的方法，略有改动（表 5-6），然后选择 12 个 *Hap-6A-A* 型的低粒重家系（8 个来自 RIL1 群体，4 个来自 BC_2F_4 群体）、10 个 *Hap-6A-G* 的高粒重家系（6 个来自 RIL1 群体，4 个来自 BCF4 群体）进行 RNA 的提取和 cDNA 的分离，以及 *TaGW2-6A* 的荧光定量 PCR，试验重复 3 次，用以确定 *TaGW2-6A* 的表达量。

表 5-6　*Hap，6A.G* 和 *Hap-6A-A* 分子标记的引物序列、扩增片段及其相关信息

等位变异	引物	序列	片段大小 /bp	退火温度 /℃	参考文献
Hap-6A-G	*Hap-6A-P1*	GTTACCTCTGGTTTGGGTGTCGTG ACCTCTCGAAAATCTTCCCAATTA	949	54	Su et al.（2011）
Hap-6A-A	*Hap-6A-P2*	AGAAAGGGCTGGTGCTATGGA TAACGCTTGATAAACATAGGTAAT	418	57	

（三）主要实验结果

用标记 *Hap-6A-P1/P2* 检测三个群体，在低粒重家系（如"鲁麦 14"）中出现了一条 167bp 的小片段，而高粒重家系（如"山农 01-35"）中出现了一条 218bp 的大片段（图 5-3）。

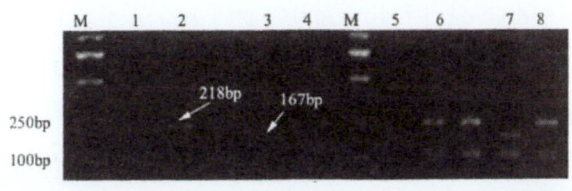

图 5-3　CAPS 标记 *Hap-6A-P1/P2* 在亲本鲁麦 14、山农 01-35 和藁城 9411 中的多态性

M：marker；1，5：鲁麦 14；2，4，6，8：山农 01-35；3，7：藁城 9411

M: marker; 1, 5: Lumai14; 2, 4, 6, 8: Shannong01-35; 3, 7: Gaocheng9411

将 BC_2F_4 群体两亲本"鲁麦 14"和"山农 01-35"的第二轮 PCR 产物测序并进行序列比对，发现低粒重亲本鲁麦 14 的扩增产物中包含三个限制性内切核酸酶 TaqI 的酶切位点（该酶的识别序列为 TCGA），酶切后产生 167bp 的小片段，因此低粒重亲本"鲁麦 14"为 *Hap-6A-A* 型等位变异，而高粒重亲本"山农 01-35"的扩增产物在第 3 个酶切位点的第 4 个碱基处发生了单碱基变化（A→G），限制性内切核酸酶 TaqI 不识别 TCGG 序列，从而导致第 3 个酶切位点缺失，仅存在 2 个酶切位点，故酶切产生了 218bp 的大片段，因此高粒重亲本"山农 01-35"为 *Hap-6A-G* 型等位变异（图 5-4）。

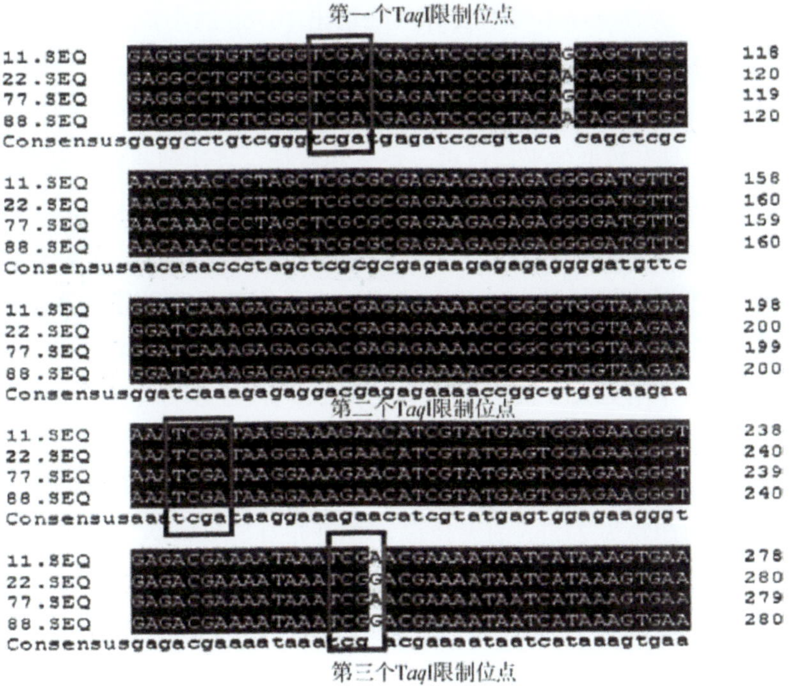

图 5-4　"鲁麦 14"和"山农 01-35"第二轮扩增产物的序列比对

11，77：鲁麦 14；22，88：山农 01-35；11，77：Lumai14；22，88：Shannong01-35

低粒重亲本("藁城9411"和"鲁麦14")*TaGW2-6A*的表达量高于高粒重亲本("山农01-35")。*Hap-6A-A*型低粒重家系中*TaGW2-6A*的表达量显著高于*Hap-6A-G*型高粒重家系的表达量。*Hap-6A-A*和*Hap-6A-G*两种单倍型家系的*TaGW2-6A*表达量间差异显著(P=0.05),这表明*TaGW2-6A*的表达量与粒重、粒宽和粒长呈负相关。这与 Su 等(2011)的研究结果一致。

(四)不同研究的差异及其原因

此研究结果与前人有三点不同。其一,Su 等(2011)用 265 个编入中国微核心种质的品种进行 *TaGW2-6A* 单体型与籽粒形状的相关分析,发现含有 *Hap-6A-A* 的品种 2002 年和 2006 年的平均千粒重分别为 38.08g 和 38.15g,而含有 *Hap-6A-G* 的品种两年的平均千粒重分别为 34.60g 和 35.41g,两种等位变异品种的平均千粒重在两年间均达到差异极显著。单独用其中的 114 个现代品种进行研究,也有相似的规律,但是单独用其中的 151 个农家品种进行分析时,差异不显著。由此得出具有 *Hap-6A-A* 单体型的材料比含有 *Hap-6A-G* 单体型的材料具有较高的粒重和粒宽。而我们的实验结果是,低粒重亲本"鲁麦14"和"藁城 9411"为 *Hap-6A-A* 型变异(酶切出 167bp 的小片段),而高粒重亲本"山农 01-35"为 *Hap-6A-G* 型变异(酶切出 218bp 的大片段,图 5-3)。此外,*Hap-6A-A* 型等位变异的家系或品种(系)比 *Hap-6A-G* 型等位变异的家系或品种(系)具有较低的平均粒重、粒宽和粒长,且达到差异极显著水平。其二,目前有关 *TaGW2* 两种等位变异 *Hap-6A-A/G* 的研究者 Su 等(2011)认为等位变异 *Hap-6A-A* 是影响小麦粒重、粒宽的优异等位基因,可用于 *TaGW2* 两种变异类型在不同地域品种中的分布研究,也可用于提高粒重和产量的分子标记辅助选择。而本研究认为 *Hap-6A-GG* 才是影响小麦粒重和粒宽的优异等位基因,在育种中的作用更大。其三,关于 *Hap-6A-A/G* 影响粒重、粒宽的原因,Su 等(2011)认为大粒基因型中的 3 个 TaqI 酶切位点(识别序列为 TCGA)对应的第二轮 PCR 产物酶切后产生 167bp 的小片段,而小粒品种中只有 2 个酶切位点对应的酶切产物为 218bp 的大片段。有研究对第二轮 PCR 产物进行测序后发现,小粒亲本"鲁麦14"的 PCR 产物中有 3 个 TaqI 酶切位点,因此酶切后产生 167bp 的小片段,而大粒亲本"山农 01-35"的 PCR 产物中第 3 个酶切位点的第 4 个碱基处发生了单碱基变异(A→G),TaqI 内切酶不识别 TCGG 序列,从而导致第 3 个酶切位点缺失,仅存在两个酶切位点,产生了 218bp 的大片段(图 5-5)。

第五章 农作物种质资源分子标记辅助选择

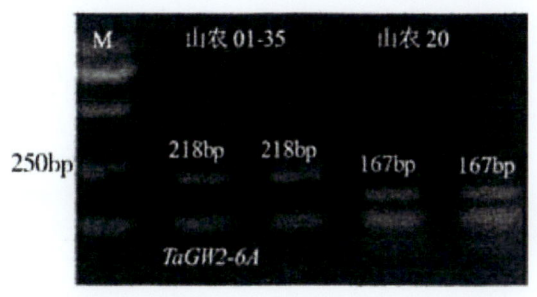

图 5-5 TaGW2-6A 基因的分子标记在"山农 20"和"山农 01-35"中的扩增结果

六、其他产量性状分子标记的应用

在育种实践中，利用通过 QTL 定位得到的一些主效 QTL 分子标记，进行了单株产量、分蘖数、穗粒重等性状的分子标记辅助选择。

利用控制单株产量的 $qGY2Da$ 主效 QTL（效应值 14.0%）的 $Xcfd$53 分子标记（CCCTATTTCCCCCATGTCTT；CCCTATTTCCCCCATGTCTT）在早代选出了一些分蘖成穗率高、单株产量好的株系。

利用控制小穗着生密度的 $QSc2D$-18 主效 QTL（效应值 69.5%）的分子标记 wPt-6343，利用控制可育小穗数的 $QFsn6A.1$-22 主效 QTL（效应值 30.02%）的分子标记 wPt-0959，分别或联合进行了小穗着生密度和可育小穗数的分子标记辅助育种，选出了一批小穗密度大、不育小穗数少的多花多粒株系。

另外，进行的冬前最大分蘖、分蘖成穗率和穗重的分子标记辅助选择，这些研究有的选择效率较高，有的选择效率效果不好，有的基本无法应用。总之，小麦的产量性状的分子标记辅助选择已取得了一定进展，但由于产量性状都是数量性状，加上真正用于直接选择的功能标记不多，产量性状的分子标记辅助选择，特别是与常规育种株系选育紧密结合的分子标记辅助选择还需进一步地研究和实践。

第七节 主要品质性状的分子标记及其应用

随着经济发展和人们生活水平的提高，人们对小麦品质的要求越来越高，在市场的拉动下，小麦品质改良被列为重要育种目标。尽管近 40 年来我国在小麦品质育种上已取得了许多重要进展，但由于采用的常规育种技术效率较低，短时间内选出高产优质的品种有较大困难。分子标记辅助选择等新技术为将来更有效地开展小麦品质育种提供了一条快捷、前景广阔的道路。本节综述国内外主要品质性状分子标记辅助育种的研究现状，并梳理出能够较好地应用于辅助育种的品质性状分子标记，为小麦品质性状的分子标记辅助育种提供支撑。

一、主要品质性状的分子标记

（一）通过 QTL 定位获得的品质性状分子标记

以 DH 群体为主和 2 个 RIL 群体为辅，进行了主要籽粒品质、面粉品质、面团品质和加工品质等 92 个性状的 QTL 分析，其中氨基酸、面团吹泡参数、面条 TPA 质构参数、面条拉伸质构参数、馒头质构参数等相关性状的 QTL 分析在国内都是首次进行的。通过 92 个品质相关性状的 QTL 分析，共鉴定到 56 个调控品质性状的主效 QTL 位点（贡献率 >10%），其解释性状变异范围为 10.1%～51.97%。其中，籽粒品质方面，检测到控制籽粒蛋白质含量的 1 个主效 QTL，控制千粒重、粒长和粒径各有 1 个主效 QTL；面粉品质方面，检测到控制面粉蛋白质量的 1 个主效 QTL，控制谷氨酸和丝氨酸各有 1 个主效 QTL，控制湿面筋含量有 1 个主效 QTL，控制面筋指数的 2 个主效 QTL，控制面粉白度、多酚氧化酶、a 值的主效 QTL 各有 1 个，控制沉淀值的主效 QTL 有 1 个，控制峰值黏度的主效 QTL 有 1 个，控制低谷黏度的主效 QTL 有 3 个，控制稀懈值的主效 QTL 有 2 个，控制最终黏度的 QTL 有 2 个，控制反弹值的主效 QTL 有 3 个，控制糊化温度和糊化时间的主效 QTL 各有 1 个，控制降落值和粗淀粉含量的主效 QTL 各有 1 个；面团品质方面，控制粉质仪参数吸水率、面团稳定时间、断裂时间的主效 QTL 各有 1 个，控制公差指数的主效 QTL 有 2 个，控制面团揉混参数峰值时间、峰值高度、曲线下面积的主效 QTL 各有 1 个，控制面团吹泡参数的面团延展性、面团膨胀系数和弹性指数的主效 QTL 各有 1 个，控制吹泡参数面团强度的主效 QTL 有 2 个；加工品质方面，控制面条评分参数黏弹性和品尝评分的主效 QTL 各有 1 个，控制面条 TPA 参数咀嚼性的主效 QTL 有 2 个，控制馒头质构参数硬度的主效 QTL 有 3 个，控制馒头质构黏着性的主效 QTL 有 4 个，控制馒头质构黏聚性的主效 QTL 有 1 个，控制馒头质构回复性的主效 QTL 有 2 个（图 5-6）。

第五章 农作物种质资源分子标记辅助选择

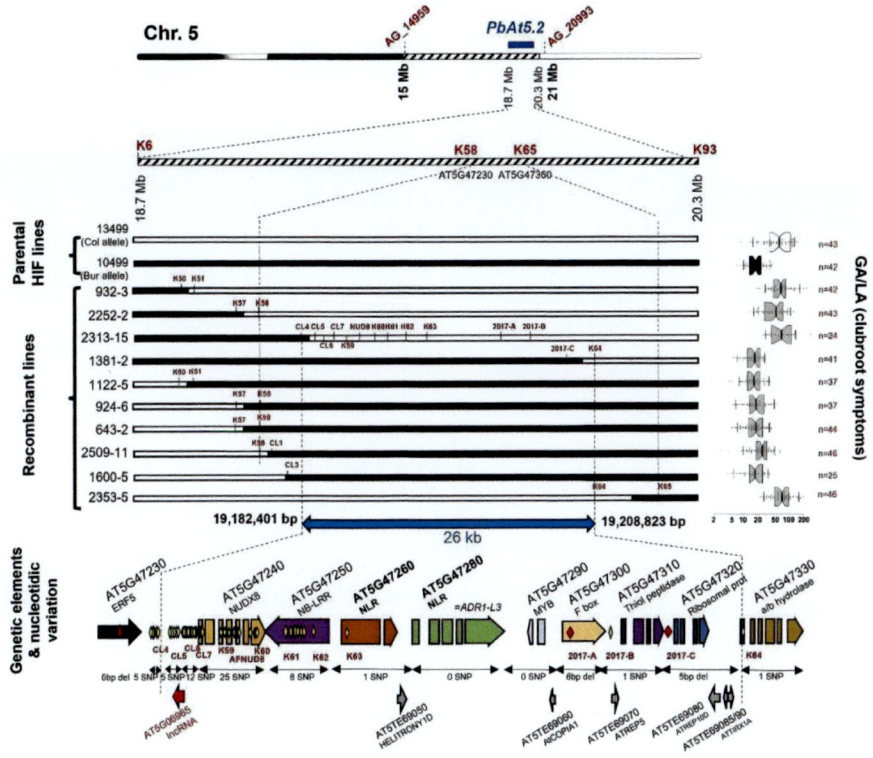

图 5-6 品质性状分子标记

多数控制品质性状的主效 QTL 定位于 1D 染色体上（表 5-7），且在标记 Xwmc93-GluD1 和 Glu-DI-wPt-3743 区段之间，已知该区段是与品质性状相关的重要区段，存在控制品质性状的基因簇；此外，1B、3A 和 6A 染色体上也存在与某些品质性状相关的 QTL/基因。DArT 标记和所有两侧标记的引物序列及其扩增反应条件可在网上查询到。这些品质性状的分子标记在育种中可用于分子标记辅助选择和聚合育种。

表 5-7 本课题组检测到的品质性状主效 QTL（PVE>10%）

性状	QTL	标记区间	引物序列（5'+3'）	贡献率 /%
面粉蛋白质含量	QFpe3A	Xbarc86 Xwmc21	GCGCTTGCTTTATTAGTAGGTAT TCCCACGATAGTATTTGATGTT CGCTGCCGTGTAACTCAAAATC AGTTAATTGGGCGCTCCAAGAA	15.11
谷氨酸	QGlu3A	Xbarc86 Xwmc21	同位点 QFpc3A 同位点 QFpc3A	10.1
丝氨酸	QSer3A	Xbarc86 Xwmc21	同位点 QFpc3A 同位点 QFpc3A	12.4

续表

性状	QTL	标记区间	引物序列（5'+3'）	贡献率/%
湿面筋含量	QGlu3A	Xbarc86 Xwmc21	同位点 QFpc3A 同位点 QFpc3A	10.25
面筋指数	qGlu in2D qGlu in5D	Xgwm 261 Xgwm 296 Xwmc 215 Xgdm 63	CTCCCTGTACGCCTAAGGC CTCGCGCTACTAGCCATTG AATTCAACCTACCAATCTCTG CTAATAAACTGAAAACGAG CATGCATGGTTGCAAGCAAAAG CATCCCGGTGCAACATCTGAAA GCCCCCTATTCCATAGGAAT CCTTTTGATGGTGCATAGGA	11.07 10.11
a※值	qalB	Xbarc372 Xwmc412.2	CGCTTGCCTAATGATGAAAACTA AT CGCAAGGGCATGAAGAAAGGTAG AT GATCCCTCCAAAAGTAGCATCT CTTCAACTGCCTGCACACAAC	25.64
多酚氧化酶	qPpo2D	Xefd53 Xwmc18	CCCTATTTCCCCCATGTCTT AAGGAGGGCACATATCGTTG CTGGGGCTTGGATCACGTCATT AGCCATGGACATGGTGTCCTTC	15.64
面粉白度	Qfwh-/D	Xcfd183 wPt-729773	ACTTGCACTTGCTATACTTACGAA GTGTGTCGGTGTGTGGAAAG	43.08 （51.97）
沉淀值	Qzsv-lB	Xwmc 412.2	GATCCCCTCCAAAAGTAGCATCT CTTCAACTGCCTGCACACAAC TGCGTCACCACCTTCTACC GAAGACTAACCAGAGCAGGCA	14.39
稀懈值	QBd-2D.1 QBd-4A	wPt-6687 wPt-731336 X wmc 718 X wmc 262	GGTCGGTGTTGATGCACTTG TCGGGGTGTCTTAGTCCTGG GCTTTAACAAAGATCCAAGTGGC GTA AACATCCAAACAAAGTCGAACG	30.02 （36.33） 21.34
最终黏度	QFv-6A QFv-7D	Xwmc718 Xwmc262	VGCCAGACGCACAGGGACAAGATAC ACTA GCCGTACCCTGGTTATTGTTG CGGAGCATGCAGCTAGTAA CGCCTGCAGAATTCAACAC 同位点 QTrv-7D.1	11.56 17.45 （16.1）
反弹值	QSb-4A QSd-4A QSd-7D	X barc1055 X wmc553 Wx-D1 wPt-664368	GCTTTAACAAAGATCCAAGTGGC GTAAACATCCAAACAAAGTCGAACG GGCCTAATTACAAGTCCAAAAG GCTCAAAGTAAAGTTCACGAATAT AACCAGCAGCGCTTCAGCCT TTGAGCTGCGCGAAGTCGTC 同位点 QTrv-7D.1	15.52 17.68 （22.44） 15.04 （25.87）

续表

性状	QTL	标记区间	引物序列（5'+3'）	贡献率/%
糊化时间	QPt-7D.2	Wx-D1 wPt-664368	同位点 QTrv-7D.1	14.46 （13）
降落值	Qfn-6A	Xbarc1055 Xwmc553	同位点 QFv-6A	10.65
吸水率	QFwa-4B	Xwmc48 Xbarc1096	GAGGTTCTGAAATGTTTTGCC ACGTGCTAGGGAGGTATCTTGC GCGTTCGCATATACGTCGTATACAT GGTGGTGAAGAGGCATGCCCAACAAA	12.36
面团稳定时间	QDst-lD	Xwmc93 GluD1	ACAACTTGCTGCAAAGTTGACG CCAACTGAGCTGAGCAACGAAT	26.56
公差指数	QMti-lB	Xbarc312	GGTGTCCGTGCGCGCCAGAAAAT GCACGGAACTGTTGGGTCTAGCC	15.66
	QMti-lD	Xcfe023.1 Xwmc93 GlttD1	TGCGTCACCACCTTCTACC GAAGACTAACCAGAGCAGGCA 同位点 QDst-1D	14.52
断裂时间	QBdt-lD	Xwmc93 GluD1	同位点 QDst-1D	19.63
峰值时间	QMPT-1D.2	Glu-D1 wPt-3743		34.1 （22.91/35.08）
峰值高度	QMPV-1D.1	cfd-183 wPt-729773	同位点 Qfwh-lD	15.59 （10.39/10.98）
曲线下面积	QMPI-1D.2	Glu-D1 wPt-3743	同位点 QMPT-1D.2	32.83 （20.43/27.22）
面团的延展性	QDextlB	Xbarc061 Xwmc766	T GCATACATTGATTCATAACTCTCT TCTTCGAGCGTTATGATTGAT AGATGGAGGGATATGTTGTCAC TCGTCCCTGCTCATGCTG	13.82
膨胀系数	QSinlB	Xbarc061 Xwmc766	同位点 QDext1B	11.66
面团强度	QDstrenlB	Xwmc626 Xbarc119 Xwmc93 GluD1	AGCCCATAAACATCCAACACGG AGGTGGGCTTGGTTACGCTCTC CACCCGATGATGAAAAT GATGGCACAAGAAATGAT 同位点 QDst1D	14.13 17.74
弹性指数	QEinlD	Xwmc93 GluD1	同位点 QDst-1D	28.28

续表

性状	QTL	标记区间	引物序列（5'+3'）	贡献率/%
面条 TPA 参数咀嚼性	Qche-lB Qche-lD	Xwmc412.2 Xcfe023.2 Xwmc93 GluD1	同位点 Qzsv-1B 同位点 QDst-1D	11.61 10.28
馒头质构硬度	Qha6B Qha782	Xcfd48 Xwmc415 Xwmc581 Xbarc050	ATGGTTGATGGTGGGTGTTT ATGTATCGATGAAGGGCCAA AATTCGATACCTCTCACTCACG TCAACTGCTACAACCTAGACCC CATGTTGCCATCAAACTCGC GCTATTGACATGCAACTATGGACCT GCGTAGGGAGTCACAAATIAGTATAGGT TGCGCCTTCCCTTTCTTGACTCT	18.085 35.1694
馒头质构黏聚性	Qha7B2	Xwmc273.1 Xcfd22.1	AGTTATGTATTCTCTCGAGCCTG GGTAACCACTAGAGTATGTCCTT GGTTGCAAACCGTCTTGTTT AGTCGAGTTGCGACCAAAGT	19.1932
	Qc03B	Xwmc307 Xgwm566	GTTTGAAGACCAAGCTCCTCCT ACCATAACCTCTCAAGAACCCA TCTGTCTACCCATGGGATTTG CTGGCTTCGAGGTAAGCAAC	19.0557
馒头质构黏着性	Qad6B Qad4A QadlB Qad2A	Xwme74 Xgwm58 Xbarc078 Xwinc722 Xcfe026.2 Xbarc061 Xbarc264 Xgwm448	AACGGCATTGAGCTCACCTTGG TGCGTGAAGGCAGCTCAATCGG TCTGATCCCGTGAGTGTAACA GAAAAACATATGAGCCC CTCCCCGCACTTAATCTCTGCGACATGGGAAT CAGAAGTGCCrfAA GCTTTTCGATGGGATGGTGC TTTGTCCACGCCTTCTGCC ATGACCCTAGAAGGCGGTG ATGCTCAACGAGGAAGTA TGCATACATTGATTCATAACTCTCT TCTTCGAGCGTTATGATTGAT CCCTGCTCCATCCTCTGTTG GGGGTACAAACATAGTCTCTTAGCA AAACCATATTGGGAGGAAAG CACATGGCATCACATTTGTG	13.3475 29.349 26.0446 18.0936
馒头质构回复性	Qre2B Qre3B	Xgw210 Xwinc382.2 Xwmc307 Xgwm566	TGCATCAAGAATAGTGTGGAAG TGAGAGGAAGGCTCACACCT CATGAATGGAGGCACTGAAACA CCTTCCGGTCGACGCAAC 同位点 Qc03B	11.8366 19.9542

（二）目前国内外应用较好的品质性状分子标记

通过 QTL 定位方法鉴定的可用 MAS 的分子标记外，国内外其他科学工作者也鉴定了品质性状的 QTL 并进行了相关性状的分子标记开发及应用工作。澳大利亚科工组织植物产业部开发的品质性状的分子标记主要有茎秆水溶性碳水化合物（WSC）、β-醇溶蛋白、$GluA3$ 等位基因 $a-g$、$Glu-lBx70E$、面粉颜色 $Psy-A1$ 和 ε-环化酶等，其中，β-醇溶蛋白和 $GluA3$ 等位基因 $a-g$ 的分子标记来源于基因的 SNP 标记，$Glu-lBx70E$ 的标记为共显性标记，面粉颜色 $Psy-A1$ 和 g-环化酶的分子标记为基于 SNP 开发的 CAPS 标记。利用 MAS 方法，澳大利亚阿德雷德大学反向选择了不受欢迎的面粉黄度。此外，目前开发且利用比较好的品质性状的分子标记多集中在籽粒蛋白质含量基因 $Gpc-B1$、籽粒硬度基因 $Pina/Pinb/Pinc$，以及面粉色泽有关的黄色素、多酚氧化酶、淀粉品质有关的颗粒结合型淀粉酶基因、高分子质量谷蛋白亚基基因、低分子质量谷蛋白亚基基因、醇溶蛋白亚基基因等方面；共开发出 63 个应用比较好的分子标记，且多集中于 1A、1B、1D、2A、2D、4A、4B、5D、6B、7A、7B 和 7D 染色体上。表 5-8 是文献报道的应用较好的主要品质性状分子标记及其序列。

表 5-8 应用较好的主要品质性状分子标记及其序列

性状	位点	标记	引物序列（5'→*3'）	等位基因
多酚氧化酶活性	$Ppo-A1$ $Ppo-D1$	PP018 PP033 PP016 PP029 PP0-19	AACTGCTGGCTCTTCTTCCCA AAGAAGTTGCCCATGTCCGC CCAGATACACAACTGCTGGC TGATCTTGAGGTTCTCGTCG TGCTGACCGACCTTGACTCC CTCGTCACCGTCACCCGTAT TGAAGCTGCCGGTCATCTAC AAGTTGCCCATGTCCTCGCC AACTGCTGGCTCTTCTTCCCA AAGAAGTTGCCCATGTCCGC	Ppo-Ala Ppo-Alb Ppo-Ala Ppo-Alb Ppo-Dla Ppo-Dlb
脂氧酶活性	$TaLox-B1$	LOX16 LOX18	CCATGACCTGATCCTTCCCTT GCGCGGATAGGGGTGGT ACGATGTGAGTTGTGACTTGTA GCGCGGATAGGGGTGC	TaLox-Bla TaLox-Blb
			GGACCTTGCTGATGACCGAG TGACGGTCTGAAGTGAGAATGA GCCAGCCCTTCAAGGACATG CAGATGTCGCCACACTGCCA	PsyAla PsyAlb PsyAla

续表

性状	位点	标记	引物序列（5' → *3'）	等位基因
黄色素含量	Pay-A1 *Psy*-B1 *Psyl*-D1 *TaZds*-A1 *TaZds*-D1	YP7A YP7A-2 YP7B-1 YP7B-2 YP7B-3 YP7B-4 YP7D-1 YP7D-2 YP2A-1 YP2D-1	GCCACAACTTGAATGTGAAAC ACTTCTTCCATTTGAACCCC GCCACCCACTGATTACCACTA CCAAGrGTGAGGGTCTTCAAC GAGTAAGCCACCCACTGATT TCGCTGAGGAATGTACTGAC AGGTACCAGCCAGCCCATA CTCGTCAAATCGTGTACC TCCGACACCATCACCAAGTTCC CGTTGTAGTTGTGGGAGT ACTCCCACAAACCTACAACG ACGCTCATCAACCCCACG CCCTAAGGAAGCCGAGCAAAT GTGAGAGTACTAATGTTATGACCG GTGGGATCCTGTTGCTTATGC GTAGATTATCCAAGCCAACTGCC	PsyA1b PsyA1c Psy-B1a Psy-B1b Psy-B1c Psy-B1d Psy-B1e Psyl-D1a Psyl-D1g Psyl-D1a Psyl-D1g TaZds-A1a TaZds-A1b TaZds-D1a TaZds-D1b
面包和面条加工品质	*Glu*-A1 *Glu*-B1 *G*/*Lr*-D1	UMN19 *Ax2** *Ax1* *bx7-f/r* * * *Bx* ZSBy8F5/R5 ZSBy9aFl/R3 ZSBy9F7/R6 ZSBy9F2/R2 *Bxl4*-1 *Bxl4*-2 UMN25	CGAGACAATATGAGCAGCAAG CTGCCATGGAGAAGTTGGA ATGACTAAGCGGTTGGTTCTT ACCTTGCTCCTTGTCTTT GTGTGAGCGCTCCAGGAA CGGAGAAGTTGGGTAGTACCCTGC CACTGAGATGGCTAAGCGCC GCCTTGGACGGCACCACAGG ACGTGTCAAGCTTTGGTTC GATTGGTGGGTGGATACAGG CCACTTCCAAGGTGGGACTA TGCCAACACAAAAGAAGCTG CGCAACAGCCAGGACAATT AGAGTTCTATCACTGCCTGGT TTAGCGCTAAGTGCCGTCT TTGTCCTATTTGCTGCCCTT TTCTCTGCATCAGTCAGGA AGAGAAGCTITGTAATGCC TACCCAGCCTAGCAG TTGTCCCGACTGTTGTGG GCAGTACCCAGCTTCTCAA CCTTGTCTTTGTTGCC GCCCATTACGTGGCTITAGCAGACC GCTCGAGCTCGCGCTTCCGG TAAGCGCCTGGTCCTCTTTGCG CTTGTTGTGCTTGTCCTGAT GGGACAATACGAGCAGCAAA	Ax2* Ax1 Ax-null Ax2* Bx-6 Bx70E Bx70E nonBx17 Bx17 By8 nonBy8 By9 nonBy9 By9 By16 Bynull Bx20 Dx2

续表

性状	位点	标记	引物序列（5'→*3'）	等位基因
面包和面条加工品质	Glu-A3		CTTGTTCCGGTTGTTGCCA CGTCCCTATAAAAGOCTAGC AGTATGAAACCTGCTGCGGAC GCCTAGCAACCTTCACAATC GAAACCTGCTGCGGACAAG CGCAAGACAATATGAGCAAACT TTGCCTTTGTCCTGTGTGC	
	Glu-B3		GTTGGCCGGTCGGCTGCCATG TGGAGAAGTTGGATAGTACC TTTGGGGAATACCTGCACTACTAAAAAGGT AAAAGGTATTACCCAAGTGTAACTTGTCCG AATTGTCCTGGCTGCAGCTGCGA AAACAGAATTATTAAAGCCGG GGTTGTTGTTGTTGCAGCA TTCAGATGCAGCCAAACAA GCTGTGCTTGGATGATACTCTA	
面包和面条加工品质	Glu-A3	Dx5 * UMN26 P3/P4 5+10 gluA3a ght43b gluA3d glu43e gluA3f glu43g gluA3ac	TTCAGATGCAGCCAAACAA TGGGGTTGGGAGACACATA AAACAGAATTATTAAAGCCGG GGCACAGACGAGGAAGGTT AAACAGAATTATTAAACGG GCTGCTGCTGCTGTGTAAA AAAAGAATTATTAAAGCCGG AAACAACGGTGATCCAACTAA AAAAGAATTATTAAAGCCGG GTGGCTGTTGTGAAAACGA CACAAGCATCAAAACCAAGA CATATCCATCGACTAAACAAA CACCATGAAGACCTTCCTCA GTTGTTGCAGTAGAACTGGA GACCTTCCTCATCTTCGCA	Dx5 DXs Dy10 Dy12 Dy10 Dy12 Glu-A3a Glu-A3b Giu-A3d Glu-AGe Glu-A3f Glu-A3g Glu-A3a Glu-A3c Glu-B3a Glu-B3b
	Glu-B3	gluB3a gluB3d gluB3e gluB3g gluB3h gluB3i gluB3bef gluB3fg	GCAAGACTTTGTGGCATT CC AAGAAATACTAGTTAACACTAGTC GTTGGGGTTGGGAAACA CCACCACAACAAACATTAA GTGGTGGTTCTATACAACGA TATAGCTAGTGCAACCTACCAT TGGTTGTTGCGGTATAATTT GCATCAACAACAAATAGTACTAGA A GGCGG GTCAC A CAT GACA TATAGCTAGTGCAACCTACCAT CAACTACTCTGCCACAACG	Glu-B3c Glu-B3d Glu-B3e Glu-B3g Giu-B3h Glu-B3i Glu-B3b Glu-B3e Glu-B3f Glu-B3f Glu-B3g

续表

性状	位点	标记	引物序列（5' → *3'）	等位基因
淀粉品质	Wx-B1 WX-A1 WX-D1	Wildtype Null	CTGGCCTGCTACCTCAAGAGCAACT CTGACGTCCATGCCGTTGACGA CTGGCCTGCTACCTCAAGAGCAACT GGTTGCGGTTGGGGTCGATGAC CGTAGTAAGCGCAAAAAAGTGCCACG ACAGCCTTATTGTACCAAGACCCATGTGTG CCAAAGCAAAGCAGGAAACC TACCTCGGAGATGACGCTGG CGAGCGGCTACTCAAGAGC GGCGGTCATCTGTCATTTCC	Wx-Bla Wx-B1 NullWx-B 1
籽粒硬度	Pin-a Pin-b Pina Pinb-Dlc Pina-Dlb Pinb-Dlb Pinb-Dlb2	Pina-N2 * * *	TCAACATTCGTGCATCATCA CTTCATTCGTCAGAGTTCCAT ATGAAGACCTTATTCCTCCTA CTCATGCTCACAGCCGCC ATGAAGACCTTATTCCTCCTA CTCATGCTCACAGCCGCT CATCTATTCATCTCCACCTGC GTGACAGTTTATTAGCTAGTC GAGCCTCAACCATCTATTCATC CAAGGGTGATTTTATTCATAG AATACCACATGGTTCTAGATACT GCAATACAAAGGACCTCTAGATT ATGAAGGCCCTCTTCCTCA CTCATGCTCACAGCCGCT ATCAAGGCCCTCTTCCTCA CTCATGCTCACAGCCGCC	Pina-Dlr Pin b-Dla Pin b-Dlb
籽粒高蛋白质含量	Gpc-B1	Xuhw89 Xucwl08	TCTCCAAGAGGGGAGAGACA TTCCTCTACCCATGAATCTAGCA AGCCAGGGATAGAGGAGGAA AGCTGTGAGCTGGTGTCCTT	

二、主要品质性状分子标记的应用

据不完全统计，目前已克隆出农作物 61 个品质性状基因，许多功能标记已成功应用于分子标记辅助育种。目前有关小麦品质性状分标记的应用主要是提高蛋白质含量、改善籽粒硬度、提高面筋强度、改良面粉白度、色泽和改善淀粉品质等方面。相对于产量性状，小麦品质性状的 MAS 应用得较好。下面简要介绍小麦品质性状分子标记的应用进展。

（一）黄色素的分子标记及应用

面粉及其制品的色泽是衡量小麦品质的一项重要指标。黄色素含量是影响面制品色泽的主要因素。黄色素含量受多个基因位点的调控，虽然环境对黄色素含量有一定影响，但基因型是影响黄色素含量的主要因素，品种间黄色素含量可相差 10 倍，改良潜力很大。因此，通过育种降低黄色素含量是提高面条和馒头等面食白度的重要途径。

胡凤灵等（2011）利用位于 7AL 染色体上与黄色素含量相关的八氢番茄红素合酶（phytoene synthase，PSY）基因 $Psy-A1$ 的标记 $YP7A$、$YP7A-2$ 和 7BL 染色体上基因 $Psy-B1$ 的标记 $YP7B-1$、$YP7B-2$、$YB7B-3$、$YP7B-4$，对 221 份冬小麦品种（系）进行黄色素含量和多酚氧化酶活性基因的等位变异检测，结果证明这些特异性功能标记，重复性好，准确率高，可应用于小麦品质改良的分子标记辅助选择。

在近几年的面粉色泽改良过程中，也利用位于 7AL 和 7BL 染色体上与黄色素含量相关的八氢番茄红素合酶（PSY）基因 $Psy-A1$ 的 $YP7A-1$、$YP7A-2$ 标记，基因 $Psy-B1$ 的 $YP7B-1$、$YP7B-2$ 标记，对 F_5 代 486 份小麦品系进行黄色素含量等位变异检测。在所检测的高代小麦品系中，含低黄色素含量等位基因 $Psy-A1b$ 的材料 108 份，频率为 31.3%；含低黄色素含量等位基因 $Psy-B1b$ 的材料 187 份，频率为 47.9%；含高黄色素含量等位基因 $Psy-B1c$ 的材料 56 份，频率为 14.0%；含 $Psy-B1d$ 等位基因的材料 4 份，频率为 1.8%；未携带八氢番茄红素合酶（PSY）基因 $Psy-A1$ 和 $Psy-B1$ 材料的有 135 份，频率为 55.2%。486 份材料中，黄色素含量符合中国面条和馒头加工品质要求的品种仅 32 份，并且选育了高黄色素含量（为平均值的 4.5 倍）、面粉呈金黄色的两个小麦新品系。研究表明，黄色素基因标记可有效地应用于小麦面粉色泽改良的分子标记辅助选择。

（二）多酚氧化酶基因的分子标记及应用

中国农业科学院作物科学研究所国家小麦改良中心何中虎课题组开发了多酚氧化酶基因的分子标记，并根据已开发的分子标记建立多种 PCR 反应体系。其中胡凤灵等（2011）利用位于 2AL 染色体上的多酚氧化酶（polyphenoloxidase，PPO）基因 $Ppo-A1$ 的标记 $PP018$，对 221 份冬小麦品种（系）进行黄色素含量和多酚氧化酶活性基因的等位变异检测，结果证明这些特异性功能标记重复性好、准确率高，可有效地应用于小麦品质改良的分子标记辅助选择；高凤梅等（2013）利用 $PP018$ 和 $YP7A$ 分子标记对 169 份黑龙江春小麦品种进行分子检测，结果发现 $Ppo-A1b$ 的频率为 33.1%，$Psy-A1b$ 的频率为 33.7%，进一步验证了标记的有效应和实用性。

李式昭等（2012）利用多酚氧化酶（PPO）活性、黄色素含量基因等分子标记，对从澳白麦群体中分离出的36个穗系进行了分子鉴定，发现低PPO活性等位基因Ppo-D1a和低黄色素含量等位基因Psy-B1b类型分别占86.1%和80.6%。

Sun等（2011）和He等研究证实了PP018和PP033（Ppo-A1）、PP016和PP029（Ppo-D1）标记与评价PPO活性和等位基因变异之间的关联性是可靠的，并用这些标记检测了311份中国小麦品种和高代品系、57份印度小麦品种和273份CIMMTY小麦材料。澳大利亚Li（2011）也用多酚氧化酶基因的分子标记改善了面粉的色泽。

第八节 主要生理性状的分子标记及其应用

相对于农艺和产量性状，前人对生理性状的QTL定位和分子标记应用研究较少，但由于生理性状对作物生长发育起着重要作用，最近10年内生理性状的QTL分析逐渐增多，生理性状的QTL定位和分子标记应用多集中在株型结构、光合特性、发育生理和根系生理方面。目前，尽管获得了一些生理性状的QTL及其两侧标记，但除了光周期和春化基因及矮秆基因外，真正具有实用价值的分子标记很少。因此，需要更深入地开展生理性状的QTL定位和分子标记，尤其需要加强生理性状方面的分子标记辅助育种工作。

一、主要生理性状的分子标记

（一）通过QTL定位获得的生理性状分子标记

以DH群体为主、2个RIL群体为辅，进行了主要生理相关性状的QTL分析，其中叶片光合效率、气孔导度和叶绿素荧光现象等光合生理特性，株型、叶片角度和茎秆维管束等优良的形态性状的QTL分析都是国内首次进行的。通过生理性状的QTL分析，共鉴定到60个调控生理性状的主效QTL位点（贡献率>10%），其贡献率变异范围10.32%～55.45%。其中，植株形态和发育生理方面，控制分蘖的主效QTL有2个；控制总根长、株高、穗下节间长度、穗下节直径的主效QTL各1个；控制基部第二节间茎粗的主效QTL有4个，控制茎壁厚、茎壁面积、拔节期茎干物质重的主效QTL各有1个，控制抽穗期的主效QTL有3个，控制旗叶挺直角度、旗叶长、倒三叶长和倒三叶面积的主效QTL各1个，控制倒二叶长的主效 QTL 有 2 个，控制穗下节长度的主效 QTL 有 2 个；光合生理方面，控制叶绿素 a 含量的主效 QTL 有 3 个，控制叶绿素 b 的主效 QTL 有 4 个，控制总叶绿素含量、类胡萝卜素和初始荧光的主效 QTL 各有 1 个；植株解剖结构方面，控制基部第二节间的大维管束数目和小维管束数目的主效 QTL 有 3 个，控制基部第二节间茎壁厚和髓腔直径的主效 QTL 各 1 个，控制穗下节茎壁面积、穗下节大维管束数目、穗下节小维管束数目及穗下节大小维管束数目比的主效 QTL 各 1 个，控制穗下节总维管束数目的主效 QTL 有 2 个；检测到低温下控制叶片细胞膜透性的主效 QTL 有 3 个。

由表 5-9 可知，大多数生理性状的主效 QTL 被定位于 5D 染色体上，且在标记 $Xbarc320$-$Xwmc215$-$Xbarc345$ 区段上可知该区段是与生理性状相关的重要区段，存在控制这些性状的基因簇；此外，1B、2D、7D 染色体上也存在与某些生理性状相关的 QTL/基因。

表 5-9 通过 QTL 定位检测到的有关生理性状主效 QTL（PVE>10%）

性状	位点	标记	引物序列（5'→*3'）	等位基因
分蘖	$QMtw5D$-1 $QEth6D$	$Xwmc$215 $Xbarc$345 $Xswes$679.1 $Xcfa$2129	CATGCATGGTTGCAAGCAAAAG CATCCCGGTGCAACATCTGAAA GCGGCTAGTGCTCCCTCATAAT GCGGCTAGTGCTCCCTCATAAT CGCAACCACGACCCACTT TGATATGCCCTCGCCACC GTTGCACGACCTACAAAGCA ATCGCTCACTCACTATCGGG	23.19 16.28
株高	$Qph5D$-1	$Xbarc$320 $Xwmc$215	CGTCTTCATCAAATCCGAACTGAAAATCTAT GCGCAGGAGAAACCATGCATGGTTGCAAGC AAAAGCATCCCGGTGCAACATCTGAAA	21.97
叶绿素含量	$QCa5D$-10	$Xbarc$320 $Xwmc$215	CGTCTTCATCAAATCCGAACTGAAAATCTAT GCGCAGGAGAAACCATGCATGGTTGCAAGC AAAAGCATCCCGGTGCAACATCTGAAA	18.2
抽穗期	$qlld5D$ Qhs-7D $QHtIB.$1-86	$Xbarc$320– $Xwmc$215 wPt-730876– WPt-8343 wPt-5562– WPt-8971	同株高和叶绿素含量 QTL 引物序列	53.19 38.73 50.47 26.49 55.45 22.67 30.32

续表

性状	位点	标记	引物序列（5'→*3'）	等位基因
倒三叶长	qTLLe5D	Xwmc215 Xgdm63	CATGCATGGTTGCAAGCAAAAG CATCCCGGTGCAACATCTGAAA GCCCCTATTCCATAGGAAT CCTTTTGATGGTGCATAGGA	21.91
倒三叶面积	qTLAr5D	Xbarc320 Xwmc215	同株高和叶绿素含量引物序列	18.0
叶绿素 a	qChla5D QCa5D-10	XWMC215- XBARC345 Xbarc320- Xwmc215	同分蘖 QMtw5D-1 引物序列 同株高和叶绿素含量 QTL 引物序列	16.2 18.23
叶绿素 b	qChlb5D qChlb5D	Xwmc215- Xgdm63 Xbarc320- Xwmc215	同倒三叶长 gTLLe5D 引物序列 同株高和叶绿素含量 QTL 引物序列	2329 28.49
类胡萝卜素	QCx5D-10	Xbarc320- Xwmc215	同株高和叶绿素含量 QTL 引物序列	2725
基部第二节茎粗	SD-10	Xbarc320- Xwmc215	同株高和叶绿素含量 QTL 引物序列	15.49
基部第二节小维管束数目	1B-6	Xbarc119 Xgwm18	CACCCGATGATGAAAAT GATGGCACAAGAAATGAT GGITGCTGAAGAACCITATITAGG TGGCGCCATGATTGCATTATCTTC	17.12
基部第二节髓腔直径	SD-10	Xbarc320- Xwmc215	同株高和叶绿素含量 QTL 引物序列	20.95
穗下节长度	qUIL-4D qUIL-7D	XBARC334 XWMC331 XGWM676 XGWM437	ATCCGCGTGTCAAACTTCTTCC GGGCTGGCTGGGCTAAATG CCTGTTGCATACTTGACCTTTT GGAGTTCAATCTTTCATCACCATCAAGAGCA GAGAAGTACTGT CAGTTCTGACAAAGTCAAAA GATCAAGACTTTTGTATCTCTC' GATGTCCA ACAGTTAGCTTA	17.19 22.04/14.16
穗下节直径	qUID-5D	XWMC215- XBARC345	同分蘖 QMtw5D-1 引物序列	22.67
穗下节茎壁面积	qCWA-5D	XWMC215- XBARC345	同分蘖 QMtw5D-1 引物序列	25.61
穗下节大维管束数目	qLVB-5D	XWMC215- XBARC345	同分蘖 QMtw5D-1 引物序列	22.95

续表

性状	位点	标记	引物序列（5'→*3'）	等位基因
穗下节大小维管束比 L/S	qL/S-7D	XGWM295 XGWM676	CCATAAGTGTTTGCGTTTATTCC AATGCACTATTTTTATAGCTTTGT CAAGAGCAGAGAAGTACTGT CAGTTCTGACAAAGTCAAAA	15.17
叶片细胞膜透性（-18℃）	Qcmp-5B-1 qCMP-1B-1 qCMP-3B-2	Xgwm2/3 Xswes861.2 Xcfe156 Xwmc406 Xgwm.566 Xcfe009	CTAGCTTAGCACTGTCGCCCTGCCTGGCTCG TTCTATCTC GTTCCCTCCCAAGCCCTAA CGTAAAGCCGCTCCACCT TGTGCGCCATCTGCTACTC CTCCTAGATCCCGCGTCTCTATGAGGGTCGG ATCAATACAACGAGTTTACTGCAAACAAATG GCTGGCTTCGAGGTAAGCAACTCTGTCTACC CATGGGATTTG TTCCTTCCAGTATCGTTGGCAGGACTGCGGG TTGATTTC	17.5/14 18.4 17.7

除 *DArT* 标记外，所有两侧标记的引物序列及其扩增反应条件可在 http://wheat.pw.usda.gov/GG2/index.shtml 网站中查询到，而 DArT 标记可在 http://www.triticarte.com.au/ 网站上查到。这些生理性状的分子标记大多数可在育种过程中用于对应性状的辅助选择，其中贡献率最高位点的两侧标记 *Xbarc*320 - *Xwmc*215 已用于抽穗期基因的精细定位和早熟品系的筛选。

（二）目前国内外应用好的生理性状分子标记

国内外其他科学工作者也鉴定和开发了很多生理性状的 QTL 及其分子标记。澳大利亚科工组织植物产业部正在开发茎秆水溶性碳水化合物（WSC）、蒸腾效率（TE）、气冠温度、籽粒重量和大小、根特性、矮化性状等生理性状的分子标记，其中，矮秆基因 *Rht-B1b/Rht-D1b* 的分子标记、矮化病基因的 SNP 标记（来源于基因和启动子的 SNP 标记）、阻止分蘖基因的 SSR 标记 *gwm*136（与该基因共显性）、耐盐性基因 *Nax1* 的 SSR 标记 *gwm*312（共显性）和 *Nax2* 的 SSR 标记 *csLinkNax*2（共显性）等已用于分子标记辅助育种。此外，日本主要开展了水稻的生理性状的分子标记开发工作，如抽穗期基因 *Hd1*、*Hd6*、*Hd5*、*Lhd4*、*Ehd1*，矮性遗传基因 *Sd1*，抽穗期耐冷性基因 *Ctb1.qCT7*、*qFRT6* 的分子标记也开始应用于育种。

国内生理性状的 QTL 研究多集中在光合特性方面，如叶绿素含量、光合速率、叶绿素荧光参数等，其位点涉及多条染色体，其中在 SB 染色体上检测到的

有关生理性状的主效 QTL 最多（25 个），其次是 2D 染色体（19 个 QTL）、4B 和 3B 染色体（各 16 个 QTL）、2A 和 7D 染色（各 14 个 QTL）、2B 染色体（13 个 QTL）、5A 染色体（14 个 QTL）、3A 和 6B 染色体（各 11 个 QTL）、SD 和 6A 染色体（各 10 个 QTL），剩余染色体上的 QTL 都小于 10 个，最少的 1D 染色体仅 2 个 QTL。因此，在 5B 和 2D 染色体上存在控制生理相关性状的重要 QTL/基因区段，而且第 2 同源群对生理相关性状来说比较重要。但是有关生理性状的分子标记应用，主要以春化基因、光周期基因和矮秆基因为主，其次是与抗穗发芽、磷高效、叶绿素含量、氮高效、分蘖、根系、抽穗期等性状有关的分子标记。表 5-10 是已报道的应用较好的主要生理性状分子标记及其序列。

表 5-10 应用较好的主要生理性状分子标记及其序列

性状	基因/QTL	引物名称	引物序列（5'→3'）
春化	Vrn-A1	Vrn-A1a1/Vm-A1b1 Vrn-A1c1 vrn-A1	GAAAGGAAAAATTCTGCTCG GCAGGAAATCGAAATCGAAG AGCCTCCACGGTTTGAAAGTAA AAGTAAGACAACACGAATGTGAGA GCACTCCTAACCCACTAACC TCATCCATCATCAAGGCAAA CAAGTGGAACGGTTAGGACA
	Vrn-B1	Vrn-B1 vrn-B1	CTCATGCCAAAAATTGAAGATGA CTCATGCCAAAAATTGAAGATGA CAAATGAAAAGGAATGAGAGCA
	Vrn-D1	Vrn-D1 vrn-D1	GTTGTCTGCCTCATCAAATCC GGTCACTGGTGGTCTGTGC GTTGTCTGCCTCATCAAATCC
	Vrn-B4	Vrn-B4 vrn-B4	AAATGAAAAGGAACGAGAGCG CATAATGCCAAGCCGGTGAGTAC ATGTCTGCCAATTAGCTAGC ATGCTTTCGCTTGCCATCC CTATCCCTACCGGCCATTAG
光周期	Ppd-D1 Ppd-d1 Ppd-B1	Ppd-D1a Ppd-D1b	ACGCCTCCCATACACTG CACTGGTGGTAGCTGAGATT ACGCCTCCCATACACTG TGTTGGTTCAAACAGAGAGC ATTTTAAGGCGCAGAGCTCATGGACAAAGA GAGCAGACGAAATCGGCTTTTGAA CGTCTGTCTGTTCCTGCC GAATCAGCTGTCTAAATAGTAC

续表

性状	基因/QTL	引物名称	引物序列（5'→3'）
抗穗发芽		VpIB3(STS) Xgwm155(QTL) MST101(STS) WMC104(STMS)	TGCTCCTTTCCCAATTGG ACCCTCCTGCAGCTCATTG CAATCATTTCCCCCTCCC AATCATTGGAAATCCATATGCC CCACCATGAAGACCTTCCTC ACCTTGCATGGGTTTAGCTG TCTCCCTCATTAGAGAGTTGTCCA ATGCAAGTTTAGAGCAACACCA
氮高效	Chr16 Chr20	Xgwm190 Xgdm063 Xgwm191 DUPW217	GTGCCACGTGGTACCTTTGGTGCTTGCTGAG CTATGAGTCGCCCCCTATTCCATAGGAAT CCTTTTGATGGTGCATAGGA 5' AGACTGTTGTTTGCGGGC3' 5' TAGCACGACAGTTGTATGCATG3' CGAA TTACACTTCCTTCTTCCG CGAGCGTGTCTAACAAGTGC
矮秆	Rht1(Rht-B1b)(STS) Rht2(Rht-D1b)(STS) Rht4(SSR) Rht5(SSR) Rht8(SSR) Rht9(SSR) Rht12(SSR) Rht13(SSR)		CCTCCCTCCCCACCCCAAC CATCCCCATGGCCATCTCGAGCTA CGCGCAATTATTGGCCAGAGATAG CCCCATGGCCATCTCGAGCTGCTA CGAGAAGTCTACATATCGAGGG CAACAATGACAACAGAAGGGTG GGAGAGGACCTGCTAAAATCGAAGACA GCGTTTACGGATCAGTGTTGGAGA CTCCCTGTACGCCTAAGGC CTCGCGCTACTAGCCATTG TGAGGAAAATGTCTCTATAGCATCC CGCATAAACACCTTCGCTCTTCCACTC GGACTTGAAAGGAAGCTTGTGA CATGGATGGCATGCAGTGT ATGGCATAATTTGGTGAAATTG TGTTTCAAGCCCAACTTCTATT
磷高效	TaPHR1	Kpn BamH	GGTACCTTAACTATCATGCACCCTTCG GGATCCATGAGGAGGTGTGATCTGAGACTC
叶绿素	QCa5D-10 TaCKOX4	Xbarc320 Xwmc215 Tx19 TX20	CGTCTTCATCAAATCCGAACTG AAAATCTATGCGCAGGAGAAAC CATGCATGGTTGCAAGCAAAAG CATCCGGTGCAACATCTGAAA AGGTTGGTGTGCTGCTGTCTC CTCCGCTCAAATGTCTCCCAC

续表

性状	基因/QTL	引物名称	引物序列（5'→3'）
根系	qTaLRO-B1	Xgwm210 XBARC1138.2	TGAGAGGAAGGCTCACACCT TGCATCAAGAATAGTGTGGAAG GCGATGTCATGCTCACCAATGTGT GCGTGCTCCACTCAGAGACTATCATAAA
分蘖	QMtw5D-1 QEth6D	Xwmc215 XBARC345 Xswes679.1 Xcfa2129	CATGCATGGTTGCAAGCAAAAG CATCCGGTGCAACATCTGAAA CGCCAGACTGCTAGGATAATACTTT GCGGCTAGTGCTCCCTCATAAT CGCAACCACGACCCACTT TGATATGCCCTCGCCACC GTTGCACGACCTACAAAGCA ATCGCTCACTCACTATCGGG
抽穗期	qIId5D	Xbarc320 Xwmc215	CGTCTTCATAAATCCGAACTGAAAATCTATG CGCAGGAGAAAC CATGCATGGTTGCAAGCAAAAG CATCCGGTGCAACATCTGAAA

二、主要生理性状分子标记的应用

据不完全统计，目前，我国共克隆农作物性状相关的基因364个，其中抗病虫基因47个，抗非生物胁迫基因101个，品质相关基因61个，产量相关基因11个，育性相关基因18个，与生理发育有关的基因126个；在所有农作物中，水稻的研究走在前列，如控制水稻产量的基因 GS3、Ghd7、GW2和GW8，穗形态基因 DEP1、DEP2，籽粒灌浆充实度基因 GIF1、PHD1，水稻株型基因 MOC1、IPA1、LAZY1、TAC1和PROG1，抽穗期基因 RID1，茎秆强度基因 FC1，广亲和基因 S5和Sa，白叶枯病抗性基因 Xa3、Xa26、Xa13，褐飞虱抗性基因 Bph14，抗盐的主效QTL/基因 SKC1，抗旱关键基因 SDIR1、SNAC1和OsSKIPa，磷营养高效基因 AsPFT1、OsPHR2等。近年来，我国在分子标记育种技术、多基因聚合育种技术和全基因组选择技术方面均有一些重要进展。在大规模开发实用分子标记的基础上，通过分子标记育种与传统育种技术相结合，已选育出一批优质抗病虫水稻等作物的新材料和新品种，其中主要涉及的抗病基因有 Xa4、Xa21、Xa23、R-sb2t、Pi1、Pi-1、Pi-2、Pi-25、P1-33、R-sbzt；涉及的其他性状基因有 Wx基因、育性基因 Rf5和抽穗期基因等。小麦的基因克隆和分子标记开发及应用都远远落后于水稻，而且小麦的分子标记主要体现在抗病、品质等方面，生理性状的分子标记相对比较少，下面对生理性状分子标记应用工作做简单介绍。

三、光周期基因分子标记的应用

光周期基因对小麦生长表现出多效性。非敏感光周期基因在热干燥环境条件下占主导地位，主要由 $Ppd-D1$、$Ppd-B1$ 和 $Ppd-A1$ 控制。欧洲学者研究表明，光周期非敏感基因 $Ppd-D1$ 对小麦适应性育种贡献很大，其多效性也比较突出。例如，其在欧洲南部可以促进产量增加，在北部趋于减产，而在中部则表现为中性。$Ppd-D1$ 主要是促进花原基形成，并在不同光照条件下都提早开花，提早的天数随季节变化而变化，一般在 3～5 天。$Ppd-B1$ 相对于 $Ppd-D1$，非敏感性较弱，但和 $Ppd-D1$ 一样可以加速二棱期的出现，并使以后小穗在短日照条件下完成生长。

黄琼瑞（2010）利用 2 对 STS 标记对 260 份材料和 49 份高代品系的光周期基因 $Ppd-D1$ 位点进行鉴定分析，结果表明绝大部分国内推广的品种均为光周期不敏感型，对光照环境具有广泛适应性，光周期敏感型品种主要来自引种材料，仅 3 份出现在国内品种中，且均出现在冬麦区中，其生长习性分别为冬性和偏冬性。

欧洲在非敏感光周期基因研究和应用方面处于领先地位。意大利的育种家最早将非敏感光周期基因 $Ppd-D1a$ 转入欧洲小麦品种，并以此培育了一大批的光周期非敏感品种。在欧洲南部和中部温暖干燥的环境中，引入 $Ppd-D1a$ 基因明显提高了小麦的平均产量，在欧洲南部产量提高了 35%，中部产量提高了 15%。

杨芳萍等（2011）利用光周期位点 $Ppd-D1$ 标记对 23 个国家的 755 份品种进行检测，发现光周期迟钝型 $Ppd-D1a$ 的分布频率为 55.2%。光周期敏感等位变异 $Ppd-D1b$ 主要分布在纬度较高的地区，即美国各麦区，以及德国、挪威、匈牙利、中国东北地区、加拿大、智利和阿根廷，来自其余麦区的品种均携带光周期迟钝等位变异 $Ppd-D1a$；携带 $Ppd-D1a$ 的品种在河南安阳大部分能够成熟，而携带 $Ppd-D1b$ 的品种在河南安阳基本不能成熟。

曹霞等（2010）利用光周期基因 $Ppd-D1$ 位点分子标记对来自新疆小麦 185 份品种进行了检测，发现 80.0% 的品种（系）携带光不敏感显性等位变异 $Ppd-D1a$；其中在春性和冬性小麦品种（系）中，$Ppd-D1a$ 出现的频率分别为 83.5% 和 77.0%。新疆小麦品种（系）中，存在 11 种春化和光周期基因显性等位变异的组合。

墨西哥国际小麦玉米改良中心（CIMMTY）在小麦育种中，利用 Ppd 和其他基因结合，跟踪、转移和聚合了多个基因，开展卓有成效的基因聚合育种工作。

第九节 DNA分子标记在遗传育种中的其他应用

一、F_1杂种优势预测与遗传基础的QTL分析

（一）F_1杂种优势的预测

杂种优势是生物界存在的一种现象，自20世纪30年代人们在生产上应用杂交玉米获得高产后，便开始了杂种优势在农作物生产上的大规模应用。目前玉米、高粱、小麦、水稻和许多蔬菜作物均广泛利用F_1杂种优势并取得显著的增产效果，因而令许多生物学家和遗传学家对杂种优势的机理及预测研究倍感兴趣。尽管在过去的几十年里，人们分别从形态、生理、遗传标记和统计等方面做了大量工作，但限于实验手段，过去的绝大多数研究均难以获得明确的结果。近年来分子标记技术的产生和迅猛发展，为直接探讨这一问题提供了可能（图5-7）。

利用DNA分子标记对亲本遗传差异性与杂种优势的研究首先从玉米开始，并已获得大量的实验数据。在水稻中，我国学者系统研究了分子标记基因型杂合性与杂种优势的相关性，并探讨了利用分子标记预测杂种表现的可能性。他们用分布于水稻整个基因组100多个RFLP和SSR标记对各亲本进行多型性分析，以亲本基因型推测杂种基因型。为研究基因型杂合性F_1表现和杂种优势的关系，他们还提出了一般杂合度和特殊杂合度两个统计量。一般杂合度是指由所有标记检测到的两亲本间的差异程度，而特殊杂合度是指根据单因子方差分析所确定的对某一性状有显著效应的标记计算的亲本间差异程度。结果发现，基因型杂合度与杂种表现及杂种优势的相关性在不同材料中表现出较大的差异。在美国长粒型品种材料所配制的双列杂交组合中，一般杂合性与杂种产量呈现出高度相关性（r=0.873）；在我国优良杂交稻亲本材料配制的双列杂组合中，特殊杂合性与种优势也有很高程度的相关性（r=0.773）。而在稻和粳稻的混合材料中，杂合性与杂种表现及杂种优势的相关程度较低。这可能与不同组合中杂种优势的遗传基础不同所致。他们还用8个亲本配制完全半双列杂交产生28个F_1杂种，同时检测了8个亲本的多态性，以双亲标记基因型差异的百分比代表F的杂合性。结果发现了16～30个影响产量及其构成因素的阳性座位，大多数阳性座位呈部分显

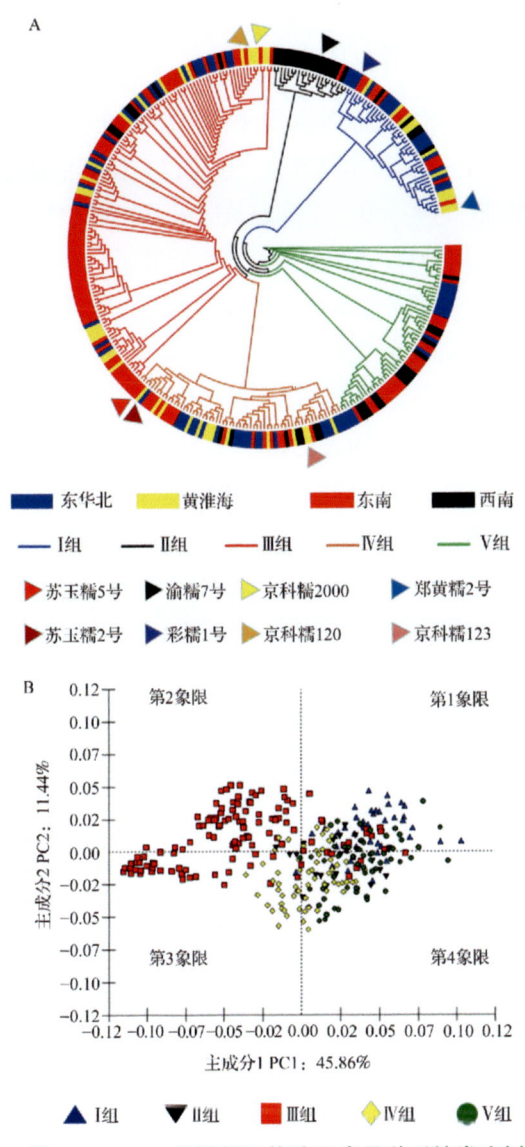

图 5-7 DNA 分子标记构建玉米品种系统发生树

性,只有在很少一部分座位表现超显性。但在所有的阳性座位中,单株产量均表现超显性,显性度值在 1.33～3.66。他们分别以所有标记座位的资料和阳性座位的资料分析了 F_1 杂合性和杂种优势的关系,结果表明:不论是以产量还是中亲杂种优势作为指标,应用阳性座位的资料大大提高了毛重、谷重和生物学产量与 F_1 杂合性的相关性。另外,他们还比较了应用 68 个多态性 RFLP 探针和 8 个 SSR 探针与应用 92 个多态性 RFLP 探针和 12 个 SSR 探针的结果,表明探针数的增加并不能提高杂合性的杂种优势的相关性。

（二）杂种优势遗传基础的 QTL 分析

20 世纪 90 年代以来，人们借助 DNA 分子标记技术和分子遗传连锁图谱，应用新近发展的作图和统计软件，可通过全基因组分析定位 QTL，估算各位点的遗传效应，确定数量性状的遗传基础。这些分析方法也已被应用于杂种优势遗传基础的研究。

Stuber 等（1994）利用 QTL 分析方法，首先研究了一个优良玉米单交种中杂种优势的遗传基础。他们认为超显性是产生杂种优势的主要遗传基础。我国学者张启发等用 8 个优良水稻亲本双列杂交分析表明，至少有 16 个影响产量及其构成因素的阳性座位，大多数阳性座位呈部分显性，只有在很少一部分座位表现超显性。

作物（包括水稻）杂种优势的表达是一个非常复杂的过程。由于在不同的组合中，控制杂种优势的座位存在差异，各座位上的显性程度又有所不同，同时所用标记座位与杂种优势有关基因的连锁关系也不同。因此，简单地根据若干个标记座位的差异性来预测 F_1 杂种优势及进行遗传基础的 QTL 分析是不现实的。由于在不同组合中，纯合座位总加性效应以及加性效应与显性效应的互作各不相同，F_1 杂种的产量更容易受到遗传背景的影响。我们认为只有研究了大量组合后，才可能了解各染色体片段对产量的影响及各阳性片段的在各品种中的共有性与特异性。在这个基础上，人们就能根据一些理论模型制定杂种优势预测的策略，服务于杂交育种实践。

二、基于分子标记图谱的基因克隆

传统的育种方案局限于通过种内或种间杂交和回交等手段来实现基因流动，在作物遗传改良的广度和深度上都是有限的。随着分子生物学的发展，一部分控制重要性状的基因相继被定位到饱和的分子标记图谱上，可以利用图谱分离和克隆这些基因，最终利用转基因技术来改良作物品种，从而在作物遗传改良的广度、深度以及速度上产生巨大的飞跃。下面就图位克隆的一般策略和关键步骤及在水稻重要基因分离中的应用作一简要阐述。

三、图位克隆的一般策略及关键步骤

（一）图位克隆的一般步骤

图位克隆（Map-based cloning）又称定位克隆（positional cloning），1986 年首先由剑桥大学的 Coulson 等提出。该方法的基本原理是将目的基因精细地定位于高密度的分子图谱上，然后以紧密连锁的分子标记为起点，运用染色体步行

(chromosome walking)等方法逐渐向目标基因靠近,最终克隆该基因。该方法的优点是根据目的基因在染色体上的位置进行的,无须预先知道基因的DNA顺序,也无须预先知道其表达产物的有关信息,但必须具备以下两个基本条件,一是有一个根据目的基因的有无建立起来的遗传分离群体,如F、DH、BC和RI等;二是找到与目的基因紧密连锁的分子标记。

图位克隆的一般策略包括以下几个方面的工作:用遗传作图和物理作图法将目的基因定位在染色体的特定位置;构建含有大插入片段的基因组文库;以与目的基因连锁的分子标记为探针筛选基因组文库;用获得阳性克隆构建目的基因区域的重叠群;通过染色体步行、登陆或跳跃获得含有目标基因的大片段克隆;通过亚克隆获得含有目标基因的小片段克隆;通过遗传转化和功能互补最终确定目标基因的碱基序列。

(二)基因图位克隆的关键

基因图位克隆的关键在于利用功能基因在基因组中存在的相对稳定的基因座,通过分子标记技术精确地定位目标基因。这一技术依赖于与目标基因紧密连锁的分子标记来筛选DNA文库,构建出目的基因区域的物理图谱。

图位克隆的过程涉及多个关键步骤,包括找到与目标基因紧密连锁的分子标记、用遗传作图和物理作图将目标基因定位在染色体的特定位置、构建含有大插入片段的基因组文库、以与目标基因连锁的分子标记为探针筛选基因组文库等。通过这些步骤,研究人员可以逐步逼近候选区域,最终找到包含目标基因的克隆并克隆该基因。

值得注意的是,图位克隆技术理论上适用于一切基因,但由于需要构建完整的基因组文库、建立饱和的分子标记连锁图和完善的遗传转化体系,对于基因组较大、标记数量不多而重复序列较多的生物,采用此法可能投资大且效率低。因此,目前图位克隆技术主要局限于拟南芥、水稻、番茄等图谱饱和的模式植物上。

目前主要借助连锁图谱和比较基因组学的研究成果来筛选与目的基因紧密连锁的分子标记。基因图位克隆的关键在于利用分子标记技术精确定位目标基因,并通过一系列复杂的步骤和过程,最终实现目标基因的克隆。这一技术在现代生物学和基因工程领域具有广泛的应用前景。

(三)借助连锁图谱筛选分子标记

当基因图位克隆策略刚刚提出的时候,植物分子连锁图谱的构建尚处于萌芽阶段,在当时要找到一个与目标基因连锁的分子标记通常要花费数月甚至数年的时间，在最近的10年里，这种状况有了明显改善，由于可以很方便地建立和维持建图所必需的较大的分离群体，因而植物分子连锁图构建工作的发展速度远远超过了动物的同类研究。现在业已建立图谱的植物已多达几十种，其中水稻、玉米、番茄、小麦、马铃薯和拟南芥等重要粮食和模式作物的遗传图谱已相当精细，含有数百甚至数千个标记。高密度分子连锁图谱的绘制为筛选与目的基因紧密连锁的分子标记提供了良好的开端。如最近公布的一张水稻分子连锁图谱由平均间距为300kb的1383个DNA标记组成，相邻两位点的平均距离是1.1cm。这就为寻找与目的基因紧密连锁的分子标记提供了极大的便利（图5-8）。

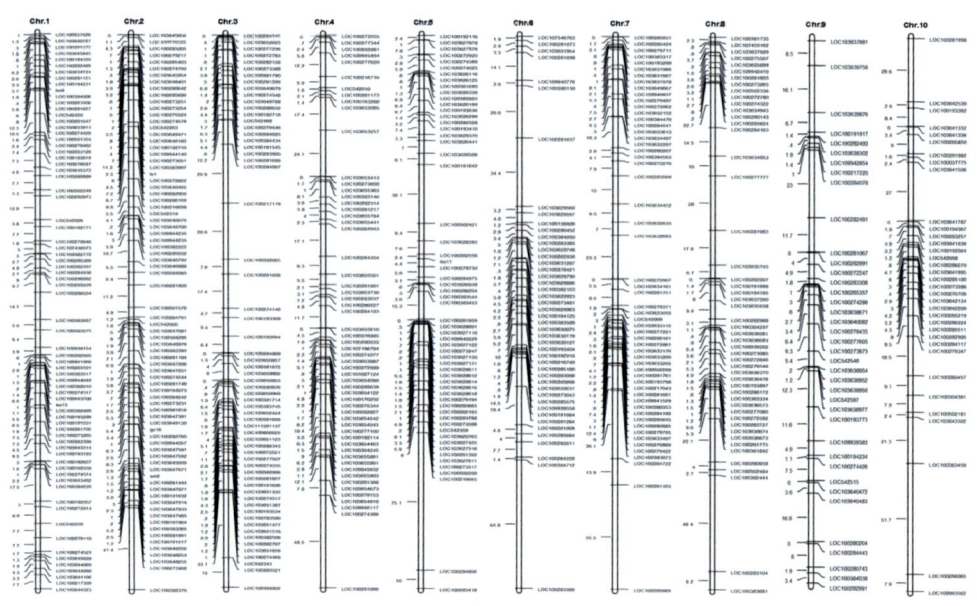

图5-8　玉米全基因组高密度遗传连锁图谱

（四）借助比较基因组学共享分子标记

比较基因组学研究主要是利用相同的DNA分子标记的相关植物种之间进行遗传与物理作图，比较这标记在不同物种基因组中的分布特点，揭示染色体片段上的基因排列顺序的相似性，并由此对相关物种的基因组结构和起源进化进行分析。已有的研究表明，存在生殖隔离的不同物种之间的标记探针的同源性、拷贝数及连锁顺序上都具有很大程度的保守性。如水稻、小麦和玉米；大麦和水稻等。

（五）图位克隆在水稻重要基因分离中的应用

近 10 年来，运用基于图谱的克隆技术已分离到大量的植物基因，尤其是与抗病有关的基因。在水稻抗病基因的克隆方面也取得一定进展。如 Grant 等（1995）利用图位克隆的方法成功地从水稻基因组中分离出抗白叶枯病基因 Xa - 21；同时我国中国科学遗传研究所的宋文源等与美国加州大学戴维斯分校的科学家合作，通过水稻第 11 染色体上与抗白叶枯病基因 Xa - 21 紧密连锁的分子标记 RG103，并借助细菌人工染色体克隆成功地分离到该抗病基因，并在美国《Science》杂志上发表。这是采用图位克隆法分离水稻重要基因的首次报道。由于图位克隆法起步较晚，相信在不远的将来，越来越多的有利基因将被人们所克隆和分离。与植物基因工程技术相结合，水稻分子标记连锁图谱将为水稻品种改良开辟一条全新的途径。

第六章

农作物种质资源创新利用技术

随着科技的不断发展和农业现代化的推进,农作物种质资源创新技术逐渐在农业种质资源的综合利用方面展现出巨大的潜力。本章将通过论述农作物有性杂交种质创新技术、农作物分子育种创新技术、农作物细胞工程创新技术、农作物基因工程创新技术这四方面的内容来具体分析创新技术如何应用于农作物种质资源综合利用,进一步推动农业向现代化、高效化和可持续发展的方向迈进。

第一节 农作物有性杂交种质创新技术

农作物种质资源的保护、保存与鉴定评价等诸多工作的最终目的是保证种质资源的可持续创新利用,因此,在不断研究、完善安全保存技术体系的基础上,更需要进行农作物种质资源种质创新技术研究,建立健全创新利用技术体系。本章都会以野生稻为分析对象,论述下面的一些内容。

在诸多品种遗传改良、基因重组的创新技术中最简单易行、成本最低的是野生稻种质资源与栽培稻种间有性杂交技术。我国保存的野生稻种质资源多数为普通农作物种质资源,它们与栽培稻同属 AA 染色体组,不存在种间性隔离问题。我国是最早利用野生稻种质资源与栽培稻杂交,育成新的优良品种在生产上应用的国家。在老一辈水稻育种家的努力下,已经有许多利用普通野生稻种质资源种质做亲本,采用杂交育种技术,育成优良新品种的成功例子(图 6-1)。因此,种间有性杂交育种技术也是野生稻种质资源创新利用的主要有效技术之一。

图 6-1 谷子种质资源创新

有性杂交种质创新关键在于杂交亲本及后代的选择，而选择取决于创新（育种）目标的确定方向和具体要求。因此，能否出现新的变异关键在于有性杂交，种间遗传基因的重组表达；能否获得符合创新（育种）目标需要的类型，关键在于研究者（育种者）选择的精准性，其中具有很大的经验因素（图6-2）。野生稻种质资源有性杂交种质创新技术的工作程序为：创新目标确定→农作物种质资源、栽培稻优异（创新）种质选择→去雄杂交→杂种后代选择→品系比较试验→优良材料、品系展示与分发利用。有性杂交种质创新的技术工作看起来简单，但每一步都有细腻的操作关键，需要细心和动作精准。

图6-2 高粱种质资源创新

一、创新目标

种质创新工作像水稻育种一样，从一开始就需要确定工作目标。而野生稻种质资源优异种质创新工作的目标是为水稻育种服务的，因此也是与育种目标相似的。种质创新目标是一个阶段性的目标，不同的历史阶段会有不同的目标，而目标的确定主要来自农业生产发展的需要，只有符合生产需要的创新目标才是有用的目标，也只有切合技术发展水平的创新目标才是可以实现的目标。

现阶段的野生稻种质资源创新目标主要在以下几方面。

（一）高产持续创新目标

国家水稻超高产育种已经进入第三期的后期水稻超高产新品种培育，单产达到 900kg/亩，在南方双季稻单产试验产量达到 750kg/亩的水平。因此，农作物种质资源优异种质创新的高产目标必须为此服务。然而，农作物种质资源物种中普遍存在落粒性的问题，单份种质的产量普遍很低。在种质创新上有必要挖掘具有高产潜力的基因，利用生物产量高的种质与高产水稻种质进行有性杂交获得杂种后代，然后进行 QTL 基因的新基因位点挖掘，从而获得高产的优异种质，进而达到持续高产创新的目标，为育种者提供优异种质的目的。持续高产种质挖掘是农作物种质资源种质创新的最主要目标。

（二）优质（保健）创新目标

随着国家经济建设的发展，人们生活水平也不断提高，对生活质量的要求也越来越高，对农产品的绿色、有机、高档性的要求也越来越明显。同时我国也逐步进入老龄社会，很多的老年人对保健要求也越来越高。因此，野生稻种质资源优质创新除了传统的稻米品质分析外，需要不断增加保健功能的成分鉴定评价和种质创新，特别是在国外野生稻种质资源中寻找更多优质的种质资源，把优质的资源进行遗传改良构建新的高产优质作物种质资源基因渗入系，为育种家服务。优质保健种质创新同样是作物种质资源有性杂交创新的重要目标。

（三）多抗创新目标

目前，我国南方水稻新品种区域试验评价审定标准已经实行稻瘟病抗性一票否决制度，稻瘟病等主要病虫害已经是水稻育种和生产必须解决的重大问题。当前在育种家手上的抗源很少，许多育种家希望从农作物种质资源中寻找到新的广谱性抗源。经过多年的鉴定评价我们发现农作物种质资源中存在部分高抗水稻稻瘟病的种质材料，也存在抗白叶枯病、抗褐飞虱、白背飞虱、南方黑条矮缩病等抗源。

近十多年来，全球气候变化很大。尤其是前几年我国东北三省发生百年不遇的洪涝灾害，而南方不少市县遇到干旱，因此，抗逆性优异种质的鉴定评价、创新利用也是农作物种质资源必须开展的工作。根据原来的研究结果，在农作物种质资源中也发现众多的强耐旱、耐寒、耐污染（污水、废气、废渣、有害重金属等）、耐涝等优异种质。它们是多抗性种质创新的重要物质基础。获得多种抗性种质也是农作物种质资源优异种质创新的重要目标。

（四）技术创新目标

作物种质资源优异创新，其基础主要表现在技术创新和优异种质的鉴定评价中获得具有特色的种质。因此，技术创新是农作物种质资源种质创新的关键。有了创新高效技术就能最大限度地获得高效的结果。在有性杂交为基础的农作物种质资源创新技术上进行技术性创新也是十分必要的。按目前技术水平看，可以在多种细胞学、分子生物学、基因组学等不同学科领域的技术集结整合、联动上进行技术创新研究，发明新的技术方法，获取发明专利和科技成果。技术创新目标也是农作物种质资源有性杂交创新的主要目标。

二、创新材料准备

作物种质资源优异种质资源创新材料准备必须根据创新目标来选择，不同的创新目标要求使用具有不同优异种质的材料做杂交亲本或基因供体，特别是有性杂交技术的种质创新，受到杂交亲和性的影响。野生稻种质资源种质创新材料准备主要来源于两大块，一是农作物种质资源；二是栽培稻种质资源。当然，也可以使用来源于禾本科的其他物种。

（一）农作物种质资源准备

根据基因、性状互补的原理，按创新目标进行优异作物种质的选择例如抗稻瘟病种质创新，目标需要创新出高抗稻瘟病的新种质，就要选择具有高抗稻瘟病特性作物种质作为亲本，进行作物种质资源种质的移栽种植，根据亲本的生育期长短安排播种期，保证双亲的花期相遇，如果计划在早造期间做杂交，还要其进行遮光的短日照处理，保证其按时抽穗，顺利进行有性杂交。

（二）栽培稻种质资源准备

野生稻是未经人工驯化的物种，具有许多栽培稻没有的优异基因，同时也具有许多不利于农业生产的性状和特性。在进行种质创新时一定要根据创新的目标选择具有优良性状的当家品种作为创新亲本。最好就是选择仅需要改良某个单一特性的品种作为亲本，这样可以更快地实现创新目标。栽培稻亲本的选择具有很大的余地，可以采用常规品种、杂交水稻恢复系、保持系、不育系，也可以采用具有特殊功能的品种作为创新的亲本。栽培稻种质的准备应根据品种特性生育期等要素进行播种栽培准备，关键在于保证创新亲本的花期相遇能够正常杂交授粉。

（三）禾本科的其他物种准备

野生稻有性杂交创新技术的其他亲本准备，可以包括禾本科的其他物种的材料，如玉米、高粱，甚至竹子等种属间的材料，采用远缘杂交技术进行种质创新。这些种质的准备也要根据创新目标的要求进行选择，而且主要是作为供体，亲本多为受体。这样做保证创新后代为稻种的基本型。远缘杂交的材料准备关键是保证野生稻开花期能够获得供体的花粉。

三、杂交创新技术

野生稻有性杂交属于种间远缘杂交的技术范畴，比水稻的籼粳杂交具有更大的难度。然而，有性杂交技术是作物品种改良中最成熟的技术，已经成功地使用200多年。在亲本材料准备好后，就需要考虑采用相应的杂交技术。它包括单亲本杂交、多亲本复合、回交、测交等多种杂交技术，技术规程如下。

（一）去雄技术规范

有性杂交创新技术的去雄技术方法有多种处理，常用的有人工去雄、温汤去雄、机器吸收去雄等。

1. 手工去雄处理

选择晴天在10：00前进行母本去雄处理，即水稻小穗开花前把小花内的雄蕊去掉。如果杂交规模很大，当天上午的工作时间无法完成任务，可以提前到头一天的16：00后做去雄工作，为第二天授粉做好准备。

手工去雄的具体操作程序如下。

①选择穗子。对参试母本材料进行观察检查，选择健康粗壮的主茎穗或粗大的分蘖穗备用，要求不能要有病或被害虫危害的穗子，特别是有稻瘟病危害的穗子，或者感染其他病害的穗子。

②整穗。选定穗子后用10cm的眼科手术剪刀（小剪刀），把已经开花或已经闭花授粉的小穗剪除，也把其他生长过嫩的小穗剪去，每个穗子仅保留最健壮的10～30个小花。注意选择的小穗应在穗枝梗上呈现较均匀分布，过密会影响杂交结实率，过稀疏又不易授粉。

③去雄。用小剪刀对每一个小穗进行去雄处理。在小穗内颖中部3/5处倾斜向外颖顶端1/3处剪去上部颖壳，也可以在内外颖1/3处整齐剪去上部颖壳。随后用小镊子把雄蕊逐一去掉。质量要求是：操作过程一定要小心，必须保证去雄干净，同时有不损伤柱头。

④套袋。当整个穗子保留的小穗全部去雄完毕后，用 25cm×6cm 的杂交用纸袋进行及时套袋，防止其他花粉串粉，影响杂交效果。套好袋子的穗子备用。

2. 温汤去雄

温汤去雄技术规程主要有以下技术步骤：工作准备，用保温的热水瓶装好开水带到田间，或者带烧开水的工具到田间，利用休息间烧热水备用；温汤杀雄，用调温度到 45℃的热水浸泡稻穗 5min，随后取出穗子备用；整穗，此步骤技术操作与人工去雄的做法一样。去雄蕊，经过温汤浸泡后小穗的花粉已经失去生活力，此时去掉雄蕊的目的主要是为杂交授粉更加方便和更有效。套袋，去雄蕊结束后随即套袋，操作步骤和技术要求与人工去雄的技术要求一样。

3. 真空泵吸收去雄

购买专业的水稻杂交去雄真空泵，在田间把经过整穗、剪颖等步骤（与人工去雄的技术步骤相同）后的穗子，用真空泵的吸风口对准穗子的小穗剪口，开动吸气阀，把雄蕊抽吸干净后，随即套袋备用。技术关键是剪颖需要剪去 1/3 颖壳；真空泵使用时需要控制好吸风的力度，不能过大，也不能过小。风力太大会把柱头吸坏，过小吸不干净。

（二）杂交技术规范

农作物种质资源种质有性杂交创新技术采用的杂交技术方法有多种多样，从父母本的使用上，有用栽培稻品种作为母本的，也有用农作物种质资源作为母本的。这两种做法各有好处，可以根据创新研究者的需要而定。用栽培稻品种做母本，F_0 代杂交种子不易落粒，获得杂交种子比较容易。这种方法操作简易，也是多数育种者采用的方法。用农作物种质资源种质做母本，F_0 代杂交种子易落粒，不易获得杂交种子，要获得大量杂交种后代需要采用胚挽救等技术，操作难度较大，使用者较少。但是，农作物种质资源种质做母本能够给杂交后代带来农作物种质资源的细胞质遗传基因，增加遗传基础的多样性，对选育新品种有好处。

从亲本的使用多少的角度说，有性杂交方式有单交，复交、回交、测交、正反交等方式对于种间远缘杂交技术为了克服杂交不亲和性，人们还创造出把杀死的母本花粉与父本花粉混合授粉的杂交蒙导法，来提高杂种获得率。

1. 单交

单交指的是单一亲本间的杂交，农作物种质资源种质可以作为父本也可以做母本，如用某一个栽培稻品种与某一份农作物种质资源种质杂交，以后不再连续用其他品种与其 F_1 植株做杂交，而采用 F_1 自交结实方法进行杂种后代选育，这种方法为单交。在文字表示上用"♂"表示父本，用"♀"表示母本，父本写在母本之后。用杂交公式表示和记录杂交后代：

♀（母本品种或种质名称）× ♂（父本品种或种质名称）
↓
F_1 杂种
↓自交
F_2 代
↓自交
F_3 代
↓自交
……
↓自交
F_n 代

式中：F_1 表示杂种第一代；F_2 表示杂种第二代；F_3 表示杂种第三代；F_n 表示杂种多代。

2. 复交

复交指多次单交的方法，即杂交代植株又与其他亲本进行1次或多次杂交。用此以下公式表示：（♀×♂）×♂；（♀×♂）×（♀×♂）；［（♀×♂）×（♀×♂）］×♂；［（♀×♂）×（♀×♂）］×（♀×♂）等。复交能够聚合更多的遗传基因，增加后代变异类型的产生，优良性状互补聚合的机会就多，有更多的优良类型选择机会。但也不是复交亲本越多越好。因为，杂交次数越多遗传基因重组越复杂，后代的分离越疯狂，稳定的世代越长。因此一般情况下很少人愿意复交到后两种方式。然而，只做单交方式进行育种或种质创新的人也不多，所以复交是水稻育种的主要杂交方式之一。经过一定数量亲本的复交后，就让其后代自交，逐步获得稳定品系，其表示方式如单交方式一样，用 F_1、F_2、F_3、F_4……F_n 来表示。

3. 回交

在获得单交杂种后，根据种质创新目标要求，可以进一步采用回交技术，加强某一亲本方的基因表达和优良性状的传递。回交技术能够为近等基因系构建提供极其有效的技术支撑。

回交技术的表达方式：（♀×♂）×♀；［（♀×♂）×♀］×♀；……

例如：♀（栽培稻当家品种）×♂［野生稻优异（抗性、优质等）种质］
↓
选择具有野生稻优异特性的 F_1 单株 F_1（杂种）×♂（♀栽培稻当家品种）
↓

选择具有野生稻优异特性的 B_1 单株 B_1（回交单株）× ♂（♀栽培稻当家品种）
↓
B_2 × ♂（♀栽培稻当家品种）
↓
B_3（自交）
↓
B_4（自交）

回交技术可以针对栽培稻当家优良品种存在的一两个弱点性状（如抗性差）进行野生稻抗性引进，用栽培稻品种回交能有效地强化回交品种的同质结合型的百分率。如果以一对等位基因（A，a）相互杂交（AA×aa），后代不回交，其 F_1 的基因型为 Aa，F_2 分离为 1/4AA：1/2Aa，F_2 自交，则异质结合体再分离出一半的同质结合个体，这样自交几次后，同质结合体为 $(2^n-1/2^n)$，其中两种纯系基因型为 AA 和 aa。如果有 m 对基因，经过几次自交后，同质结合体为 $(2^n-1/2^n)^m$，分为 2^m 种不同的基因型。

然而，杂种后代 F_1 进行回交，同质结合体将加快出现。仍然以一对等位基因为例：

F_1:　　　　　　　　Aa×AA　　　　　　　　第一次回交
　　　　　　　　　　　　↓
B_1:　　　　　（AA 50%；Aa 50%）×AA　　　第二次回交
　　　　　　　　　　　　↓
B_2:　　　（AA 50%+25%；Aa 25%）×AA　　第三次回交
　　　　　　　　　　　　↓
B_3:　　　（AA 50%+25%+12.5%；Aa 12.5%）

可以看到，每回交一次，后代异质结合个体的百分率减少一半显性（AA），同质结合个体百分率相应增加一半，连续回交 3 代显性同质结合个体百分率达到 87.5%。用公式表达回交 3 代，n=3，$(2^3-1/2^3)\times100\%=87.5\%$。当有 m 对基因时，则显性基因同质结合百分率公式为：

$$X=(2^n-1/2^n)^m\times100\%$$

式中：X——回交后代同质结合个体百分率

　　　n——回交代数

　　　m——基因对数

如果用隐性基因型（aa）回交，则隐性同质结合个体百分率也可以用上述公式计算。

回交技术是近等基因系构建的重要技术，可以根据具体需要确定回交的次数。回交技术还可以为超级稻、高大韧稻、优质常规稻新品种培育提供有效的技术支撑。回交技术也是优异种质创新利用的有效技术，技术关键在于回交次数的确定和亲本的准确选择。

4. 测交

测交指的是为了达到某种目的，用需要测定的品种来对其他品种进行测试性杂交，为测定某一新育成的品种（品系）的某种功能特性所进行的杂交方式。例如为了选育新的杂交组合（品种），需要用新选育的稳定品系与不育系进行测试杂交。一方面查清测试品种的恢复能力、保持能力；另一方面获得新的优异品种，为农业生产服务。为了对利用农作物创新处理后的种质进行雄性不育性的恢复能力、保持能力进行测试，创新出更加优良的杂交作物新组合，可以使用野/栽杂交的测交技术，开展深入研究，创新出更多更优良的新种质。

四、选择技术

选择技术方式也是多种多样的，其中最主要的是系谱选择（单株选择、单穗选择）、混合选择、改良混合选择法等技术，它们各有优缺点。

杂交育种或创新种质 F_1 至 F_2 的材料多在杂种圃内种植，应在较高水肥条件和较优良的技术条件稀播插植。F_1 分组合种植，每个组合种植一个小区，杂种种在中间，父母亲本种在两旁，以便和杂种比较，F_1 代应根据遗传显隐性规律去除假杂种。F_1 代的植株性状比较一致，一般不做单株选择，记录生育期，了解性状发育情况，收获时按组合考种，混合脱粒收种即可。在抗病育种或创新中 F_1 代感病严重，则后代很难选出高抗类型，对 F_1 感病组合可以淘汰。

在杂交后代中 F_2 代是变异范围最大的一个世代，种植的株数较多，禾谷类作物每一组合一般要种植 1000～3000 株，以增加选择机会。F_2 的种植方式和栽培条件与 F_1 相似。由于 F_2 各个植株间性状表现有很大的差异，分离严重，因此 F_2 代要严格选择。选择标准以育种创新目标为准，在各生育期进行观察选择。先进行组合的比较，在优良组合中选择优良单株，特别差的组合应淘汰。然后，所选的单株进行室内考种，单独脱粒存放，最后根据单株综合性状进行一次选择，淘汰一部分单株，入选率一般为种植株数的 5% 左右，可根据人力物力条件而定。

（一）混合选择技术

混合选择前期准备工作简单，节省人力物力。从 F_1 到 F_4 代许多性状尚未稳定，即使选择单株，其单株后代仍然会出现分离。为了简化育种创新过程，从 F_1

至 F_5 或 F_6。都可以按杂交组合进行整个小区所有材料的混合播种、栽培管理、混合收种，不做单株选择。在组合内淘汰部分劣株，综合性状表现特别差的、不抗病的组合可以淘汰掉。在这期间还可以创造一些条件加强自然选择和人工选择的作用，如自然发病、人工病菌接种、精选种子等。到 F_5 或 F_6 代就可以进行单株选择，一般来说一次选择所得优良单株，就可以提交初期品系比较试验，以后的处理方法与系谱选择相同。其技术规程是：

（♀×♂）×（♀×♂）（创新亲本复交、单交、回交等获得杂种）

↓

F_1 代（混合种植和收获）

↓自交

F_2 至 F_4 代（混合种植和收获；许多单株的遗传性稳定、即基因型稳定）

↓自交

F_5 至 F_6 代（优良单株选择）

↓自交

$F_{7\sim n}$ 代创新优良品系

混合选择技术关键是：每个世代的材料都要尽量收集，不能丢失；栽培管理需要给予高水肥条件管理，但是不做病虫害防治，达到自然病虫害抗性鉴定的效果；从 F_5 至 F_6 代起进行优良单株选择直至稳定品系的获得。④单株选择必须切合农业生产需要，为生产服务。

（二）改良混合选择技术

改良混合选择技术有以下两种常用方法。

分类选择混合脱粒播种：把同一组合的材料从 F_2 至 F_6 各世代中按早熟、高产、抗病等一些主要性状进行株选或穗选，然后按类型混合脱粒播种、种植，以后进行单株或单穗选择培育出优良品系。

各家系混合脱粒播种：把同一组合的材料在 F_2 代进行一次较严格的选择，F_2 中当选的单株分别种植，独立成为家系，各个家系混合收、播种到 F_5 至 F_6 代，在这期间进行产量比较，把产量低、综合性状不好的家系淘汰。在 F_5 至 F_6 代开始进行单株选择，其后的处理方法与系谱选择相同。

（三）单株选择技术

单株选择技术是当前水稻杂交育种采用的主要技术。F_1 至 F_2 代在杂种圃种植选择，F_3 至 F_6 代在株行圃内种植选择；F_5 至 F_6 代以后的株系基本稳定，很少分离，可以选择优良品系，进行初期试验。品系初期试验作用一是将株行圃选择的材料，在大田条件下比较各自的产量与其他各项性状表现的优劣；二是繁殖当选系统（品系）种子。品系初期试验的种植条件与大田相似，每个品系种植一个小区，每隔10个小区种一对照品系。在这一试验中，表现优良的品系可以提交品种区域试验或多点试验，通过区域试验，获得品种审定后，进行扩大繁殖种子和推广。其技术规程如下：

　　　　（♀×♂）×（♀×♂）（创新亲本复交、单交、回交等获得杂种）

　　　　↓

　　　　F1 代（单株种植和收获）

　　　　↓自交

　　　　F2 代（单株种植、单株选择）

　　　　↓自交

　　　　F3 代（单株种植、单株选择）

　　　　↓自交

　　　　……（单株种植、单株选择）

　　　　↓自交

　　　　F6 代创新优良品系

　　　　↓自交

　　　　品系初期试验

　　　　↓

　　　　品种区域试验

　　　　↓通过品种审定的品种

　　　　生产推广应用

单株选择技术关键在于：必须选择超越亲本优良性状的优良单株，这是快速获得创新优良种质的关键点；选择变异大的单株，特别是性状变形很大的单株，这是获得遗传变异、遗传多样性的基础；需要有经验的专家传帮带。

（四）单穗选择技术

野生稻种质创新单穗选择技术是单株选择技术的变异技术，选择对象以单穗为目标，技术规程与单株选择技术相同。单穗选择可以减轻选择工作量、后代种植成本，有利于快速获得创新优良种质（优良品系）。

其技术关键除了单株选择技术外，更重要的是单穗的植株和穗子性状的特征特性表现，更集中选择重点单株中的单穗材料。

五、展示与分发利用

农作物种质资源创新的目的在于利用，作为种质资源保护工作者，目的在于推动或促进利用。因此，在获得品系比较试验结果后，需要把评比出来的优良品系进行田间展示与分发利用，加快农作物优异种质在农业生产上的应用。当然，能够达到生产应用新品种水平的新品系，可以直接进入农作物品种区域试验的程序，作为新品种进入生产应用。

（一）创新品系展示技术

1. 稻田选择

选择灌排设施设备良好的农田作为创新品系的试验田，用地面积根据品系多少而定，每个品系至少不低于 0.3 亩地。

2. 田间种植管理

按参试品系的编号顺序排列播种、插秧、查苗补苗，每个品系只种植一个展示区。要求采用水稻高产栽培技术措施进行田间水肥管理和病虫害防治，保证每个参试品系能够充分展示其最优秀的一面。

3. 召开展示会议

在参试品系生长到了灌浆、蜡熟期的时候，通知有关育种家、种业公司以及研究机构人员来到田间召开现场展示会。由野生稻种质创新单位技术负责人进行参试品系的介绍，让参会人员在田间仔细观看，选择各自喜欢的品系，并安排专人负责畅谈，认真记录需要者的基本信息。主要信息包括：姓名、单位名称、邮编号码、通信地点、需要品系编号名称等。

（二）分发利用技术

在创新品系收获考种结束后，开展分发利用工作。

1. 种子分装

根据展示会议和平时收集到的需要种质利用者的信息，列出分发名单，然后根据名单进行种子的分装。

技术关键如下。

①种子包装。种子包装袋的外面写明种质名称、保存单位编号、提供单位与人员名单、时间（年月日）；袋子内部放有内容相同的标签。

②邮寄包装。在种子袋包装外面要再进行邮寄包装，要求必须牢固，不能出现散包、种子混乱、标签与袋子内容不一致的现象。

2. 及时分发

种子包装完成后要及时发给需要者。不要出现滞留的现象，以免影响种子的生命力，不利于利用工作。

技术关键如下。

①根据需要者的基本信息，在邮包上写清楚收件人的姓名、单位名称、邮编号码、通讯地点，写完后核对一遍，无差错后发出。

②邮寄。目前有邮寄途径、物流快送等多种物流途径，可以选择最方便最可靠的途径进行寄发。

③通知收件者。种子发出后，用电话或短信通知收件人，让其准备收取。

3. 定期跟踪利用效果

每年都需要在年底前向利用者了解他们利用野生稻种质的进展情况，主动去函去电，咨询利用者，请他们反馈利用效果数据信息、图片等资料。

第二节 农作物分子育种创新技术

利用植物分子育种技术进行野生稻优异种质创新利用，这是20世纪80年代发展起来的技术，它是介于基因工程与常规育种技术的分子生物学技术，是转基因技术的初级层面，实施起来技术简便，切实可行，实验成本较低，适用于我国农业科研单位缺少购置重大精密仪器设备的实际情况。植物分子育种技术是中国科学院上海分院生物化学研究所著名分子遗传学家周光宇先生创造发明的有效地结合分子生物技术与作物育种技术的高新技术。植物分子育种技术主要有花粉管通道导入、微量注射、幼胚（种子萌发）和茎尖浸泡等途径导入外源DNA（目的基因）的不同技术，其中花粉管通道直接导入外源DNA是植物分子育种的主要操作技术。它包括供体植物总DNA的提取纯化、鉴定和DNA导入技术与DNA重组后代的选择、培育。植物分子育种的另一层次是植物基因工程的转基因技术，在分子克隆技术指南的书中有详尽介绍。花粉管通道导入外源DNA的分子育种创新技术主要技术关键如下。

一、植物总DNA分离、纯化、鉴定原理

目前的植物DNA提取技术来自微生物或动物DNA的制备技术，并经过许多科学家的不断改进逐步完善。20世纪60年代初，人们利用酸、碱、盐或去垢剂作为提取的主要手段，由于处理条件剧烈操作冗长，所获得的DNA分子不大，

只能用于 DNA 的化学定量分析。随着时间的推移，技术也不断发展，60 年代后基本采用苯酚法（Kirby）和氯仿法（Marmur），这些方法脱蛋白较彻底，条件较缓和，结合酶技术的应用，一般能得到高纯度的大分子 DNA。70 年代以来物理化学手段的不断应用，实验过程不断简便，效率也大大提高，条件温和，所得的 DNA 分子量大，纯度高，更接近天然状态（图 6-3）。

图 6-3　植物 DNA 分离提取

（一）植物 DNA 提取步骤

1. 材料的准备与选择

DNA 提取的材料一般选择含 DNA 量最丰富的组织器官，如对数级生长的微生物、动物的胸腺组织、鲑鱼的精子等都是提取 DNA 的好材料。植物材料与动物、微生物的材料不同，它有坚固的细胞壁，给细胞、组织破碎、匀浆时带来困难。植物细胞的次生代谢物（如多酚分类，色素类化合物）对 DNA 提取也带来干扰和影响。因此，植物材料的选择对 DNA 提取是很重要的。一般尽量选取幼嫩的代谢旺盛的新生组织作为提取实验材料，这类幼嫩的新生组织易破碎，次生代谢物少，核酸含量高。一般选取植物的种子黄化苗，在不同情况下也可以用根尖、芽顶、嫩叶或种子等材料，参试材料准备好后可暂存 –70℃ 以下备用。经过

20世纪80年代以来的快速发展，当今植物DNA提取已经成为植物改良重点实验室的常规技术。目前随便采取叶片材料就能提取到纯度很高的大分子DNA，为各种研究提供实验基础。

2. DNA分离提取

植物DNA提取分总DNA（total DNA）和细胞质DNA（叶绿体DNA、线粒体DNA），实验方法有所差别。总DNA（核DNA）的提取分四个步骤进行。

①组织的破碎与匀浆。植物组织破碎的方法很多，但其主要原则是所有破碎方法都必须保证抑制DNase（核酸分解酶）活性的条件，并能使细胞组织完全破碎，有较高的获得率。一般是用研钵或匀浆器将材料置于低盐缓冲介质中研磨破碎方法。如果下一步脱蛋白时用酶法，介质中不能含有去垢剂，以免酶活性丧失，致使脱蛋白不彻底。用化学方法去蛋白则要用盐（Nacl）螯合剂（EDTA）以及表面活性剂（SDS）等，为了除去材料中同源干扰物，为色素、脂肪、类脂及多酚类等，也可用有机溶剂先抽提这些材料，如棉花应用乙醚酒精、丙酮制成干粉等方法处理。目前使用最多的也是最有效的方法是液氮冷冻的方法，将新鲜的材料放入液氮，冻脆研磨，破碎组织，加抽提缓冲剂。

②匀浆物脱蛋白。脱蛋白常用酶法和化学法。在化学法中，常用的是氯仿—异戊醇与匀浆混合，振荡、离心取水相。并反复多次，即可将蛋白除干净。氯仿是蛋白变性剂，异戊醇是乳化剂，经振荡、乳化后氯仿引起蛋白质表面变性。异戊醇防止产生泡沫，促使变性蛋白与核酸分离，并维持各相的稳定。也有用酚脱蛋白的方法，酚本身也能渗入水相，因此使用酚时应经过预处理。

用酶法脱蛋白也是最常用方法。最通常使用的是胰蛋白酶、蛋白酶K等。胰蛋白酶是一种特异的蛋白水解酶，它专一地水解蛋白中赖—精残基。由于与DNA分子结合的组蛋白富含赖—精残基，极易被胰蛋白酶水解。一般用100～500μg/ml，pH值为7.0～8.5，37℃下保温1h左右，加SDS，最终浓度为1%，继续15～30min胰蛋白酶就会变性或自己溶化掉。蛋白酶K是从链霉菌制备而来的，对蛋白水解能力极强，水解特异范围广，在SDS或EDTA中仍保持很高的活力，因此可与SDS及EDTA共用，用量常为50～100μg/ml，反应温度为37℃，1h。

③除去RNA。RNA与DNA的分子组分、理化性质相似，经过脱蛋白，乙醇沉淀后仍然混在一起，需要加以分离。早期的分离方法有碱水解法，用0.3N NaOH［表示氢氧化钠（NaOH）溶液的浓度为0.3当量每升（Normality）］，45℃数小时，RNA即被水解，DNA则不受影响。用选择沉淀法［0.3N NaAc（表示0.3 mol/L醋酸钠溶液），再加入异丙醇的体积为原样品溶液体积的54%］

DNA 沉淀，RNA 则在溶液中。这些化学法条件激烈，易损伤 DNA 分子。

去除 RNA 还有超离心法、电泳法、分子筛法和酶法等。RNase 的活力很强，在溶液中加入 100～200μg/ml，反应 30min，就可将 RNA 水解（在使用 RNase 时需消除 DNase 污染，应煮 10min）。反应完毕后，再用蛋白酶将 RNase 除去，此法条件温和，缺点是不易把 RNA 水解物去除。

随着分子学技术的不断发展，DNA 的分离纯化技术越来越简便，尤其是凝胶质析技术的应用，不仅能分离提纯 DNA 去除 RNA，还兼有去蛋白、多糖、色素与杂质等多种功能。植物 DNA 分离一般用 4% 珠状琼脂糖凝胶（Sepharose-4B）柱层析，也有用 Sepharose-2B 或 6B 柱层析的报道。做法一般是将适量的脱蛋白后核液加在柱上端，用 2M 的 NaCl，1M 的 EDTA 洗脱，经过核酸-蛋白分析仪 260nm 检测，收集第一峰的液体，弃去第二峰的 RNA 等杂质。这种纯化 DNA 的做法，原理是根据分子筛选的原理，高聚分子排析在凝胶颗粒之外，先被洗脱下来，杂质等小分子进入凝胶粒内，洗脱时出来慢，故 RNA 等杂质出来在后面，将收集的第一峰洗脱液用 2 倍乙醇沉淀得到纯化的 DNA。

④多糖的去除。植物 DNA 分离时常有多糖的污染必须去除。目前常用的有十六烷基三甲烷基溴化铵法（CTAB），它可选择性地沉淀核酸而去除多糖、单糖的磷酸酯及单核苷酸。做法是把粗样品浸于缓冲液中，加 CTAB 可将核酸沉下，离心收集产品，洗去杂质，再用 0.2MNaAc70% 酒精洗涤，使核酸转为钠盐。此法能使 10^{-9} 克的核酸得以沉淀，沉淀效果极好。如果 CTAB 还不能去尽多糖，可用乙二醇甲醚的 2.5M 磷酸缓冲液抽提，核酸在上层有机相中，只要加等量的 1%CTAB 就能沉淀回收核酸，做法如上所说。

3. 纯化 DNA 的贮存备用

植物 DNA 提取纯化好后不一定马上使用，需要贮存备用，同时还要抽一份出来进行 DNA 鉴定。提取的纯化 DNA 最好浸于 1×SSC 或 0.1M 醋酸钠缓冲液中置于低温（0～4℃）以浸液状态贮存。可溶解在 TE 中以适当的离子强度来维持 DNA 的分子结构。为了抑制溶液中微生物的生长，可加入几滴氯仿或 0.001M NaNO$_3$ 防腐。DNA 量大时也可以保存在乙醇中，在 4℃下贮存。DNA 贮存时间最长最保险方法是冷冻干燥后的贮存，可以在室温与普通冰箱内贮存，使用时加无菌水溶解即可。

（二）植物 DNA 的鉴定

植物 DNA 鉴定主要是根据 DNA 的物理化学特性来检测所提取的总 DNA 纯度、分子大小等是否接近或保持天然状态。作为外源 DNA 导入实验的 DNA 分子从大小来说,整合到受体基因组中的分子越大,引起的变异将会越多;整合不到一个基因大小的分子片段,就有可能不引起表型性状的变异或变异不能稳定表达遗传,所以作为外源 DNA 直接导入的植物分子育种来说,提取纯化的 DNA 质量是分子育种成功与否至关重要的事情。提取到的 DNA 一般要求进行鉴定,不符合实验要求的就不能使用。从目前国内植物分子育种的报道情况看,DNA 鉴定用得最多的是光谱性质鉴定和凝胶电泳分离鉴定两种,现把有关植物 DNA 鉴定的方法简介一下。

1. 光谱性质的鉴定

由于核酸分子结构中碱基都具有共轭双键,对紫外光有吸收能力,核酸的紫外吸收光谱数据是鉴定核酸的常用重要数据之一。它的光谱区有一条典型的吸收曲线,吸收峰在 260nm 处,吸收低谷在 230nm 处,蛋白质在紫外区 280nm 处也有一个吸收高峰。紫外光谱不能区分 DNA 和 RNA,只能用来鉴定纯度和计量,鉴定纯度时借助在 230nm、260nm 与 280nm 处的消光值。实验表明,纯净的核酸溶液 A260/A230 的消光值比大于或等于 20,A260/A280 大于或等于 1.80。A260/A280 比值过小,是蛋白未脱净,A260/A230 过小说明有杂质。在应用中纯净的 DNA,O.D260 的消光值为 1 时,相当于 50μg/ml,即 0.020(O.D260)=1μg/ml DNA,紫外光谱比值可做定量使用,因而使用较多。

2. DNA 的凝胶电泳分离和鉴定

凝胶电泳分离和鉴定 DNA 操作简单、使用条件易于具备,它是分析核酸不可缺少和常用方法。凝胶分离核酸的效果比较好,大小分子均能很好分离。长度在 600bp 内的核酸片段相差一个 Np 也能分离开来。用凝胶电泳分离鉴定 DNA,凝胶的类型与其浓度对被分离核酸的分子大小关系较大,核酸分子的构型是否变性与分离也紧密相关。

①凝胶种类及浓度与核酸分子大小的分离关系。DNA 分离所用的凝胶物质,目前主要使用两种:琼脂糖(agarose)与聚丙烯酰胺(PAC)。这两种物质不同所得的胶孔径也不同,聚丙烯酰胺的浓度最低的不能低于 2.4%,否则胶的强度不够;而浓度在 2.4%~20% 的范围内只能分离分子量为 $3.3×10^2$~$1×10^6$ 的 DNA 片段,分离的分子再大就需要用琼脂糖凝胶。然而,琼脂糖又不能配得太浓,浓度太大则很脆。浓度为 0.1%~2.5% 的琼脂糖胶能分离分子量为 $5×10^4$~$1×10^8$ 的植物 DNA。

②低浓度凝胶分离 DNA。被分离的 DNA 分子量越大则要求 PAC 胶浓度更低,这样 PAC 胶的强度就减弱。也可以在 PAC 胶上加入琼脂糖,增强其强度,PAC 胶分离 DNA 的分子量极限为 10^6,超过 10^6 最好改用琼脂糖胶。当分子量超过 $4×10^7$ 时,使用的琼脂糖胶浓度更低,而电泳时用的电压也很低,分子量

在 10^8 以上的 DNA 分离时电压用 0.1Vcm，甚至还低。送这就是琼脂糖凝胶分离 DNA 大分子的两大特点，一是低浓度；二是低电压。浓度越低分离的 DNA 分子量越大，但制胶越困难，电泳后也难取出来。电压越低花的时间越长，而电压高样品流动速度就加快，大分子高速流动时，分子会伸展开来，增加摩擦力，会影响分子量与移动速度作图的直线关系。

③凝胶的选配。作为 DNA 鉴定用的胶一般都采用琼脂糖胶，制作时只要把琼脂糖加热溶化后倒入电泳槽内即可，方法既简便快速又能得到极好的效果。然而，PAC 凝胶也有很多琼脂胶没有的独特的优点，它能够制成很薄的胶（0.2mm），这样在核酸分析中，胶版越薄分辨力越高，灵敏度也越大，而琼脂糖胶一般也要做到 3mm 厚，再薄就难以操作。

④电泳染色技术。凝胶电泳有垂直电泳与水平电泳两种类型。DNA 的凝胶电泳一般用水平型，电泳用的 TAE、TBE 等缓冲液也可以反复使用，操作方便。由于电泳时使用的缓冲液是正负极相同的体系，电泳过程中不像 PAC 垂直电泳时使用大孔胶层浓缩样品，样品不能自动集中。因而所用的样品本身应是浓度很高的体积较少的，并会有蔗糖（或甘油）增加比重，再加指示剂，使样品集中，不致扩散。加样后应立即电泳防止样品扩散，电泳一般在低温或室温下进行，电压要低些。DNA 分子电泳分离要加染色剂才能看得出来，现用 EB 操作较简便，在制胶时加入 0.5 微克/毫升的 EB 即可，并且灵敏度高，但在无紫外光时 EB 会使核酸断裂应防止。如果要回收样品时用正丁醇很容易除去 EB。

3. 碱基组成测定

DNA 碱基组成就是指 A=T，G=C 的含量，通过测定 DNA 的 Tm 值或浮力密度值来换算得出。Tm 值的测定是利用天然 DNA 热变性过程，常常是在一个很窄的温度范围内发生的，其相的转变点十分清楚，并把这个热变融程温度的中点称之为天然 DNA 的融中点，用 Tm 表示。Tm 值与 DNA 分子中 GC 百分比相关，GC 百分比越高，Tm 值也越高。各物种的 DNA 的 Tm 值是不同的，所以 Tm 值也是 DNA 的特征数据之一。

Tm 值的测定常受 pH 值、测定介质的离子强度等因素影响，在同一种 DNA 溶液中也因条件不同测得的 Tm 值不同。所以测定 Tm 值时应有一个标准的条件，如 DNA 溶在 SSC 溶液中（0.15 M NaCl+0.015 M 柠檬酸钠，pH 值为 7.0）置于有升温装置的分光光度计内，测定时逐步升温，同时记录 260nm 处 O.D 值得变化，求得 Tm 值。这种条件下 Tm 值与 DNA 中碱基组成的关系互换为（GC）%=244×（Tm-69.3），一般情况下，互换关系式为（GC）%=2.4×（Tm-81.5-16.6×LogM），M 为相应的离子强度。

在热变性过程中DNA双链会解开，碱基暴露出来引起光吸收增加，这就是DNA增色效应，天然状DNA变性后260nm紫外吸收值能增加40%左右，所以Tm值测定过程中紫外吸收增值百分比也是检验DNA制剂是否保持天然状态的重要数据，植物DNA一般维持稳定二级结构的增色效应标准为35%～40%。

4. 超离心技术的DNA鉴定

超离心技术一般用于DNA的分离及纯化，也可用于鉴定。在分子遗传学研究中，半保留复制机制的阐明，第一个DNA（T₂ DNA）的纯化和分子量的测定、真核细胞核外基因（如线粒体DNA）的发现、第一个真核基因（rDNA）、5SDNA、tRNA的分离纯化均用超离心方法（密度浮力离心）做成的。超离心的方法也有很多，密度梯度离心、平衡密度离心、浮力密度离心、沉降平衡及速度离心、蔗糖速度超离心等等，实际上都是两大类不同的超离心方法，一是将离心介质（Cs_2SO_4，CsCl溶液）制成多种不同的密度，离心时样品不沉至离心管底而停在不同密度处表现为平衡状态，样品的沉降速度为零，从而求出样品的密度值。一是在离心时样品以不同速度下沉，根据沉降速度求出沉降常数S，这类的命名一般有速度二字出现。

如用密度浮力超离心分析DNA，在DNA经加热变性后分成的重链与轻链，由于重链比双链DNA密度大，离心后重链在离心管下面，分子量较大的双链DNA因密度小而在管子上部。DNA的密度P与其G-C含量成正比：关系式为P=1.660+0.098×（G+C）%。利用这个式子作图，GC含量与P呈直线关系。DNA溶在CsCl溶液里所得的直线关系，比Cs_2SO_4溶液的好，在双链DNA中，GC及AT都是互相配对的，求得GC的含量后，也可算出AT的含量，所以可利用超离心对DNA碱基组成进行测定，碱基组成相差1%～2%的DNA密度浮力超离心也能把它分离。

DNA的构型与密度有关：根据有关文献报道，在相同条件下核酸的密度有以下关系，ssRNA>dsRNA>ssDNA>dsDNA>tRNA与蛋白质，环状DNA>线状DNA。因此，可以用来测定所提取的DNA是否呈天然状态。

利用密度超离心的关键是密度梯度物质的选择。目前分离DNA的密度梯度介质最常用的是Cs_2SO_4与$CaCl_2$。Cs_2SO_4配制的密度梯度能与金属离子Ag，Hg等结合使用，能增加分离效果；变性DNA密度增加很明显，pH值也与DNA中的葡萄糖含量成正比关系好，峰尖较尖等优点。为了提高分离效果也可以增加或降低某种密度，DNA与金属离子结合能使其密度增加，而与抗生素或染料等结合又能使其密度降低，这样就可以使超离心分离效果更好。

5. 电子显微镜直接观察

采用蛋白质单分子膜作为核酸分子的基膜,使核酸分子展开在上面,直接下电镜下观察 DNA 分子的长度和分子量。基本过程是将 DNA 与蛋白质(细胞色素 C)以 1∶10～1∶100 的比例溶于电解质中制成展开溶液,再把此溶液置于洁净器皿中的水或盐溶液表面铺开。蛋白质在溶液表面形成单分子膜 DNA 就黏附在这膜上。用涂有碳膜的电镜网将单分子膜捞起,置于真空条件下,用铂、铱等重金属进行旋转喷涂投影后,上电镜直接观察。双链核酸 1nm 长度的质量为 10 道尔顿左右,若 DNA 长 1.0nm,则其分子量为 $2×10^6$ 左右。只要处理得当,在电镜下还能区分双链与单链的 DNA。

植物 DNA 的鉴定技术方法还会随着生物学技术的不断发展而革新,每个工作者都可以根据自己的需要在实际工作中自行设计程序,不断改进提高其鉴定效果。

二、DNA 重组体的鉴定与培育

总 DNA 导入的植物分子育种的重组体获得后必须进行多种鉴定和田间培育。从鉴定方法上来说,可以使用植物育种的一切观察方法和抗性鉴定方法,也可以利用各种生物化学方法,如酶学方法、核酸检测方法、基因组学方法、基因组测序等分析其蛋白质种类,蛋白质、氨基酸含量,按目前水稻育种目标要求进行抗病虫害鉴定和抗逆性鉴定,培育出超高产的、优质与多抗的优良新品种或优异种质。

DNA 重组体后代品系选育技术方法,可采用与水稻常规杂交育种的混合选择或单株选择的系谱选育法一样的技术规范来进行新品种的培育。由于野生稻 DNA 导入重组体在第一代(D_1)就产生变异,所以在 D_1 代就要进行农艺性状及植物学形态性状的观察,把变异的植株选出来。在种子和植株数量足够的情况下,D_1 代也可以进行各种抗性鉴定和品质鉴定。当然所有的鉴定都要围绕着育种目标进行,优先进行原计划规定的鉴定评价内容进行鉴定,即转导什么目的性状的组合,在其导入后代中就要围绕转导目的进行鉴定,选出你所需要的目的性状的株系,并连续培育成稳定表达的新品系。

作为育种目标,DNA 导入实验需要培育出具有综合优良农艺性状的品系,才能成为高产、优质、多抗的优良新品种。所以在 DNA 导入后代的选育过程中,除了要紧紧抓住目的性状的选择外,还要以受体的优良株叶型等综合优良植株形态特征特性作为基本标准,进行优良单株选择,直至田间种植能稳定表达遗传为止,这样才能育成新的品种。然而,对于 DNA 重组体后代株系的单株性状变异极大，综合性状表现短期内还不够好的单株也要选出来，分单株小区种植，继续观察其变异情况。这类单株形态性状变异大，实质上表示其导入并被整合的外源 DNA 量也大。由于众多外源 DNA 片段整合进受体基因组时不一定马上就能找到合适的插入位点，在细胞不断分裂的过程中，DNA 复制时受体原有的修复系统对新插入 DNA 片段不断作用，如接纳、补齐、切割等，引起遗传信息表达的不断变化，还有一些基因组的可转移元件，跳跃子等 DNA 小片段在不断改变整合位点，在下一世代植株性状表达时含有这些 DNA 片段的单株在形态性状就有新的变异。在野生稻 DNA 导入栽培稻的研究中，就常有这种情况出现。如上代是高度不育、植株矮小、叶形扭曲、穗子异形等单株，用其自交种子种植时下一世代的植株 95% 以上恢复正常株叶形及育性。例如在穗形变异植株中出现"高粱穗"，其剑叶退化短小，呈弯卷扭曲状。从这种单株上收集到的变异穗的种子，再播种分小区栽培选育，单株种植鉴定结果表明，后代植株 95% 以上穗子、株叶形恢复正常，并能选出超过受体性状表达的优良单株，这些单株也能够继续保持优良特性，并可育成高产稳定品系。

对于抗逆性包括抗病虫性鉴定可以提供早期低世代的种子进行鉴定，并在各世代中持续鉴定，从而选出具有供体抗性目的性状的稳定群体。鉴定方法一般采用常规的野生稻或水稻抗源鉴定评价技术方法，没有特殊的技术要求。

对于品质鉴定如粗蛋白、氨基酸、淀粉含量等测定也是采用野生稻（水稻）品质鉴定评价有关规定的公认的技术方法来测定。测定时应同时做受体、供体及其导入后代的不同品系的材料的测定，以便比较。

为了更进一步证明外源 DNA 导入与否，还可以做同工酶的分析和蛋白质双向电泳分析，甚至利用分子生物学技术进行 RNA、DNA 等的结构序列分析，如全基因组测序等，在外源 DNA 导入后代中找出供体的 DNA 片段或目的基因。

在一般的常规育种单位，进行野生稻 DNA 导入的分子育种，就要选育具有受体与供体某些优良农艺性状的单株及变异较大的单株，进行株系法选育，配合其他抗逆性、抗病虫性鉴定评价，培育新的优良品种，实现野生稻优异种质资源创新，为农业生产和粮食安全服务。

第三节　农作物细胞工程创新技术

植物细胞工程技术是 20 世纪 70 年代发展起来的生物工程技术，包括单倍体育种技术和原生质体杂交育种创新技术。它的技术基础来自原来的植物组织培养技术，最早来自胡萝卜器官培养，获得完整植株，发现植物细胞全能性的生物器官分化规律。随着技术的不断发展，1964 年 Guha（古哈）和 Maheshwari（马赫施瓦里）在进行毛叶曼陀罗（Datura innoxia）花药培养时，发现由花药室中长出许多胚状体。1966 年他们又进一步确证这些胚状体是由花粉发育而来的幼小单倍体植物。这一发现为人工大量生产单倍体提供有效的技术手段，因此引起遗传育种工作者的重视。很快就有研究者在烟草和水稻上进行花药离体培养试验，并相继获得单倍体的花粉植株。单倍体培养技术与有性杂交育种实践相结合，形成了一种新的育种技术方法，即利用诱发单性生殖（花药培养）的方法，使杂交后代的异质配子发育成单倍体植株，经染色体加倍成为等位基因纯系，然后进行选育，获得优良新品种的一种育种方法。到了 20 世纪 70 年代，我国最先培育出小黑麦、小麦、玉米、辣椒、油菜、茄子、杨树等花药培养的花粉植株，并首先育成烟草的"单育 1 号"、小麦的"花培 1 号"、水稻的"花育 1 号、2 号""单丰 1 号""单籼 1 号""新秀 1 号""牡花 1 号"等一批主要作物的单倍体新品种在生产上应用，居世界领先水平，其中水稻最有名的品种是"中花"系列品种。当时广西灵山县农业科学研究所也利用单倍体育种技术育成了"灵花 1 号"新品种，有力促进生产发展。

植物单倍体育种技术可以创新成为野生稻细胞工程创新技术。该技术能够有效克服野栽杂交后代疯狂分离，育种周期长的难题，促进野生稻优异种质在水稻等作物育种和生产上应用。

一、单倍体创新育种技术

（一）单倍体创新技术的优越性

细胞遗传学研究证明，所有植物体细胞的染色体数目都是双数的，它们成对存在，其中一半来自父本一半来自母本，通常用 2n 表示。例如玉米是 10 对染色体（2n=20），水稻是 12 对染色体（2n=24），普通野生稻也是 12 对染色体

（2n=24），药用野生稻则是24对染色体（2n=48）等。经过细胞减数分裂所产生的卵和花粉细胞的染色体数目都比原来的体细胞减少了一半，只含一组染色体，我们称这样的细胞为单倍体细胞，染色体数用n表示。如水稻单核花粉细胞只有12条染色体（n=12），普通野生稻单核花粉只有12条染色体（n=12），玉米单核花粉只有10条染色体（n=10）。由单倍体细胞生长分化出的植株，其细胞中的染色体数目只有二倍体植株的一半，这样的植株就叫作"单倍体植株"。

1. 单倍体植株的特点

人们最早在1921年发现自然界中存在单倍体的曼陀罗植株，后来很多人设想过用单倍体来育种，以达到迅速稳定品系和缩短育种时间的目的。根据中国科学院上海植物生理研究所的统计，到20世纪80年代后期，全世界已经有290多种植物获得人工培养的单倍体植株。

（1）自然界单倍体植株产生方式

科学家的研究发现在自然界中产生单倍体植株的方式大致有以下几种。

①孤雄生殖：在传粉后卵细胞退化消失，由精核单独发育成单倍体植株。这种现象曾有人在烟草中发现过，但是在植物界中是较少见的。

②孤雌生殖：卵细胞不经过真正的雌雄配子的融合而分裂形成单倍体胚，进而发育成单倍体植株。这种方式在玉米、小麦、烟草等作物上都曾发现过。

③无配子生殖：由胚囊中卵细胞外的其他单倍性细胞如助细胞、反足细胞发育而成的植株也是单倍体。由这些细胞发育成单倍体幼胚，常常与受精卵形成的二倍体幼胚在子房内同时发育，形成多胚或双胚种子。这类种子萌发后长出的苗中，较小植株就是单倍体。这种现象在自然界中是产生单倍体植株的重要途径，在水稻、小麦、玉米、棉花、烟草、黑麦、辣椒、亚麻等主要农作物上都发生过。

（2）人工诱导产生单倍体植株的方法

天然产生单倍体的现象在自然界中发生的频率一般极低，例如玉米中只有0.05%，小麦中为0.48%，陆地棉中只有0.007%。依靠这样低的发生率很难用于育种实践。为了获得大量的单倍体，许多科学家利用人工方法诱导单性生殖，取得较好结果。处理方法有：

①变温处理：用43℃高温处理授粉后24h的玉米，可获得单倍体植株；用41～42℃高温处理正在开花的黑麦穗子，也获得单倍体。用3℃低温处理已经开花的黑麦穗子也出现过1株单倍体黑麦植株。

②射线处理花粉授粉：用X射线处理一粒小麦的花粉，然后授粉，在获得的91株实生苗中有16株是单倍体，频率为17.58%，而一粒小麦的自然发生单倍体

频率仅为0.5%。用钴60照射烟草花粉进行授粉也能获得较多单倍体。如5500R处理的花粉，其授粉后代有66.75%的植株为单倍体。辐射处理花粉获得单倍体在小麦、马铃薯、番茄、毛白杨的作物上都有成功的例子。

③化学药品处理：据报道用苯乙酸、马来酰肼、秋水仙素、二甲基亚砜、丹宁聚氯乙烯等药品作为诱导剂，可以提高单性生殖频率，诱发产生单倍体。如用1%～4%的核糖核酸钠处理洋葱球茎长出的根尖3～36h，可以引起细胞发生减数分裂。有人认为氯霉素也可以诱导体细胞减数分裂。

④远缘花粉授粉：在远缘杂交中用异属或异种花粉进行授粉时，远缘花粉刺激卵细胞，使它未受精而发育形成单倍体植株。如用黄茄（*Solanum luteum*）的花粉给龙葵（*Solanum nigrum*）授粉，获得70粒种子，产生的小苗中有7株是单倍体。类似情况在烟草种间、马铃薯种间、山羊草（♀）与小麦（♂）或小黑麦（♂）属间、芸薹属种间远缘花粉授粉都有单倍体植株发生。

⑤延迟授粉：在玉米中延迟4～20d授粉，单倍体发生率从0.044%提高到0.35%。在一粒小麦中延迟授粉时间可使单倍体发生率显著提高。有人试验在开花前2～3d去雄，在去雄后第六天授粉，获得9.09%的单倍体；第八天授粉获得27.8%的单倍体；第九天授粉获得37.5%的单倍体。但是随着授粉时间进一步延长结实率会越来越低。

（3）单倍体植株的特点

①同源染色体只有一个成员。单倍体在细胞遗传学上看具有较为广泛的意义。各种植物的染色体都是成组出现的，组的数目称作倍数，一组中染色体的数目称为基数，基数和倍数的乘积，构成了这一植物染色体的总数。植物细胞中有几组染色体就称为几倍体，如水稻为二倍体植物，其染色体倍数（组数）为2，基数为12，染色体总数为12×2=24条染色体。由花粉长成的水稻植株只有1组染色体（12）故称为"单倍体"（1倍体）。然而，从系统起源上说，普通小麦是6倍体植物，其染色体基数为7，倍数（组数）为6，7×6=42条染色体，因此由小麦花粉长成的植株实际上是3倍体，或称为"多倍单倍体"，但是习惯上我们仍称其为"单倍体"。可见在花药培养中说的"单倍体"实际上指具有配子体染色体数的植物体，而没有顾及这些植物染色体起源的真正倍数。由于单倍体每一个同源染色体只有一个成员，即只有单一等位基因，所以，任何杂种形成的单倍体经过染色体加倍就成为纯种（等位基因纯合体），单倍体的这一特点在育种上是非常有用的。

②植株矮小，生活力弱。单倍体植株在形态上表现的特点是：植株较矮小，叶片较薄，花器较小，生活力比原来二倍体植株弱。但是小麦单倍体植株在形态

上和二倍体并没有特别明显的差别。

③无显隐性效应。由于单倍体植株细胞中只有一套染色体的基因，杂种后代的单倍体植株没有等位基因显隐性的效应，隐性基因控制的性状也能直接表达，有利于遗传学研究和育种选择。

④高度不孕性。单倍体植株还有一个特点，就是高度不孕性。单倍体植株在形成性细胞前，进行细胞减数分裂时单套染色体全部同时进入一个性细胞的概率极小，因此，造成绝大多数性细胞的染色体是不齐全的，导致严重不育。在单倍体植株细胞减数分裂的终期，很少看到染色体的配对发生，特别是在来源于二倍体（具2组染色体）植株花粉的那些真正单倍体植株中。然而即使在这类单倍体中，有时也可以产生二价或多价染色体，但是其概率极低。

2. 单倍体创新育种的优越性

细胞遗传学研究证明，生物遗传物质可以划分为许多基本单位，即基因。基因在植株体细胞中是成对存在的，一个来自母本，一个来自父本，分别位于一对同源染色体的两个成员上，而且一对基因在同源染色体上的位置基本相等，通常把它们称为等位基因。在育种中用两个具有不同遗传特性的亲本进行杂交，所产生的杂种后代其同源染色体上的成对的等位基因的两个成员（基因）是不同的，这就是杂种后代发生性状分离的根本原因，单倍体植物只有一套染色体，每一个同源染色体只有一个成员（基因），每一对等位基因也只有一个基因。利用单倍体的这一特点，可以加快杂交育种获得纯合体的速度，创造出新的植物类型。因此，单倍体植物在育种创新中具有重大的作用和意义。

3. 单倍体植株的作用

利用单倍体植株进行育种或种质创新，除了比常规杂交育种法具有明显优势外，在种质改良和遗传学研究上也具有很好的作用。

（1）快速获得自交系

在洋葱、玉米等异花授粉作物中，利用其杂种优势可以大幅度提高单产，但是首先需要培育和掌握一批自交系（纯系）。这就需要花费大量的人力和时间，一般需要连续进行人工自交6年以上，工艺流程手续很烦琐。如果采用花药培养获得花粉植株，经染色体加倍得到的纯合二倍体植株就是标准的自交系（纯系）。这种通过单倍体植株的途径，一般只需要一年的时间就可以得到许多自交系，极大地减少了工作量，缩短了选育自交系的年限，为杂种优势利用开辟了一条多快好省的道路。

（2）远缘杂交中应用

通过种间或属间植物的有性杂交可以创造出自然界不曾存在的新植物类型，

这对于作物育种是很有用的。然而，众所周知，远缘杂交会产生高度不孕性。其主要原因是远缘杂种缺乏同源染色体组型，杂种减数分裂时染色体不能正常配对，从而造成花粉和卵细胞的败育。然而，远缘杂种的花粉也有极少数是有发育能力的，属于外源DNA片段插入的类型一般有发育能力，这就为人工诱导单倍体植株提供基础。这些单倍体含有来自父母本的部分染色体或部分DNA片段，经加倍后形成新的植物类型。曾有研究从烟草种间杂种、羊茅×黑麦草杂种花药中诱导出花粉植株。在不少的作物起源上是由野生种间天然杂交后加倍而成的异源多倍体，也有同源多倍体。这些多倍体与其野生二倍体杂交时不易成功，但是，如果经过花药培养，获得它们的单倍体，再用这种单倍体与野生二倍体杂交就容易结实了。如把马铃薯（同源四倍体）通过花药培养变成单倍体（双单倍体）与野生马铃薯（二倍体）杂交，结实率有了很大的提高。

野生稻与栽培稻杂交属于种间杂交，除了普通野生稻、尼瓦拉野生稻比较容易杂交成功外，其余野生稻种与栽培稻杂交都会出现高度不孕现象。通过花药培养获得单倍体的途径，可以获得更多的新类型，能有效促进野生稻优异种质创新利用，以及水稻育种和农业生产发展。

（3）诱变育种中应用

在化学诱变和辐射诱变育种中，通常只能获得百万分之几的诱变率，主要原因是在诱变过程中，很难使等位基因的2个基因同时发生变异。隐性基因即使在射线或化学药剂的作用下，已经发生了变异，但是由于被显性基因掩盖，在诱变当代植株中也表现不出来。为了能选出这些隐性变异，诱变当代的种子需要全部收获，以后连续播种，工作量之大可以想象。即使如此，也有许多有用的变异因被显性基因掩盖未能发现而被淘汰。如果将被射线或化学药剂处理过的花药进行人工培养，就能诱导出发生了变异的花粉植株。这些变异在当代的花粉植株就表现出来，一经选择即可加倍处理，获得变异的纯系。这样既有利于变异的选择，也有利于加快纯系的获得，是一种快速简便的创新育种方法。利用钴"辐射野生稻种子能获得大量变异植株，通过当代花药培养能获得变异单倍体，经加倍可得稳定纯系。这是化学诱变和辐射诱变创新育种的新方法。

（4）不育系转育中应用

在杂种优势利用上，不育系的转育工作十分重要，想把细胞质雄性不育性状转育到新的自交系上，则需要用这一自交系做父本，不育系做母本，连续回交若干代，直到用该自交系的细胞核物质全部取代原来不育系卵细胞的核，才算转育成功。如果将不育系卵细胞的核损伤或破坏，使其失去和精子融合与发育的能力，再用其他自交系或非自交系的花粉授粉，使精子核在不育系卵细胞中孤雄发育成单倍体的胚,长成植株后经过加倍就成为稳定的新不育系。这就避免了转育中的多代回交,大大地缩短转育年限。已有报道用这种方法成功转育了玉米的T型不育系,利用野生稻种质进行不育系的创新研究很有发展前景。

(5) 高效提纯复壮

随着作物育种进程的加快,品种提纯复壮工作越来越少人关注。然而,进行优良品种的提纯复壮,对于促进农业生产发展仍然具有事半功倍的效果。特别是在丘陵山区小气候环境复杂的地区,对原有优良品种进行提纯复壮能有效提高生产单产促进生产发展。采用花药培养产生花粉植株,从加倍后的纯合二倍体中选择保持和发展了原品种优良特性的植株,就成了已经提纯和复壮的株系,经栽培扩繁就可以在生产上推广应用,替代原有混杂的品种。这种利用单倍体进行提纯复壮的方法比原有普遍应用的"混合选择"或"单株选择"法的选择效率高,更能保存原有品种的纯度和整齐一致性。

(6) 获得单体植物上应用

某种植物的染色体中失去其中的一条时,这种植物被称作"单体植物"。利用单体植物可以测定各个染色体的遗传功能,然后可以进行染色体替代工作以改善作物的某种不良性状。如知道抗病性或其他优良性状受某一染色体控制,就可以用这个染色体去替代易感病的另一品种的同一染色体,提高替代染色体品种的抗病性。人们还可以利用单体植株进行基因组测序,比较染色体上基因序列差异和功能变化,来进行功能基因的测定,获得新的功能基因。据报道利用二倍体小麦给单倍体小麦授粉,在杂种后代中获得一批单体小麦。野生稻或栽培稻染色体单体系植株获得也是值得试验的。

二、原生质体培养创新技术

植物体细胞杂交育种研究是20世纪70年代在国际上出现的一项新技术,它能克服有性杂交育种的缺陷和障碍,能获得种内、种间杂种,扩大杂交范围和遗传基础。原生质体(图6-4)具有摄取核酸、蛋白质,甚至摄入异种完整的叶绿体、线粒体、细胞核等细胞器的特性,从而使细胞器移植、DNA转化成为可能。在诱变育种上利用原生质体做诱变源可以直接创造更多的变异细胞和植株,以选育出生产上需要的作物新品种。因此,原生质体培养创新技术在生物学各研究领域特别是对于发展农业生产具有重要意义,吸引了各有关研究者育种者的极大关注,在研究上进展很快。

图 6-4　植物原生质体

原生质体培养创新技术是植物原生质体培养技术的一部分，是植物原生质体培养技术的一个分支。培养理论与机理是一致的，具体技术要求则因农作物的特殊性而异，在 21 个野生稻种间的培养技术要求也有所不同。例如，培养基配方，培养条件的温度、湿度、光照时间等均有可能出现不同的需求。要认识农作物原生质体培养创新技术的重要意义，首先要了解原生质体培养的特点、优越性和作用，从而认识其重要意义。

1. 原生质体培养的特点

作物原生质体与其他原生质体一样因细胞来源不一样可以分为 2 大类。这 2 类原生质体具有明显的差别，其融合杂交后代遗传基础及表型性状都会出现显著差异。

（1）营养细胞原生质体的特点

植物营养细胞实际上就是植物的体细胞，从它的产生方式看，在自然界它们是由性细胞结合后，产生的植物个体的体细胞，它们是支撑植株生长物质基础，经受大自然各种环境条件的考验。在遗传上它们具有 2 套染色体，具有遗传学上的一切表达能力的特性。因此，用其产生的原生质体也具有 2 套染色体，具有完整的基因组的遗传信息和表达能力，再分化的植株也保持原来植株的特性。

用营养细胞原生质体融合产生的杂种细胞是4倍体,4倍体植株一般生长优势明显,植株高大,长势旺盛,生物产量大。

(2)性细胞原生质体的特点

植物性细胞是植物生殖生长期的体细胞经过减数分裂后产生的雌雄细胞(卵细胞、花粉细胞),是植物生长发育的孢子体时期的主要表现形式。在遗传上只含有一套染色体,只有等位基因的一个成员,是单倍体细胞,能形成单倍体植株,在表型的表达上不存在遗传的显隐性关系。单倍体植株具有植株矮小,生命力弱,高度不孕等特点。

用性细胞原生质体融合产生的杂种细胞是2倍体植株,能获得基因纯合的稳定品系,用性细胞原生质体与营养细胞原生质体融合产生的杂种细胞是3倍体,3倍体植株具有长势旺盛,生物产量大等特点。其果实无种子或种子发育不良,是杂种优势利用的好途径。无籽西瓜就是3倍体的植株产生的果实。

(3)原生质体培养的特点

由于直接从自然界的植物中获取原生质体比较困难,许多研究者都是采用人工去细胞壁的办法获取植物的原生质体。因此,植物原生质体培养形成了与植物组织培养更加复杂的技术流程,必须先获得原生质体的培养成苗的技术成功,再克服原生质体融合后分化成完整植株的技术难题。从植株器官到原生质体的获得就是一个技术性很强的微观工作过程,没有合适的技术处理操作流程,就无法获得完好的原生质体,没有适合各物种的培养基和培养条件,就无法培养原生质体存活和分化出完整植株。利用不同品种、亚种或物种的原生质体进行融合杂交获得体细胞杂种植株又进一步增加原生质体培养的难度。

由此可以看到,原生质体培养具有微观操作过程较长,技术要求较高,全程需要在无菌状态下进行的特点。只要整个操作过程的中间出现一丁点儿差错,都会造成前面工作的全部报废。

2. 原生质体融合培养的优越性

采用原生质体融合杂交的技术方法能有效克服有性杂交出现的不亲和、分离严重等问题,能够短期获得稳定品系,缩短育种周期。另外可以创造多倍体、2倍体等新物种,是一种新的育种途径,在细胞器、DNA转移等方面也具有明显的优越性。

(1) 克服种间、亚种间远缘杂交不亲和与疯狂分离现象

现代作物育种实践表明，有性杂交育种选用的亲本遗传差异稍大就会出现疯狂分离，或杂交不亲和现象。这主要是由等位基因的杂合状态造成的。采用原生质体融合杂交的方法，如果融合的双亲是双倍体细胞，就能获得4倍体植株，它的染色体是成双的，等位基因位点也是同源成双的，自交后代不会出现分离现象。同源单倍体融合也不会出现分离现象，即使是双倍体原生质体与单倍体原生质体融合得到3倍体的植株，后代不育也不出现分离的现象。体细胞原生质体杂交能有效克服种间、亚种间远缘杂交不亲和与疯狂分离现象，比有性杂交具有明显的优越性。

(2) 有效缩短育种或种质创新周期

野生稻种质创新最简单的方法就是采用有性杂交育种的技术方法，由于野生稻与栽培稻的有性杂交是种间远缘杂交，大多数野生稻种与栽培稻杂交都出现不亲和的现象。即使在AA染色体组的稻种间杂交能获得杂种后代，但是自交分离十分严重，疯狂分离的现象很难避免。实践证明野/栽杂交育种一般需要经过6~8代才能获得稳定品系，从杂交开始到育成新品种推广形成科技成果，最有运气的组合也需要10年或以上的时间，周期很长。而采用原生质体的体细胞杂交，一旦获得完整的植株就是遗传稳定的植株。由于其等位基因能够很好配对，性状表现稳定，只要综合性状表现好就是一个新的品种（物种），创新育种时间比有性杂交育种的时间缩短2倍以上，具有缩短育种或种质创新周期的明显优势。

(3) 可获得人工创造的新物种

在作物及其野生近缘植物中有不少物种是起源于整倍体的，在小麦中就有4n的染色体起源的种。采用不同物种的体细胞原生质体融合杂交可以创造出新的4倍体物种；采用不同物种的性细胞原生质体可以创造出新的2倍体物种。例如卡尔森等人采用烟草原生质体融合杂交获得种间杂种植株，随后德国的梅尔歇斯以烟草单倍体叶绿素缺失与光敏感原生质体进行细胞杂交，获得了正常绿色而对光不敏感的杂种植株。

3. 原生质体融合培养的作用

原生质体融合培养技术能够打破远缘种间、属间杂交不育和疯狂分离的遗传现象，能够在以下多方面为物种改良、创新育种等服务，也能为遗传学研究开创新的研究领域。因此开展原生质体融合研究具有重大作用。

第四节　农作物基因工程创新技术

一、基因工程创新技术概述

所谓农作物的基因工程，是指通过改善作物的基因，使农作物具有抗病、耐热、高产等优质特性，以适应人类对作物日益增长的需要，保持农业的可持续发展。有人会问，农作物的基因改良与早前已被人们熟知的杂交育种技术有什么区别和联系呢？常规育种与转基因在本质上都是通过转移基因来改变作物性状，进而通过选择培育人们想要的优良品种。所不同的是通过杂交、特别是远缘物种之间的杂交，所转移的基因成千上万，它比现代转基因技术只转移一、两个功能明确的基因要复杂得多，其可能产生的"非预期效应"也要复杂得多。常规育种旨在保留作物的优良特性，以达到提高产量或产品品质的目的。而基因工程则是以生物技术改变作物的基因，以配合现代人类的需求，生产更多更好的作物。

基因工程不仅可以使农民种植含有抗虫、抗病毒、抗寒冷等优良性状的农作物从而增加收益，而且可以使消费者享用到胆固醇较少的油脂，蛋白质较高的小麦等。迄今为止，国际上已成功地把具有实用价值的目的基因如抗病毒、抗虫、抗除草剂，改变蛋白质组成、提高淀粉含量、雄性不育、改变花色和花形，延长保鲜期等的基因分别转入植物。获得转基因植株的植物包括：水稻、小麦、玉米、马铃薯等粮食作物；棉花、大豆、油菜、亚麻、向日葵等经济作物；番茄、黄瓜、花椰菜、芥菜、甘蓝、胡萝卜、茄子、生菜、芹菜等蔬菜作物；苜蓿、白三叶草等牧草；苹果、核桃、李、香蕉、木瓜、甜瓜、草莓等瓜果；矮牵牛、菊花、香石竹、伽蓝菜等花卉；以及杨树、杉等造林树种。

由于基因工程是门新技术，它的主要特征现在打破了物种间基因交流的天然屏障而创造新的类型。目前，人类还不可能精确预测转基因植物的所有表型效应以及对人类和环境究竟有哪些影响。为了人类的健康和农业可持续发展，需要对转基因产品的安全性、品质以及其他可能的危害进行研究。我国已经建立了对转基因植物进行安全性评价的专门机构——农业生物基因工程安全委员会，并颁布了相关的管理条例即《农业生物基因工程安全管理实施办法》。这些条例和措施大大促进了我国基因工程的安全意识，对进一步与国际上采用的安全性评价标准接轨具有积极的意义。

二、基因工程技术的基本内容和操作流程

基因工程技术与基因的研究密不可分，包括以下五个基本内容和操作流程。
①外源目的基因的分离、克隆或目标基因的人工合成及其结构与功能研究。
②适合外源基因转移、表达的载体构建或外源基因的表达调控结构重组。
③受体系统的建立和外源基因向受体的导入。
④外源基因在受体基因组中的整合、表达及检测。
⑤转基因生物的遗传特性及表达调控分析。

其中①和②为基因工程的上游技术，可以简化为"切、接、转、增、检"五个字。③④和⑤为基因工程的下游技术。

三、必备条件

植物转基因研究首先需要的就是良好的实验室条件，主要需要以下三方面的仪器设备：（1）有 DNA、RNA 提取、克隆的仪器设备：包括超低温冰箱、高速离心机、粉碎机、电泳仪、PCR 仪、液氮储藏设备、电脑设备、软件等；（2）微生物含病毒等培养和隔离仪器设备：包括培养室设备、摇床、玻璃仪器、超净工作台、生物显微镜、电子显微镜、显微摄像设备等；（3）植物组织培养仪器设备：包括培养室、培养架、培养袋、试管、超净工作台等；此外还有一般实验室需要的天平、蒸馏水设备、光照、保温、烘干等设备仪器，以及各种实验需要的化学试剂、酶试剂等条件。

除了良好的实验室条件外，农作物转基因创新研究如同其他的植物转基因研究一样，需要有优良的供体提供目的基因和优良的受体，特别是接受目的基因后依然保持优良性状表达的广谱容量品种作为转基因的核心品种（核心种质）。

具体转基因的条件如下。
①目的基因的分离与识别：从野生稻优异种质中直接分离、克隆目的基因，或者通过引物人工合成 DNA 片段作为目的基因。
②克隆载体：它就是目的基因的运载工具（Vector or Vehicle），这些载体需要具备三方面条件：一是在寄主细胞中能自我复制的复制子（replicon），并能稳定保存；二是有多种限制性内切酶的切点，每种酶切点最好只有一个，并能嵌进外源 DNA 片段；三是有遗传标记，该标记可以作为重组分子或转基因的选择标记（选择基因或报道基因）。
③受体：受体是主要农作物就能为农业生产提供优良的转基因新品种，是微生物就会用于别的用途。例如野生稻转基因创新技术主要用于水稻的作物育种研

究，其受体主要是水稻。

④工具酶及各种核苷酸（dNTP）：核苷酸主要是合成 DNA 的原料；工具酶主要包括各种核酸内切酶、聚合酶、反转录酶、连接酶、末端转移酶等，包括 hind Ⅲ、Aha Ⅲ、BamHI、EcoRI（这些都是酶的名称及切点位置）。在拥有良好的实验室条件并具备这 4 个基本条件后就可以进行转基因研究。然而，为了便于实验效果的监测，还需要遗传标记作为中间检测的指标。

⑤选择（标记）基因或报道基因：例如：致癌基因（Oncogene action），其侵染植物细胞后能使植物细胞形成肿瘤的 DNA 片段；药物抗性基因，抗卡那霉素基因 C（Kanamycin resistance），简称为 $Kanr^x$，带有这个基因的质粒或受体细胞能在含有卡那霉素的培养基中生长。此外，凯格酶素（Hygromycin）、氯霉素（Choram phenicol）、博来霉素（Bleonmycin）等也有类似卡那霉素抗性基因的指示作用；除草剂抗性基因（Herbicids resistance）：它包括抗各种除草剂的基因；酶类合成基因：如氯霉素乙酰转移酶 CAT（Chloraphenicaldastyl transferase）、新霉素硝酸转移酶 Nep（Neomycin phosphotransferase）、胭脂碱合成酶 NOS（Nopalire synthase）、β-半乳酸糖苷酶 Lac（β-Gala coridase）、章鱼碱合成酶 OCS（Octopine synthase）、β-葡萄糖苷酶基因 Gus（β-Glucuronidase）、萤光素酶基因（Luciferase）等。

β-葡萄糖苷酶基因 Gus 检测容易，试剂便宜，使用的人较多。抗卡那霉素基因 C $Kanr^x$ 能在烟草、番茄、水稻、马铃薯等植物中使用，应用较广。萤光素酶基因（Luciferase）是从萤光虫体内提取的萤光素酶，分析其序列合成 cDNA，然后克隆到大肠杆菌（Ecoli）中繁殖得来的，它的启动子仍然是 CoMV 35 启动子。其在不同的组织中表达具有特异性，在根和茎中表达较高，在新组织中表达也极强，在老叶子中表达极低。

第七章

农作物种质资源保存技术发展趋势

国际上对生物多样性保护越来越重视,已经发展到生物遗传多样性已经是国家主权物质的高度,与国土面积、海洋领域一样重要的地位,是不可侵犯国家核心利益所在。党的十八大提出建设生态文明的战略任务,保护和可持续创新利用生物遗传多样性就是生态文明建设的最重要的部分。农作物种质资源种质资源包含成百上千个生物种,具有极其丰富的遗传多样性,也是生物多样性的极其重要的组成部分。因此,农作物种质资源保护和可持续创新利用是国家必须长期坚持不懈的工作任务。农作物种质资源保护与利用技术研究将具有长期性、不可间断性,农作物种质资源保护和利用技术体系发展也具有长期性、开放性、包容性,农作物种质资源作为研究对象,研究者可以采用各种各样的技术方法手段进展持续深入的广泛的研究,不断地把研究技术水平推向前进。

按照目前世界现代化技术发展的情况看,农作物种质资源保护与利用技术发展将向着采用遥感化、自动化、环保化、分子生物技术,特别是基因组学技术方向发展。以下就有关技术进行叙述。

第一节 遥感技术的应用

遥感技术是电子信息技术的一个领域,特别是目前利用很广泛和很普遍的无线电通信计算机网络技术都是电子信息技术领域的技术种类。电子信息技术在农作物种质资源保护与利用研究上已经得到广泛利用。但是在卫星遥感监测农作物种质资源原生境生存与发展的技术一直未能得到应有的应用。今后遥感技术将在农作物种质资源保护和利用研究上在以下几方面得到很好的应用。

一、种质资源调查上的应用

遥感技术体系在将来的种质资源调查研究中应用具有重大意义,非常有利于农作物种质资源等农业野生植物种质资源调查考察采集等学科研究工作的开展和深入(图7-1)。

(一)减轻实地调查考察的盲目寻找成本

生物遗传多样性的调查,首先就是种质资源的调查,特别是农作物近缘野生种的野外调查考察是一件十分艰苦的工作,面临许多意想不到的突发事件和危险机会。如果通过卫星的遥感技术采用覆盖地球的卫星遥感系统,采集调查地区的农作物种质资源分布图像,再通过对调查区域内的野外摄像照片分析,掌握农作物种质资源野外分布的具体地理位置、覆盖面积,就能减少人工野外逐一地点的寻找的调查工作。既减少盲目寻找的人力,降低田地调查带来的危险。同时也能获得精准的分布信息、数量信息。有利于人工的实地核对和农作物种质资源的样本采集,标本采集、制作。

图 7-1　遥感技术检测种质资源分布

(二) 有利于随时掌握农作物种质资源野外变化

在人口增多、耕地减少、环境污染等问题严重的当今世界,野外生物多样性变化可以说是瞬息万变,随时都会产生人们意想不到的情况。通过遥感技术系统就能随时了解野外实时变化的真实情况。有利于农作物种质资源等生物多样性管理机构的决策、指挥、采取正确的应对措施方案;也有利于研究机构利用连续的实时记录变化情况,从中研究出实验室内无法得到的试验数据和变化规律,有利于生态学科、生物多样性保护学科的科学研究事业发展。

(三) 有利于种质资源样本的精准采集

有了遥感监测系统获得的图像和数据信息,就能为人们实地采集农作物种质资源等农作物近缘野生种种质资源样本时,可以在广大的旷野上精准地找到农作物种质资源分布地点,掌握某分布点农作物种质资源储存数量。有利于样本采集者全面、精准采集需要的样本,也保证采集的样本具有代表性和遗传多样性的完整性,更有利于农作物种质资源等作物近缘野生植物种质资源保护和利用研究。

二、农作物种质资源原生境保护小区(点)的监测

随着国家生态文明建设的深入发展,越来越多的国家级、地方级的自然保护区、湿地公园、地质公园等大型保护区进入建设和规范化管理的高峰期和农作物

近缘野生植物种质资源保护小区（点）建设的高峰期。建立农作物种质资源保护小区（点）在决策时和建成后都需要大量的精准科学信息。

（一）保护小区建设前的信息准备

农作物种质资源等农业野生植物种质资源原生境保护小区（点）建设立项时需要掌握农作物种质资源等目标物种的地理分布信息、包括地理位置、面积大小、伴生植物状况、水源和土壤状况、气候状况、存在问题，以及农作物种质资源等目标物种的数量、遗传多样性状况、居群的代表性、典型性，种质资源的优越性和区域优势等信息。在人力无法及时实地调查时，遥感技术系统采集的信息就能起到重要的参考作用，甚至决定性的作用。

（二）原生境保护小区（点）建设过程的监测

农作物种质资源等农业野生植物种质资源原生境保护小区（点）的建设效果往往存在与设计方案要求的预期结果。例如：物理隔离保护小区（点）的围栏建设结果与设计方案不一定相符；核心区面积大小、缓冲区建设也存在相似的情况。如果国家或地方管理部门利用卫星遥感技术体系进行随时实地检查，就能及早发现问题和提出解决问题的方法和技术措施，进行及时的补救，避免等到项目结束后验收时才发现，即使项目验收专家组提出问题的所在，项目实施单位或主管部门也无力进行改进，从而降低保护小区建设标准和减少保护效果。因此，利用遥感技术体系进行农作物种质资源等农业野生植物原生境保护小区（点）建设过程的实时实地检测检查，具有重要作用和重大意义。

（三）保护小区（点）内种质资源变化的监测

利用遥感技术体系进行农作物种质资源等农业野生植物种质资源的实地实时监测可以及时发现保护小区（点）内农作物种质资源等保护目标物种的变化情况，及时发现被破坏的情况，也记录被破坏的过程，有利于保护小区（点）内种质资源的高效保护和应急处置，配合人工工实地调查可以获得更加精准的种质资源变化数据信息，包括资源数量、群落数目、群落面积数据及变化情况，伴生植物数量和面积变化的情况。通过长期的监测还可以发现保护小区内保护目标物种生长、生存发展与气候环境的变化规律、物种进化、新类型发生的规律。

另外，通过遥感技术体系的应用可以监测到保护小区（点）周边生态环境变化的实际情况，可以实际记录周边发生的事件，能及时发现和保护农作物及野生植物保护小区（点）的生态环境，进而保护农作物种质资源等目标物种。

三、农作物种质资源保护与利用的信息共享

通过完善的网络系统，可以把遥感监测的数据信息和图像信息提供实现共享。加快农作物种质资源的保护与利用信息共享，加快农作物种质资源优异种质的利用。由于采用遥感技术可以远距离了解种质资源研究鉴定的进展情况，及时发现鉴定评价中存在的优异种质资源，加快了优异种质资源信息的传播，提高利用者获得信息的时间效率。从而促进利用。随着技术的发展遥感图像分辨率的提高和信息处理能力的提高，还可以检测利用进展情况，提高优异种质资源利用信息反馈的效率和促进供需双方的合作，起到促进利用的作用。

四、遥感技术在野生植物保护上应用的困难

目前，遥感技术在农作物种质资源等农业野生植物种质资源保护与利用的应用，还存在较多困难。主要表现在以下几方面：

（一）遥感技术使用普及不够

遥感技术是现代物理学中的前沿学科，还处在不断发展的过程中，许多技术处在少数人掌握的状况。在成熟技术使用上优先考虑的不是农业应用，因此在农业系统和农业科研系统使用普遍滞后，许多农业技术人员不懂遥感技术。目前也没有相应的仪器设备，遥感技术使用普及不够。因此短期内普遍使用难度很大。

（二）遥感技术对物种分辨精准度有待提高

遥感技术应用在气象预测预报方面的民用较多，用于农业产量预测方面国外多年来一直应用。然而，其主要获取信息的表现为图像，而且依靠连续的监测，通过周年或更长时间的信息分析，才能获得较精准的数据信息。对农业野生植物种质资源的监测在未能进行连续监测的情况下，就感到其监测的图像对物种间的分辨率精准度有待提高，需要达到专业人员一眼就能够分辨出是某种野生植物，可以获得相关的覆盖面积数、种质类型等一系列的信息和数据。

（三）使用成本过高

由于普及程度较低，所以使用成本过高。首先需要购置价格较高的仪器设备；其次需要进行人员的技术培训；再者需要建设相应的基础设施；另长期维护投入较大，这些都是目前遥感技术应用存在的困难和问题。需要经过社会整体技术水平的提高来实现应用。

第二节　自动化技术的应用

随着现代化技术水平的不断提高，工农业生产过程的自动化程度也在不断地提高。农作物物种质资源保护与利用研究过程的自动化技术水平要求也越来越高，将来自动化技术应用将是一种主要发展趋势。目前，农作物种质资源异位保存采用有国家种质资源圃、国家种质资源库、地方库、离体组织培养库等多种保存技术方式，因此，自动化技术在农作物种质资源等种质资源保护与利用研究上的应用主要有以下几方面。

一、水肥一体化的自动化滴灌技术应用

目前，国家农作物种质资源圃是农作物种质资源异位保存的主要方式，因此每天都需要进行动态观察维护，精心管理，特别是水肥管理是圃内种质资源长期安全保存的长期的不可间断的任务。实现自动化的水肥一体化喷灌、滴灌技术应用，有利于降低保存成本，减轻工人劳动强度，同时也提高农作物种质资源的安全保存技术水平，提高安全保存系数。可以通过试验，按农作物种质资源较低生长存活系数要求把肥料溶化在水中，通过管道对旱生农作物种质资源种的种质资源进行自动化滴灌技术进行施肥管理；对水生习性的农作物种质资源中的种质资源进行漫灌或喷灌管理；对水旱交替习性的农作物种质资源种则可以根据当时的具体情况，采用漫灌、喷灌、滴灌多种方式进行管理。对于农作物种质资源的病虫害防治，可以采用自动化的喷洒技术进行喷药防治。这样既可以提高喷施效率，又能减少人员中毒的危险系数，有利于安全生产规定的执行（图 7-2）。

图 7-2　自动化滴灌技术应用

二、田间犁耙和人工插秧自动化技术应用

在农作物种质资源保存和分发利用的工作过程中,需要试验田(地)的犁耙工作。特别是在农作物种质资源农艺性状鉴定、抗病虫性鉴定、抗逆性(耐旱、耐寒、耐重金属等)鉴定、种质库和农作物种质资源圃的种质资源更新繁种或更新复壮等都要进行田间作业,需要犁耙工作。目前,采用的都是人工拖拉机作业,人工插秧技术,劳动效率相对低下,劳动力成本较高。今后一定要逐步实现农作物种质资源田间作业的自动化技术普及,重点是实现犁耙田(地)工作和插秧技术工作的自动化,提高劳动效率和技术规范水平,从而提高农作物种质资源的安全保存技术水平(图7-3)。

三、种子脱粒精选自动化技术应用

在农作物种质资源繁种入库和分发利用过程中经常需要获得纯净的种子,目前,采用的是人工精选和分装技术,效率不够高,费时费力,有时候还出现赶不上规定交种子的时间,如果采用小型的种子精选成套设备,做到每份种子都能进行自动化精选、包装,将极大地提高工作效率,提高分发利用的效率(图7-4)。

图7-3 田间犁耙和人工插秧自动化技术应用

图7-4 大型种子脱粒机械

四、种质库自动化取种包装技术应用

目前,农作物种质资源种子资源入库保存后取种子基本上采用人工取种子,工作人员需要棉帽、穿大衣、穿棉鞋等防寒衣物才能进入库房。在库房内一工作就是几小时、半天,有时甚至连续几天都要进入库房工作,长年累月下来,多数人患上职业病。如果采用种质库自动化取种包装技术,就可以减轻工作人员的劳动强度,降低职业病的发生概率,更重要的是提高取种包装工作效率,也提高种

质库保存技术水平和技术人员的业务素质。种质库自动化取种包装技术将在未来的新库中得到更加广泛的应用（图7-5）。

图7-5 自动化取种包装机械

五、资料数据自动化分析处理技术应用

目前，国家和地方种质库已经普遍使用电脑来储藏资料数据，建立起以种质资源的共性、特性数据库、图像信息库和目录及名录数据库为主体的农作物种质资源共享平台，国家建立了完善的平台运行机制。然而，今后国家种质资源圃、原生境保护小区（点）和种质资源保护与利用的研究者和管理者都要逐步实现使用，包括农作物种质资源在内的农作物种质资源考察收集、保存、鉴定评价、种质创新、分发利用等有关数据、图像信息自动处理、分析的自动化管理系统，特别是数据资料管理的档案系统。资料数据自动化技术应用（图7-6）将与无纸化办公技术配合，参与到种质资源研究的每个环节。

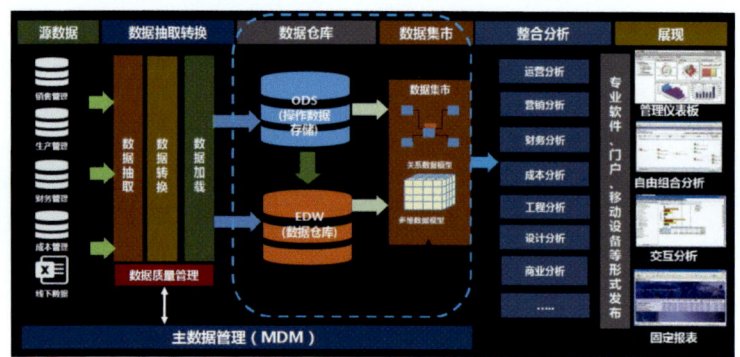

图7-6 自动化分析处理系统

六、档案自动检索分拣技术应用

随着农作物种质资源等作物种质资源保护与利用研究的不断深入和时间的延长，数据资料档案越来越多，档案保存任务越来越重，利用资料档案的频率也会出现越来越频繁的现象。需要应用档案自动检索分拣技术应用将显得越来越重

要。这是农作物种质资源保护和可持续创新利用发展的趋势，也是应用技术发展的趋势（图7-7）。

图7-7　自动化档案存储系统

第三节　分子生物技术的应用

分子生物学技术的应用对于深化农作物种质资源等作物种质资源保护和利用研究，提高技术水平，提高综合竞争能力，具有重大意义，谁掌握现代分子生物学，特别是基因组学的前沿技术，谁就先一步与世界同行，掌握未来种质资源研究乃至未来农业发展的方向。因此分子生物学技术的有效应用对农作物种质资源等作物种质资源研究具有极其重要的作用。

分子生物学技术范畴涵盖面极其广泛，是生物学在分子水平上的研究应用技术总称，重点有分子遗传学领域、生物化学领域、生理学领域的多种多样的技术。而目前人们关注的是基因组学研究技术，以及与其相关的生理生化研究技术，它们是近期发展的重点趋势。

一、基因组学研究技术

基因组学研究包含很多研究领域，从而产生出许多技术方法，例如早期的DNA监测技术、RNA监测技术主要是通过它们的分子结构的理化性质进行监测，弄清楚其分子双螺旋结构、碱基对的配对规律、破解遗传密码、遗传信息传递途径等分子遗传学的理论知识；经过深入研究不断加深对DNA、RNA结构和功能的了解和掌握，挖掘出一批功能基因、掌握其复制、调控的结构分工，获得DNA分子的遗传信息表达通过启动子、操纵子等调节遗传信息传递、表达的规律；从而形成基因工程技术,初步实现人们长期以来渴望自由创造和改良物种的梦想。随着现代分子生物学技术的不断发展,以及电子信息技术的配合应用,进而推动了基因组的测序和功能基因的挖掘发现,基因组学技术发展越来越快,不断挖掘出新的目的基因,以及转导培育出新的优良品种。

目前,我国农作物种质资源研究已经完成了新一轮的考察收集任务;初步建成了相对完善的异位保存、原生境保护体系;建成了农作物种质资源平台,实现网络信息和实物共享,促进农作物种质资源优异种质利用;今后的发展近期内应集中精力,完成新采集保存种质的鉴定评价和完成基因组测序,挖掘新的功能基因及其相关的启动子、操纵子,发现和创新高效的载体,开展转基因研究,创造出更多更好的农业生产需要的新品种。因此,基因组学研究技术在农作物种质资源保护和利用领域的应用,既符合农作物种质资源保护与利用发展的需要,也符合分子生物学技术发展的需要,这是一种历史发展的趋势。

二、生物化学研究技术

随着分子遗传学为核心的分子生物学理论和技术的发展,生物化学研究技术也有新的发展,生物化学研究技术在种质资源保存方面有着广泛的应用。例如:各种生物有机分子分解、合成的新陈代谢途径研究技术,用于农作物种质资源的研究,进一步探讨农作物种质资源中各种营养成分、抗逆性、抗病虫性的特殊成分的化学合成转化途径,以及功能组分,为更好地利用这些优异种质打下更坚实的基础。

以下是一些主要的应用领域:

①低温保存与超低温保存:利用生物化学技术,可以对种质资源进行低温或超低温保存。这通常涉及在培养基中加入特定的生长延缓剂或抑制剂,如多效唑、B_9、CCC等,以抑制所保存材料的生长速度,从而延长保存时间。超低温保存,如液氮冷冻,可以使细胞代谢和生长处于基本停止的状态,从而长期保存种质资源。

②酶处理保存:通过添加特定的酶来保护种质资源。例如,抗氧化酶可以用来延缓氧化反应,而脱水酶则可以抑制水分的作用,这些都是生物化学技术的重要应用。

③组织培养保存:利用组织培养技术,将种质资源进行离体保存。这种方法涉及在人工培养基上生长和繁殖种质资源,以便长期保存。生物化学研究技术在这里起到关键作用,帮助优化培养基的成分,提供适合种质资源生长的环境。

④基因文库技术:建立和发展基因文库技术,也是生物化学技术在种质资源保存方面的应用。通过基因文库技术,不仅可以长期保存物种的遗传资源,还可以通过反复的培养繁殖筛选,获得各种有用的基因。

三、生理学研究技术

利用植物生理学技术研究农作物种质资源的生理变化现象，弄清楚其生理学规律，有利于促进农作物种质资源优异种质的利用，也满足人们追求知识的欲望，解开生命之谜。在分子生物学技术不断发展的历史时期，生理学研究技术应用也是今后发展的趋势。

生理学研究技术在种质资源保存方面确实发挥着重要作用。以下是几个主要的应用方面。

第一，生理学研究技术有助于了解种质资源的生长和代谢过程。通过研究生理指标，如光合作用、呼吸作用、营养吸收等，可以深入了解种质资源的生理特性和需求。这有助于制定更科学的保存策略，确保种质资源在保存过程中能够维持其生长和代谢活动的正常进行。

第二，生理学研究技术可以用于评估种质资源的活力和健康状况。通过测量生理指标，如叶绿素含量、酶活性、细胞膜透性等，可以判断种质资源的活力水平和健康状况。这有助于筛选出健康的种质资源，避免保存过程中可能出现的退化或死亡现象。

第三，生理学研究技术还可以应用于种质资源的繁殖和扩繁过程。例如，在植物组织培养中，通过调节培养基的成分和条件，可以控制细胞的分裂和分化，从而实现种质资源的快速繁殖。生理学研究技术可以帮助确定最佳的培养条件，提高繁殖效率和成功率。

第四，生理学研究技术还可以为种质资源的长期保存提供理论依据。通过研究种质资源的生理特性和代谢规律，可以制定更有效的保存策略，如低温保存、干燥保存等，以延长种质资源的保存时间并保持其遗传稳定性。

第四节 环保技术的应用

保护生物多样性、保护生态环境、建设生态文明是我国的基本国策，农作物种质资源等作物种质资源保护和可持续创新利用，是国家长期承担的不可间断的重大历史性任务。因此作为农作物种质资源保护与利用研究工作应更多地应用环保技术，用更加贴近原生境条件的保存条件进行安全保存，并在保存管理中采用环保的农药肥料，最好的做法是有机栽培技术的使用。

一、有机栽培技术的应用

目前，我国已经建成野生作物种质资源原生境保护体系，基本上采用禁止人畜进入，禁止砍伐、采挖的方法进行保护，然而部分保护小区（点）出现伴生物种或外来物种生长优势超过保护目标物种的现象，保护目标物种处在竞争弱势的位置，达不到建立保护小区（点）的目的。因此，生物多样性保护专家提出适度人工干预的做法，即人工清理外来物种、适度控制伴生物种，保证目标物种的生长发育空间。适度控制伴生物种的具体做法是，根据保护小区（点）伴生植物种类、生长情况，养殖适当数量的牛、羊等对应的草食家畜或家禽，起到抑制伴生物种的作用。

在农作物种质资源等种质资源圃的保存过程中，尽量采用有机栽培技术模式。减少生物农药、低残留低毒农药、减少化学肥料、化学除草剂等具有破坏土壤生态系统的化学物品的使用。同时妥善处理好使用后的肥料、农药包装物品，减少人为环境污染源。

二、模拟生态保存技术的应用

采用针对不同农作物种质资源种生长习性要求的模拟生态保存条件技术标准，改造农作物种质资源等种质资源圃的保存环境，进行模拟生态保存，例如：对具有湿地阴生特性的农作物种质资源种，就应该改造原来采用阳光直射的保存技术，建立相应的遮阴棚和水源用量的控制设施。达到该物种原生境相似的环境条件，进行长期安全保存。对于其他的旱生、旱地阴生、水生、阳光直射等习性生长的农作物种质资源种也需要创造相应条件进行安全保存。在实施模拟生态环境条件改造过程中配合自动化技术的应用，逐步实施高效的水肥施用和安全农药使用，提高安全保存的技术水平。

三、更新后秸秆的环保处理技术应用

农作物种质资源保存与分发利用过程，特别是繁种、更新、性状鉴定、种质创新等环节将产生大量的稻秆。以前的处理办法多为地头燃烧，这样会产生大量的雾霾，造成一定程度的环境空气污染。今后应改进处理方法，采用粉碎、切段沤制的方法将其转化为有机肥，从而循环使用，达到有机环保的目的。

四、积极探讨环保新技术的应用

农业环保技术也是随着时代的发展而发展，我们应该在党和国家建设生态文明的进程中积极探讨生态环境保护新技术在农作物种质资源安全保护和可持续创新利用研究中的应用，既要在农作物种质资源原生境保护中应用更需要在异位保存和繁重更新和分发利用中应用。在今后的工作安排中优先考虑采用有机环保的新技术，提高农作物种质资源圃和原生境保护小区的环境安全系数和环保技术水平。

第五节 传统知识保护

传统知识是民族优良传统的体现，是人们行为规范的准则，某种仪式是其载体。对于农作物种质资源等农作物及其近缘野生种质资源保护同样具有重大作用。今后应进一步做好这方面的工作，并把其作为重要工作来抓。

一、农民参与式保护工作

农作物种质资源保护是长期的不可间断的历史性任务，动员村民和社会各界参与保护是必不可少的保护工作之一。国际上把农民参与的生物多样性保护称为主流式保护，2008—2013年联合国开发计划署（UNDP）—全球环境基金会（GEF）和我国政府联合实施的农作物近缘野生植物种质资源保护和可持续创新利用项目的实施，就是采用主流式保护的方式进行农作物种质资源、野生大豆、小麦野生近缘植物种质资源保护的。在项目实施过程中，我们尝试了主流保护技术的研究和实践，项目取得显著成果。

农作物种质资源保护需要全国上下各级党委、政府与当地农民积极配合才能取得应有的效果。然而，关键因素是国家的决心的体现和项目实施时的大量宣传、培训和项目实施过程的经常检查落实。要达到可持续保护好农作物种质资源，坚持做好发挥地市的管理作用和县（市、区）级农业部门的工作，极其重要，特别是在基层换届，人员变换频繁的情况下经常做好宣传与联系极其重要。同时，土地是农民直接使用的，做好农民参与式保护（国际上又称为"主流式保护"）也是农作物及近缘野生物种种质资源保护的重要工作方式。

二、种质资源传统知识保护

我国是种质资源大国，但还不是种质资源强国。2020年国务院办公厅发布的《关于加强农业种质资源保护与利用的意见》明确了农业种质资源保护的基础性、公益性、战略性、长期性地位。加强农业文化遗产地的种质资源保护，将不仅有利于包括重要传统种质资源在内的农业生物多样性保护，还将在活态保护的过程中丰富农产品的文化内涵，助推乡村产业、文化与生态振兴。保护农业文化遗产不应忽视农业种质资源保护，保护农业种质资源也不应忽视农业文化遗产地。

在做好种质资源实物保护的同时，挖掘农作物及其近缘品种的传统保护知识是一件极其重要和十分必要的事情。只有这样才能使民族的优良传统得到更好的保护和继承。种质资源的传统知识和实物同时得到良好的保护是今后农作物种质资源保护工作的主要发展趋势之一，种质资源传统保护知识是人们自古以来，保护植物种质资源的精神支柱，我们做好传统知识保护就有利于进行种质资源保护，特别是某些珍稀物种的保护，例如菩提树因在传统文化具有特殊意义而备受敬仰和爱护，从而得到很好的保护。某些地方对青蛙（方言"蚂拐"）由于有蚂拐节的传统习俗而加以保护，这对保护生态保护农田环境具有现实意义，特别是对发展无公害农产品和绿色食品具有重要意义。今后在农作物种质资源保护工作中，应更加注重种质资源传统知识的调查搜集，整理提升，使之成为当地具有特色的传统文化产业，在有效保护种质资源的同时，促进当地经济的发展，把种质资源保护与经济建设更加有机地结合起来。

农作物种质资源保护是生物多样性保护的重要部分，是长期的不间断的工作。作为国家重要粮食作物育种和生产急需的战略性基础物质，农作物种质资源关系到国家粮食安全，社会稳定，人民安居乐业。近年来，随着《生物多样性公约》《粮食和农业植物遗传资源国际条约》等相继实施和生物技术及其产业迅猛发展，世界各国更加认识到种质资源的战略性地位，纷纷加强种质资源的收集、保护和创新利用工作。党中央、国务院十分重视作物种质资源保护与利用，先后出台了《国务院办公厅关于加强农业种质资源保护与利用的意见》（国办发〔2019〕56号）和《全国农作物种质资源保护与利用中长期发展规划》（2015—2030年）、《国家级农作物种质资源库（圃）管理规范》（农办种〔2022〕3号）等政策规划。因此，农作物种质资源研究今后的发展将是在重点领域带动下的全方位发展，也将有更多的研究者参与农作物种质资源等方面的研究，有更多的新技术新方法的创造发明，前途无限。应有更多的创造空间。

第八章
农作物种质资源可持续创新利用的制度建设

近几年,国内关于农作物种质资源价值的认识程度普遍提高,各种作物的种质资源信息库相继问世,关于种质资源的信息交流与交换异常活跃,这些都是应肯定的积极的一面,但其中也不乏过于乐观的思想认识。在此背景下,本章就农作物种质资源可持续创新利用的内涵及其资源经济学意义、农作物种质资源可持续创新利用的基本制度建设、农作物种质资源可持续创新利用评价、农作物种质资源"三元"文库体系的建立这四个方面展开具体分析。

第一节　农作物种质资源可持续创新利用的内涵及其资源经济学意义

一、作物资源可持续创新利用的内涵和目标

1987年的世界环境与发展委员会全体大会上发表的专题报告——《我们共同的未来》为可持续发展作了如下定义:可持续发展是指既满足当代人的需要,又不损害后代人满足需要之能力的发展。1989年5月举行的第15届联合国环境署理事会期间,通过了《关于可持续发展的声明》,该声明指出,可持续发展系指既满足当前需要而又不削弱子孙后代满足需要之能力的发展。环境署理事会认为,可持续发展还意味着维护、合理使用并且提高自然资源基础,这种基础支撑着生态稳定性及经济的增长。

"满足当前需要,而又不削弱子孙后代满足需要能力的发展",这一定义也应成为作物资源的可持续创新利用和可持续发展的基本原则。它所追求的目标是,既要使人类的各种生活需要得到满足,个人得到充分发展,又要保护资源和生态环境,不对后代人的生存和发展构成威胁,它特别关注的是作物遗传资源的生态合理性,强调对作物资源遗传多样性、环境生态和谐有利的经济活动应给予鼓励,反之则应予抛弃。

作物资源可持续创新利用追求的目标为资源存量力争不减少,遗传质量日益提高,资源的经济贡献率愈加明显,生态环境更加和谐。作物种质资源是实现农业可持续发展、保障粮食安全、绿色发展、营养健康安全以及种业安全的基础性资源,是人类社会生存与可持续发展不可或缺、生命科学原始创新、获得知识产权及生物产业的物质基础。一个国家所拥有的作物种质资源的数量和质量,特别是对其特性和遗传规律了解的广度和深度,是衡量和决定一个国家农业生物科学和作物育种水平高低的重要标志。因此,作物种质资源学的发展对国家、对人类具有极其重要的现实意义和战略意义。

二、作物资源可持续创新利用基本原则

作为人类新的发展模式的可持续发展，若要真正得以有效实施，即在生态环境、经济增长、社会发展方面形成一个持续、高效的协调运行机制，必须遵循公平性、可持续性和共同性三项原则。

作物资源作为资源的一个特殊部分，既具有自然资源的基本属性，同时又有其他资源所不具备的经济价值属性和社会功能属性。维护作物资源的可持续创新利用在坚持这三项基本原则的基础上还必须坚持生态和谐原则。

1. 公平性原则

所谓公平是指机会选择的平等。可持续发展所需求的公平性原则，包括三层意思：一是本代人的公平，即同代人之间的横向公平性。二是代际间的公平，即世代人之间的纵向公平。要认识到人类赖以生存的作物资源具有稀缺属性，当代人不能因为自己的发展与需求而损害久远的未来人的利益，要给世世代代以公平利用作物资源的权利。三是公平交流有限资源，目前有限作物资源的分配十分不均，如占全球人口26%的发达国家占有将近70%的作物遗传资源，基因专利大战愈演愈烈，发展中国家未来的农业生产发展将面临严重的作物资源约束。

由此可见，作物资源的可持续创新利用与发展应一方面打破区域限制，促进种质资源的交流与交换，维护种质资源的区域平等和横向均衡；另一方面追求种质资源种群丰度、遗传多样性的进步，维持代际平衡。

2. 可持续性原则

其核心是人类经济和社会发展不能超越资源与环境的承载能力。作物资源是人类生存与发展的基础和条件，离开了作物资源无从谈起人类的生存与发展。资源的永续利用和生态系统可持续性的保持是人类可持续发展的首要条件。可持续发展要求人们根据可持续性的条件调整自己对作物资源非生态偏差的干预活动，在生态可能的范围内确定自己的干预标准。

3. 共同性原则

鉴于世界各国历史、文化和发展水平的差异，可持续发展的具体目标、政策和实施步骤不可能是唯一的。但是，作物资源可持续创新利用与发展作为全球发展的总目标，其所体现的公平性和可持续性原则应该是共同遵从的。并且，实现这一总目标，必须采取全球共同的联合行动。美国的转基因大豆会对中国的野生大豆构成威胁，任何地方的转基因水稻的环境释放都可能会对亚洲野生稻的遗传多样性产生影响。如果每个人在考虑和安排自己的行动时，都能考虑到这一行动对其他人（包括后代人）及生态环境的影响，并能真诚地按"共同性"原则行动，

那么人类及人类与自然之间就能保持一种互惠共生的关系，也只有这样，作物资源可持续创新利用与发展才能实现。

4. 生态和谐原则

作物资源具有非生态性偏差的属性，人类制造作物资源非生态性偏差的干预力应不超越作物作为生物资源的生态承受力。假设，人类的主观干预致使某一作物品种濒临灭绝，则未来人们会像对东北虎一样，去寻找这种作物。之所以作物资源利用应坚持生态和谐的原则，是因为任何作物都不可能脱离自然环境而完成生长发育并产生产量；任何具有非生态性偏差的作物只要释放到生态环境中，截获光能，进行碳氮代谢，制造能量和物质，就有可能导致一系列的生态问题。建立在生态和谐原则基础上的资源评价和环境评估将是未来种质资源利用与管理的重要环节。

三、作物资源可持续创新利用的资源经济学意义

关于可持续的探讨皆源于不同的基础。如生物多样性若被认为是可持续的一个重要目标，那么，威胁到生物多样性的经济活动就是人们所不希望的，因此就必须制止这类行为以防止严重的生态崩溃，使人们的一切活动与保护生物多样性协调起来。这些讨论都是伦理层面上的，有关经济可持续性方面的讨论也同样具有伦理意义。人们倾向于认为有效的经济行为是实现某些预定目标的充分必要条件，但没有完美的理由界定，凡是有效率的行为就是可持续的，单纯的效率不足以说明作为目标的可持续性。作物资源的可持续创新利用也是如此，集约化生产、单一化栽培、遗传体修饰和资源的主观倾向性改造等行为，在某种程度上是以作物种质资源的遗失、作物资源群体衰退为代价的，因此是非可持续的资源利用行为，应加以约束和制止。

基因的发掘和利用使我国农业产生了飞跃发展。目前全球范围内农业面临的新技术革命，将以培育突破性新品种为重点，而高产、优质、抗逆突破性新品种的育成将以关键性种质资源的发掘和利用为基础。新中国成立以来，我国主要农作物品种更新了 4～6 代，良种覆盖率达 85% 以上，粮食的单产和总产量的大幅度提高主要是靠品种更新来实现。今后我国农业的持续发展，将依然离不开对作物遗传资源的保护和利用，随着现代生物技术的发展，农业发展对作物遗传资源的依赖程度将越来越高。作物种质资源的可持续创新利用与否直接关系到我国农业的兴衰。所以，强调作物资源的可持续创新利用具有重要的经济学意义。

第二节 农作物种质资源可持续创新利用的基本制度建设

一、作物资源的开发利用模式分析

作物资源是自然界赋予人类的宝贵自然财富，是人类生存和进行物质生产不可替代的资源性资产。人口再生产是无限的，代代相继，相互依存。代际间财富的趋公平分配是均衡、平等发展的基础。每一代人既是财富的继承者、使用者，也是财富的遗传者。继承、使用、遗传三者在数量上不同的关系体现了不同的生产方式和代际伦理道德。

假使 A 是 $a+2$ 代人从 $a+1$ 代人继承的作物资源财富，B 是 $a+2$ 代人丢弃的作物资源财富，C 为 $a+2$ 代人遗传给 $a+3$ 代人的作物资源财富，D 为 $a+2$ 代人存续期间作物资源再生的财富，则上述各种量之间存在下列方程式：

$$A - B + D = C$$

将上式变换，得到方程式：

$$A - C = B - D$$

方程式可以衍生为下列三种情况。

① $A > C$ 或 $B > D$，即 $a+2$ 代人遗传给 $a+3$ 代人的作物资源财富小于 $a+2$ 代人从 $a+1$ 代人手中继承的财富，或者说 $a+2$ 代人作物资源的丢弃量大于作物资源的再生量。这样，$a+2$ 代人要消耗作物资源本底数量，致使 $a+3$ 代人所拥有的原始作物资源财富同 $a+2$ 相比相对减少，$a+2$ 代人丢弃了也本属于 $a+3$ 代人的作物资源财富，剥夺了 $a+3$ 代人与 $a+2$ 代人均等的享用权力。这种方式是典型的"吃子孙饭"方式，是非持续发展的作物资源利用模式。

② $A = C$ 或 $B = D$，即 $a+2$ 代人从 $a+1$ 代人继承的作物资源财富等于 $a+2$ 代人遗传给 $a+3$ 代人的作物资源财富，或者说 $a+2$ 代人没有改变作物资源可使用量；或 $a+2$ 代人的原始资源的丢弃量等于 $a+2$ 人存续期间的作物资源再生量。前种情况事实上是不存在的，后种情形是概率近乎于零的偶然。

③ $A < C$ 或 $B < D$，即 $a+2$ 代人遗传给 $a+3$ 代的作物资源财富大于从 $a+1$ 代人继承的作物资源财富，或者说 $a+2$ 代人作物资源的丢失量小于作物资源的再生量。此种模式为 $a+3$ 代人提供了更多的作物资源享用权和生存权。但是同时存在一个问题，如果一味地追求这种开发模式，会使 $a+2$ 代人社会经济发展和物质享受受到限制，不利于 $a+2$ 代人的自身发展。因此，这种作物资源开发利用模式也

不是持续发展模式。

考察现实的经济生活，②和③两种作物资源开发利用模式基本不存在，①种模式是普遍存在的，如何将①种模式转换成持续发展的模式，是当今作物资源开发利用中迫切需要解决的问题。

二、作物资源可持续创新利用的基本制度

纵观近一个世纪的作物种质资源利用与保护，其基本制度的内含产权特征不明显、正式规则和非正式规则不配套是引发作物种质资源步入困境的主要原因之一。

（一）作物资源的利用制度划分

根据作物资源利用制度的表现形式，可将作物资源利用制度分为正式规则和非正式规则。正式规则是指人们有意识缔造的开发利用保护作物资源的一系列政策、法则；非正式规则是指人们在长期的作物资源利用活动中无意识形成且具有较为持久生命力的一些关于作物资源利用的价值信念、伦理规范、道德观念、风俗习性和意识形态。与正式规则相比，非正式规则比正式规则更接近于特定的文化内核，能更直接地影响人们利用作物资源的行为。正式规则和非正式规则配套发展是作物种质资源得以持续利用的基本前提。一个国家或一个生态区域，追求作物种质资源丰度的增加、遗传多样性的丰富、种质资源的可持续创新利用需要制度建设的日臻完善和社会道德伦理文化的多系配套，这也是人类一直追求的和谐状态。对于一个科学家，伦理道德的作用或许比政策、法则更有约束力。

（二）作物种质资源的产权制度及其特征

根据作物资源利用制度内含的产权特征，可将作物种质资源产权安排分为私有产权、社团产权、集体产权、可交换的产权及排他性产权。产权作为一种社会工具，其重要性就在于事实上它们能帮助一个人形成他与其他人进行交易时的合理预期，产权的所有者拥有它的同时被允许以特定的方式行事的权利。

一般地，私有产权（private property rights）中权利的行使完全由私人进行决策，其产权内容包括关于作物资源利用的所有权利，这些权利可以由一个人掌握，也可以由两个或多个人拥有。这种对私有产权的拥有意味着排斥他人以同样的权利处置资源，但有时私有产权也会受到约束和限制。在社团产权（communal property rights）中，某个人对某一作物资源行使某一权利时并不排斥他人对该资源行使同样的权利。与私有产权相比，社团产权在个人之间具有完全的不可分性，产权属于社团而不属于组成社团的各个成员，因此社团产权在社团内部不具

有排他性。集体产权（collective property rights）中产权是由某一个集体来行使，由集体的决策机构以民主的程序对权利的行使做出规则和约束。但与社团产权不同的是，当集体成员对集体形成的决策不同意或自己的意见得不到反映时，他可以采取"弃权"手段转让他的权利。

可交换的产权（exchangeable property rights）意味着产权可以在经济当事人之间进行交换和转让。无论是私有产权还是社团产权和集体产权，如果产权不能交换，就会打击所有者投资和保护作物资源的积极性，当事人的福利就难以得到改进，作物资源的利用效率必然会大受影响，且有效的市场机制也要求稀缺资源能够自由地投向最有效的用途。显然，产权的自由转移是使这一要求得以实现的保证。排他性产权（exclusive property rights）意味着如果某人对某一作物资源拥有产权，他人对同一资源就不应具有同样的产权。如果产权不具有排他性，人们就可以不付代价地获得该产权，这种产权的市场价值就会变成零，产权市场也就无从谈起。

我国的作物资源产权界定极其不明显，这一方面削弱了作物种质资源的价值，也严重影响了民间种质资源保存力量的发挥；另一方面极大地挫伤了育种人员的创新积极性，往往是一个优良作物品种的问世，累了育种者、富了经营者、苦了推广者。

作物资源有别于其他自然资源的另一种产权制度为公益产权，即作物资源的产权属于社会，公益产权在某种程度上是集体产权的延伸，但又不同于集体产权。它最大的特点是作物资源的公益性和公有性，社会范围内的任何社团、组织和个人只要是出于公益性的作物资源创新，都可以从公益产权的作物资源系统中获取生产材料。

产权制度不健全是导致作物种质资源所属难界定、保护从业单位和个人单一、作物种质资源遗失无附属保障的主因。因此探讨如何严格界定并规范作物种质资源的产权，全力加以保护是促进作物资源多样化保护、减少资源丢失的重要途径。

（三）作物资源利用制度的功能属性

1. 激励功能

激励就是要激发经济当事人合理有效地开发利用作物资源的内在动力，调动其积极性。显然，能否达到预期的目标，关键之处就在于能否使经济当事人的个人收益或成本与社会收益或成本相一致。当然，由于客观条件的限制，我们所制定和选择的作物资源开发利用制度不可能十全十美，而经济当事人在利益最大化的作用驱动下，可能会采取制度制定者不愿看到的行动，这就是制度激励的反向作用。可以理解的是，制度不合理必然会导致经济当事人理性地从事"不合理"行为，而合理的作物资源开发利用制度会引导人们合理地开发利用作物资源，或者说，相对合理的作物资源开发利用制度会引导人们更加合理的活动。

2. 约束功能

制度的确立是对经济当事人行为选择范围的限定，如果制度不能对经济当事人的行为有所约束，制度也就不成其为制度。作物资源开发利用制度的约束功能有两层含义：一是指经济当事人在制度规定范围内进行决策；二是对超过制度约束边界的经济当事人的行为进行约束。制度能否很好地发挥约束功能，关键是要做到制度边界明确。不难理解，世界范围内现行作物资源开发利用中出现的诸多问题与现行作物资源开发利用制度体系不完善，范围边界模糊、界定不清有很大的关系。

3. 保障功能

由于经济当事人的有限理性、环境的不确定性和复杂性，人们对未来的预期就不可避免地带有风险且带有极大的不稳定性。通过制度安排，能有效地起到保护自然环境与生态的作用，从而使经济当事人与环境、生态形成合理而又稳定的预期，使不确定性降低到最低程度。

4. 利益分配功能

不同的制度安排相应地界定了不同的产权，而不同的产权安排又相应地确定了不同的"个人或其他人受益或受损的权利"。从这个意义上讲，制度是关于利益分配的规则，进而形成正的或负的收入效应。例如，选择不同的作物资源所有制意味着作物资源的所有权界定给不同的所有者，同时也就确定了作物资源"利"的不同流向。当然，这种正的或负的收入效应又会影响到经济当事人开发利用作物资源的行为，进而影响到资源效率的发挥。

第三节　农作物种质资源可持续创新利用评价

一、作物种质资源可持续创新利用的基本要求

1. 时间维上的可持续性

指资源利用在时间维上的持续性，即无退化的作物种质资源利用方式，强调

当代人不能剥夺后代人本应享有的同等发展和消费的机会。

2. 空间维上的可持续性

指资源利用在空间维上的持续性，即区域的资源开发利用和区域发展不应损害其他区域满足其需求的能力，并要求区域间农业资源环境共享和共建。

二、区域作物种质资源可持续创新利用评价指标体系的构建

区域作物种质资源的利用在施行相关规则进行规范的同时，要采取切实可行的方法，构建科学的评价体系对作物种质资源的可持续创新利用进行评价。区域作物种质资源可持续创新利用评价指标体系主要从作物种质资源的总量指标、比例指标和包括多样性和品质在内的质量指标三个方面着眼。

总量指标具体指区域内可利用的作物种质资源总量、野生近缘种总量、人均资源占有量；比例指标具体指已做评价的作物种质资源比率、创造性作物资源比率和需要保护的资源比例；质量指标具体指遗传多样性和品质指标，从包括核型分析（染色体指标）、同工酶指标、分子标记指标的微观上进行评价到抗病虫表现和品质表现，详见图8-1。

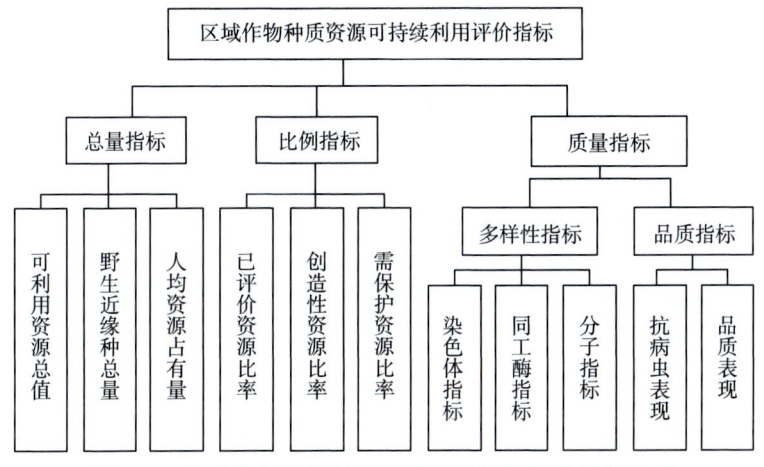

图8-1 区域作物种质资源可持续创新利用评价指标体系

在区域作物种质资源可持续创新利用的评价指标体系中，总量指标是作物种质资源数量向量的自然因素指标的总体描述，其中的三个数量因子皆为正相关指数；比例指标是数量向量的社会因素指标的总体描述，其中评价资源比率为正相关指数，其余两个为负相关指数；质量指标中，多样性指标是正相关指标，品质指标是非线性相关指标。

三、作物种质资源的价值和价格评价

作物种质资源也是一种自然资源，对作物种质资源的价值进行有效而科学的评价利于作物种质资源的可持续创新利用。一是针对作物种质资源的自然属性的评价，强调资源本身的功能数量，评价的意义在于避免出现人类对作物资源开发的同时，造成对作物资源及其所在环境的功能性破坏和数量上的耗竭。二是对作物种质资源经济属性的评价，强调资源的质量及其利用所产生的价值。质量不仅仅是指资源本身品质的好坏，还包括资源品种、数量、品质等在时间和空间的组合配置。

综观国内外作物种质资源的保护和管理工作，由于价值核算和评估体系的缺乏和不完善，造成作物种质资源可持续创新利用的难作为，发达国家在这方面未能建立起有效的价值评估体系，这与这些国家作物种质资源相对贫乏，缺少建立评估体系的动力有关；另外，也因为发达国家在生存与发展中大量依靠发展中国家的作物种质资源，若建立起资源价值评估体系和产权制度，就需要与作物种质资源原产国分享创造的商业利益，这也是作物种质资源迟迟没有价值量化的主因。因此，发达国家不愿意在种质资源价值评估及产权保护方面投入力量。而中国作为作物种质资源大国，农业在国民经济中占有十分重要的地位，有必要投入力量，开展作物种质资源价值评估理论和方法研究，建立作物种质资源价值评估和产权保护体系，促进作物种质资源的可持续创新利用。

四、作物种质资源的丰度、多度评价

作物种质资源的量与质随时体现着作物种质资源的价值情况，同时也决定人类利用作物遗传资源的可持续能力。作物种质资源的量具体指某一区域特定时间范围内用于农作物品种改良可使用资源的数量，可由丰度和多度来体现。丰度是生物学的一个指标，这里具体指某一作物不同生态类型的丰富程度。多度指某一生态区域内作物品种的数量。数量决定选择性，作物种质资源的多度、丰度直接关系到作物种质资源的可持续创新利用，作物种质资源的存量是种植业生产环节能量截获得以持续发展的基础因子。

五、作物种质资源的遗传多样性评价

种质资源的质具体为某一区域特定时间范围内用于农作物品种改良可使用资源的性状优异程度和丰富情况，其中的一个重要指标是遗传多样性。

分子水平上的生物多样性称为遗传多样性，遗传多样性是生物多样性的基础和核心，遗传多样性常采用分子标记手段进行监测和评价。

遗传多样性是作物种质资源的一个重要质量向量的指标，它反映作物种质资源作为自然生物资源的多样化的生命实体特征。常规育种所暴露出的致命缺点是作物育成品种已经出现和正在出现的一种倾向，现在品种的遗传结构越来越相似，这样，它们就可能在很大的地区范围内对天气做出相似的反应。

六、作物种质遗传资源量与质互作效应评价

作物种质资源的量与质随时体现着作物种质资源的价值情况，同时也决定人类利用作为生物资源的之一的作物遗传资源的可持续潜力。那么，发生在作物系统内部的量质互作效应对作物种质资源的可持续创新利用也会产生直接或间接的作用。任何生物资源的多数量都益于优良性状的选择，同样，优异基因的变异和丰富的遗传多样性利于生物资源多度的提高。作物遗传资源量与质的互作效应指作物生态系统内部的遗传量与遗传信息质量的交互作用。作物种质资源的存量是种植业生产环节能量截获得以持续发展的基础因子；作物种质资源的质量是种植业生产环节能量截获得以发展内在的动力因子；而作物种质资源量与质的互作效应则是决定种植业持续发展的弹性因子。

第四节 农作物种质资源"三元"文库体系的建立

一、作物资源"三元"文库机制

近年来，许多国家和国际生物保护组织都建立了作物种质资源库。我国为保存作物种质资源，分别在中国农科院和宁夏等地建立了作物资源长期库、中期库和备份库（目前，我国已建成国家级农作物种质长期库2座，中期库10座，多年生种质资源圃32个；植物园300多个；保存农作物品种及与其近缘野生品种的国家种质库，是我国目前保存种类最多数量最大的种质库），但仍没有减缓作物资源的丢失。未来的作物种质资源保存应建立作物资源"三元"文库，即基因、种群、生态三维资源库，从更深层面上保管作物遗传物质，最大限度地保持种质遗传多样性。

多样性是生命最突出的特征之一。有机体的种类、形态，有机体之间的相互依存与对抗都是生物多样性的具体表现，而蛋白质及核酸的多样性则是生物多样性的物质基础，因此生物多样性是一个内容十分广泛而且高度综合的研究

领域。李凌浩等（2023）把生物多样性分为三个层次：遗传多样性（genetic diversity）、物种多样性（species diversity）和生态系统多样性（ecosystem diversity）。物种多样性是生物多样性的中心，遗传多样性是生物多样性的基础，生态系统多样性是生物多样性的保证。这样的分类标准和思维对作物种质资源的保护也同样具有重要学术价值和指导意义。因此，在作物种质资源保护这一系统工程中，基因、种群、生态三者相依相倚。缺少遗传多样性则丧失了多样性的根本；缺少种群的丰富，则多样性无从谈起；没有丰富的生态保障，作物种质资源多样性难以维系。

二、自然保护区与作物种质资源的文库建设

一般而言，保护生物多样性的措施分为"就地保护"（insitu conservation）和"迁地保护"（exsitu conservation）两种方式，前者是主要措施，后者是补充措施。普遍认为，生境的"就地保护"是生物多样性保护最为有力和最为高效的保护方法。就地保护不仅保护了所在生境中的物种个体、种群或群落，而且还维持了所在区域生态系统中能量和物质运动的过程，保证了物种的正常发育与进化过程以及物种与其环境间的生态学过程，并保护了物种在原生环境下的生存能力和种内遗传变异度。

就地保护措施就是建立自然保护区，通过对自然保护区的建设和有效管理，从而使生物多样性得到切实的人为保护。

作物遗传资源是指栽培作物的品种资源及其野生亲缘种。我国农业历史悠久，遗传资源极其丰富。随着外来品种的引进、推广和高产品种的种子专业化生产，使作物的遗传多样性发生深刻的变化，我国特有的一些地方性古老、土著品种已逐渐消失。随着自然生境的不断缩小，一批农作物野生亲缘种正遭受生存威胁，有些已经消失。这些野生亲缘种对改良作物品质具有不可代替的作用，应当得到有效的就地保护。

在我国已建的自然保护区中，以遗传资源为主要保护对象的不多，主要有：保护栽培果树野生亲缘种的新疆巩留野核桃保护区、塔城巴旦杏保护区等；保护野生花卉资源的湖北保康野生蜡梅保护区、黑龙江老山头荷花保护区等。中国是世界作物的重要起源中心之一，据统计，在我国栽培的 600 多种作物中有 237 种起源于本国。而我国在遗传资源就地保护方面差距较大，很多工作有待于开展。例如，我国是水稻的起源地之一，分布有 3 种野生稻，但至今尚未建立野生稻生境自然保护区，随着农业开发，野生稻生境将日益缩小，不久将会消失，将造成重大的经济损失。

我国东北是大豆的主产区，野生大豆遗传资源异常丰富，由黑龙江省农业科学院采集、编目、收存的野生大豆遗传资源多达 815 个，但由于没有建立保护区、过度放牧、过度垦荒，加之缺少相应的保护措施，这些野生种质资源消失殆尽。没有人料定，由黑龙江省农科院编目收存、迁地保护的这些大豆野生资源能保存多久，对此，国家应给以充分关注。

眼下，遗传多样性的保护与利用已成为国际性关注的热点，在联合国《生物多样性公约》中，遗传资源的保护与利用是一项重要内容，涉及国家的利益。因此，加强作物种质遗传资源的保护是生物多样性保护的战略问题之一，应给予特别重视。在自然保护区规划中，应重视作物遗传多样性的就地保护，力争多建立一些地方保护区，保护和挽救野生种及近缘种。

三、对本土种质资源的评价、开发与"三元"文库

很多单位和个人对外来物种可能导致的生态和环境后果缺乏足够的认识，在外来物种的引进方面存在一定程度的盲目性和急功近利的倾向。有些地方和部门，盲目认为外来种比本地种好，因此在工作中不注意发掘本地的优良品种，而热衷于从国外引种，极大地破坏了本地作物种质资源生态系统。在外来种质有意引进的管理中，没有制定和执行科学的风险评估制度。另外，对外来种质只重视引进、疏于管理，也可能导致外来物种从栽培地、驯养地逃逸到自然环境中而演化为具有入侵性的物种，造成潜在的环境灾害。

我国是历史悠久的农桑大国，本土的农作物种质资源曾为世界农业的发展作出积极贡献。例如，水稻在世界各国的粮食生产中占有很大的比重。我国丰富的稻种资源在日本、印度、意大利、美国，特别是在南亚和东南亚国家稻作生产和育种中都起了重要作用。国际水稻研究所培育的 IR8 新品种水稻，由于产量高而被誉为奇迹稻。其父母本直接或间接都是来自中国稻种。国际水稻研究所以"IR"命名的 15 个品种均来源于中国的母本 Cina。亚洲很多国家种植的水稻中，有一半以上具有 Cina 母系基因。日本利用中国水稻品种荔枝红、杜稻等培育出一系列抗稻瘟病的丰产品种。

世界上许多科学家经常用我国优秀的地方品种进行优良品种的杂交培育。早在 20 世纪 50 年代，国外科学家就用四川地方春小麦品种"中国春"创造出一整套小麦的单体、缺体材料，使世界小麦遗传学研究及其在育种上的应用得到迅速发展。阿根廷以中国小麦作为抗源，育成了世界著名的抗叶锈品种 38M.A。意大利科学家引用与中国小麦亲缘关系极为密切的日本品种赤小麦，育成了敏塔纳、矮粒多等早熟高产品种。

世界各国的大豆都是陆续从中国传播出去的。美国1765年就引进了中国大豆，当今美国大豆育种的基础材料主要来自中国。20世纪50年代，中国抗孢线虫的北京小黑豆，挽救了美国大豆生产因孢线虫病严重发生而大幅度减产的局面。1990年美国科学家从中国大豆中发现抗涝的基因，并培育出抗涝的大豆品种。后又在从中国交换的大豆中发现了抗疫霉根病的材料，并加以利用。目前，美国已成为世界第一大豆生产国，美国大豆供应世界需求一半左右。美国的科研人员也承认，他们大豆生产之所以有今天的成绩，中国大豆种质资源做出了重要贡献。

因此，利用现代生物技术加大对我国本土作物种质资源的认识、评价和开发力度将是21世纪我国作物种质资源管理的主要任务。

参考文献

白晨,2019.作物种质资源收集保存鉴定评价与创新[C].呼和浩特:内蒙古自治区农牧业科学院.
曹霞,王亮,冯毅,等.新疆小麦品种春化和光周期主要基因的组成分析[J].麦类作物学报,2010,30(4):601-606.
陈成斌,梁云涛,2014.野生稻种质资源保存与创新利用技术体系[M].南宁:广西人民出版社.
陈彦清,曹永生,林雨楠,等,2020.国家作物种质资源观测鉴定站点体系布局方法研究[J].农业大数据学报,(4):20-28.
成都农业科技创新服务平台.油料作物种质资源[J].四川农业科技,2021(10):53-54.
程静,2018.关于农作物高产栽培技术的创新研究[J].农民致富之友,(15):94.
崔艳玲,2017.有机农作物栽培技术的创新与研究[J].中国农业文摘-农业工程,(4):65-66,57.
高凤梅,邵立刚,王岩,等.黑龙江省春小麦主要品质性状和慢锈抗病基因的分子标记检测[J].麦类作物学报,2013,02:243-248.
韩利明,杨芳萍,夏先春,等.株高、粒重及抗病相关基因在不同国家小麦品种中的分布[J].麦类作物学报,2011,31(5):824-831.
何光华,裴炎,杨光伟,等.野败型杂交水稻恢复基因的AFLP标记研究[J].遗传学报,2000,27(4):304-310.
侯建斌.全国农业种质资源普查将全面摸清资源家底[N].法治日报,2021-12-3(7).
胡凤灵,何中虎,葛建贵,等.小麦品种黄色素含量和多酚氧化酶活性基因的分子标记检测[J].麦类作物学报,2011,01:47-53.
黄琼瑞.小麦春化及光周期基因分子检测[D].合肥:安徽农业大学,2010.
姜超,何恩铭,黄永相,2020.作物育种学[M].成都:电子科技大学出版社.
景润春,何予卿,黄青阳等.水稻野败型细胞质雄性不育恢复基因的ISSR和SSLP标记分析[J].中国农业科学,2000,33(2):10.
李凌浩,邹建国,韩兴国,等.China's Vegetation and Environmental Change[M].北京:中国农业大学出版社,2023.
李平,周开达,陈英,等.利用分子标记定位水稻野败型核质雄性不育恢复基因[J].遗传学报,1996,23(5):357-362.
李式昭,伍玲,郑建敏,等.优质面条商品小麦澳白麦相关品质基因的分子标记鉴定[J].中国农业科学,2012,18:3677-3687.
李文涛,张桂权.水稻微卫星标记的发展和应用[J].生命科学,2000,12(5):234~236.
刘浩,周闲容,于晓娜,等,2014.作物种质资源品质性状鉴定评价现状与展望[J].植物遗传资源学报,(1):215-221.
刘志坚,2019.探析农作物育种与栽培技术的创新[J].新农民,(25):31-32.
刘子记,朱婕,2018.瓜菜种质资源鉴定核心种质构建与遗传多样性分析[M].北京:中国农业科学技术出版社.
卢新雄,辛霞,刘旭,2019.作物种质资源安全保存原理与技术[M].北京:科学出版社.
卢新雄,辛霞,尹广鹍,等,2019.中国作物种质资源安全保存理论与实践[J].植物遗传资源学报,

2019，（第 1 期）：1-10.

卢新雄，辛霞，尹广鹍，等，2021. 中国作物种质资源安全保存理论与实践［J］. 中国学术期刊文摘，7 期：13-18.

卢新雄，辛霞等，2021. 作物种质资源库、保护体系与种业振兴［J］. 中国种业，（11）：1-5.

卢新雄，尹广鹍，辛霞，等，2021. 作物种质资源库的设计与建设要求［J］. 中国学术期刊文摘，（7）：19-23.

陆驹飞，严长杰，朱立煌，等. 籼稻品种 Aus373 广亲和基因的 RFLP 分析［J］. 江苏农学院学报，1997，18（4）：5-11.

毛新国，李昂，景蕊莲，2010. 植物 DNA 甲基化与作物种质资源保存［J］. 植物遗传资源学报，（6）：659-665，697.

农业农村部部署推进全国农作物种质资源精准鉴定工作［J］. 现代经济信息，2023（8）.

农业农村部热带作物及制品标准化技术委员会，2021. 中国农业热带作物标准 2016-2020［M］.

舒庆尧，吴殿星，夏英武，等. 籼稻粳稻中蜡质基因座位上微卫星标记的多态性及其与表观直链淀粉含量的关系. 遗传学报，1999，26（4）：350-358.

王述民，卢新雄，李立会，2014. 作物种质资源繁殖更新技术规程［M］. 北京：中国农业科学技术出版社.

王晓鸣，邱丽娟，景蕊莲，等，2022. 作物种质资源表型性状鉴定评价：现状与趋势［J］. 植物遗传资源学报，（1）：12-20.

吴全安，1991. 粮食作物种质资源抗病虫鉴定方法［M］. 北京：农业出版社.

校林. 好装备为农业"芯片"保驾护航佩特库斯推进"种子要害"转型升级［J］. 当代农机，2021（11）：10-11.

肖静，李婷，张其斌，等，2023. 浅议地方农作物种质资源库建设［J］. 寒旱农业科学，（7）：598-602.

谢艺贤，符悦冠，2009. 热带作物种质资源抗病虫性鉴定技术规程［M］. 北京：中国农业出版社.

薛庆中，张能义，熊兆飞，等. 应用分子标记辅助选择培育抗白叶枯病水稻恢复［J］. 浙江农业大学学报，1998，24（6）：581-582.

严长杰，梁国华，朱立煌，等. 籼稻品种 Dular 广亲和基因的 RFLP 分析［J］. 遗传学报，2000，27（5）：409-417.

杨芳萍，韩利明，阎俊，等. 春化和光周期基因等位变异在 23 个国家小麦品种中的分布［J］. 作物学报，2011，37（11）：1917-1925.

张婧，曲继鹏，万洪深，2023. 2 个小麦种质材料育种相关性状的初步分析［J］. 中国农学通报，（35）：1-8.

张宗文，刘旭，2023. 作物种质资源产权保护制度探讨［J］. 植物遗传资源学报，（1）：22-31.

郑康乐，黄宁. 标记辅助选择在水稻改良中应用前景［J］. 遗传，1997，19（2）：40-44.

郑康乐，沈波，钱惠采. 应用 RFLP 标记研究水稻的广亲和基因［J］. 中国水稻科学，1992，6（4）：145-150.

庄楚雄，张桂权，梅曼彤，卢永根. 栽培稻 F1 花粉不育基因座 S-α 的分子定位［J］. ActaGenetica Sinica，1999，26（3）：213-218.

ABENS M L P, et al., 1993. Selection of bacterial leaf blight resistance plants in the F generation via their linkage to molecular markers［J］. Rice Genet Newsletter，10：120-123.

AYRES N M, MCCLUNG A M, LARKIN P D, et al., 1997. Microsatellites and a single nucleotide polymorphism differentiate apparent amylose classes in an extended pedigree of US rice germplasm. Theor. Appl［J］. Genet，94：773-781.

BLIGH H F J, TILL R I, JONES C A, 1995. A microsatellite sequence closely linked to the Waxy gene of Oryza sativa［J］. Euphytica，86：83-85.

参考文献

CHENG S, LIN H X, XU C G, et al., 2000. Improvement of bacterial blight resistance of "Minghui 63", an elite restorer lines of hybrid rice, by molecular-assisted selection [J]. Crop Sci, 40: 239-244.

CHENG X, TEMNYNKH S, XU Y, et al., 1997. Development of a microsatellite map providing genome-wide coverage in rice [J]. Theor.Appl. Genet, 95: 553-567.

CHO Y G and DARVASI A, 1994. Optimu spacing of genetic markers for determining linkage between marker loci and quantitative trait loci [J]. Theor Appl Genet, 89: 54-55.

CHUNWONGSE J, et al., 1993. Pregermination genotypic screening using PCR anplification of half-seeds [J]. Theor Appl Genet, 86: 694-698.

GRANT M R, GODIARD E, STRAUBE E, et al., 1995. Structure of the Arabidopsis RPM1 gene enabling dual specifically disease resistance [J]. Science, 269: 843-846.

HITTALMANNI S, et al., 1995. Development of PCR-based markers to identify rice blast resistance gene Pi-2 (t) in a segregating population [J]. Theor Appl Genet, 91: 9-14.

HUANG N, et al., 1997. Pyramiding of bacterial blight resistance genes in rice: marker-aided selection using RFLP and PCR [J]. Theor Appl Genet, 95: 313-320.

ISHII T, BRAR D S, MULTANI D S, et al., 1994. Molecular tagging of genes for brown plathopper resistance and earliness introgressed from Oryza australiensis into cultivated rice, O. Sativa [J]. Genome, 37: 217-221.

LANDER E S and DAIVD B, 1989. Mapping mendelian factors underlying quantitative traits using RFLP linkage maps [J]. Genetics, 121: 185-199.

LI Y B, XING Y Z, JIANG Y H, et al., 2011. Natural variation in GSS plays an important rolr in regulating grain size and yield in rice [J].Nature Genetics, 43 (12): 1266-1269.

MA H Q, KONG Z X, FU B S, etal., 2011. Identification and mapping of new pew dery resistence geneon chromosome 6D of common wheat [J]. Theoretical and Applied Genetics, 123: 1099-1106.

MCCOUCH S R, CHEN X, PANAUD O, et al., 1997. Microsatellite marker development, mapingand application in rice genetics and breeding [J]. Plant Mol Biol, 35: 89-99.

MERIANOS, H J, WANG, et al., 2004. The structure of a ribosomal protein S8/spc operon mRNA complex [J]. Rna.

PANAUD O, CHENG X, MCCOUCH S R, 1997. Development of microsatellite markers and characerization of simple sequence length polymorphism in rice [J]. Mol Gen Genet, 252: 597-607.

SAGHAI M M A, 1994.Extraordinarily polumorphic microsatellite DNA in barley: spcies diversity, chromosomal locations and population dynam-ics [J].Proc.Natl.Acad.Sci.USA, 91: 5466-5470.

STUBER C W, 1994. Breeding multigenic traits. In: Philips RL, Vasil IK (eds) DNA-based markers in plants [J]. Kluwer, Dordrecht, pp: 58-96.

SU Z Q, HAO C Y, Wang L F, et al., 2011. Identification and development of a functional maker of TaGw2 associated with grain weight in bread wheat (*Triticum aestivum* L.) [J].Theoretical and Applied Genetics, 122: 211-223.

SU Z Q, HAO CY, WANG L F et al., 2011. Identification and development of a functional maker of TaGw2 associated with grain weight in bread wheat (*Triticum aestivum* L.) [J].Theoretical and Applied Genetics, 122: 211-223.

TAN Z, SHEN L, XU Y, et al., 1996. Comparative mapping of QTLs for agronomic traits of rice across environments using a doubled haploid population [J]. Theor Appl Genet, 93: 1211-1217.

TANKSLEY S D, MCCOUCH S R, 1997. Seed banks and molecular maps: unlocking genetic potential from the wild [J].Science, 277: 1063-1066.

VARSHNEY R K, RRASSED M, ROY J K, et al., 2000. Identification of eight chromosomes and a micro stall it ate maker on I AS associated with QTL for grain wheat in bread wheat [J].Theoretical and Applied Genetics, 100: 1290-1294.

VOS P, HOGERS R, BLEEKER M, et al., 1995. AFLP: a new technique for DNA fingerprinting [J]. Nucl Acids Res, 23 (21): 4407-4414.

WILLIAMS J G K, KUBELIK A R, Livak, KJ, et al., 1990. DNA polymorphism amplified by arbitrary primers are useful as genetic markers [J]. Nucl Acid Res, 18: 6531-6535.

WU K S, TANKSLEY S D, 1993. Abundance, polymorphis m and genetic mapping of microsatellit es in rice [J]. Mol Gen Genet, 241: 225-235.

YANG G P, SAGHAI M M A, XU C G, et al., 1994. Comparative analysis of microsatellite DNA polymorphism in landraces and cultivars of rice [J]. Mol (Cen Genet, 245: 187-194.

YAO F, XU C, YU S, et al., 1997. Mapping and genetic analysis of two fertility restorer loci in the wild-abortive cytoplasmic male sterility system of rice [J]. Euphytica, 98: 183-187.

ZHANG Q F, SHEN B Z, DAI X K, et al., 1994. Using bulked extreme and recessive class to map genes for photoperoid sensitive genic male sterility in rice [J]. Proc Natl Acad Sci USA, 91: 8675-8679.